Word 2013/2016/2019対応

いちばん
やさしい

日商PC検定
文書作成 3級
ズバリ合格BOOK

[日商PC検定合格道場] 八田仁＋細田美奈＝著
石井典子＝監修

技術評論社

はじめに

日商PC検定を学習されるあなたへ

コンピュータ専門用語やIT関連用語は、カタカナ語や略語が多く、理解し覚えるのは、大変です。繰り返し学習することで徐々に克服するしかありません。

単調な学習を続けていると、ときには、こんなことを学習しても何の役に立つのだろう？と疑問に感じ、投げ出したくなるでしょう。努力することは、ときには辛いものです。

しかし、天は、あなたのために素晴らしいプレゼントを用意しています。あきらめずに、粘り強く進むあなたに「忍耐力」「折れない強い心」を授けます。また、目標を達成すれば、素晴らしい「達成感」「充実感」みなぎる「自信」を授かります。そして、あなたは、気づくのです。自分の器が拡大したことに。

どうか、かんたんにあきらめないでください。あなたは、必ず達成できるでしょう！あきらめない限り必ず成功できます。そして、資格を取ることよりもっと重要なことをスキルとして身につけることができます。それは、目標を達成する心のノウハウです。このノウハウを手にしたことにより、ほかの人が躊躇するような場面でも自信を持って立ち向かうことができるでしょう。また、今後訪れる人生における数々の課題を、あなたは、独力で克服するようになるでしょう。そして、目標を達成する心のノウハウを持っていない人々から、尊敬される人物へと成長していくのです。

この教材は、ただの検定用教材です。丸暗記して試験に通ればそれだけでもよいかもしれません。しかし、教材を学習していく過程で「心のノウハウ」を意識しながら学習を続ければ、素晴らしい人生への切符を手に入れることも可能です。ぜひ、本書があなたの人生のために活かされることを期待しております。

目　次

第 3 章　トレーニング　21

第1章 受験の手引き

第1章では、日商PC検定の特徴と受験学習の取り組み方、このテキストの学習方法を掲載しています。日商PC検定は、コンピュータが採点するという特殊な試験です。日常使用している操作や処理結果もネット試験コンピュータが認めてくれるとは、限りません。自己流の学習にならないように注意深くテキストに取り組んでください。

日商PC検定文書作成3級の概要

日商 PC 検定は、仕事を疑似体験できる検定！

日商PC検定は、単なるパソコンスキル試験ではなく、Word、Excel、PowerPointなどを使用して仕事ができるかどうかを判定する試験です。また、パソコン利用者ではなく、求職・採用を行う企業側の要望から生まれた試験ですので、かなり実務的な試験となります。パソコン検定というより、パソコンでする仕事検定のような内容です。

このような特性から、採用試験やキャリアアップなどに重宝される資格試験となってきています。

パソコンの操作方法以外に、文書作成では、企業実務で必要とされるWordの機能、操作法を一通り身につけているという内容が求められます。

日商 PC 検定の特徴

日商PC検定は、前身となる「日本語文書処理技能検定（ワープロ検定）試験」と「ビジネスコンピューティング（ビジコン）検定」を進化・統合したものです。2006年4月から紙の印刷物の時代からデジタルデータの時代に対応するために新たに実施されています。

Wordを使って、指示に従い、ビジネス文書の雛形や既存文書を用いて、正確かつ迅速にビジネス文書を作成するものです。

試験科目

試験科目	試験時間	合格基準	程度・能力
知識	15分 （択一式）	知識、実技の2科目とも70%以上	●基本的なビジネス文書(社内・社外文書)の種類と雛形について理解している ●ビジネス文書に関連する基本的な知識(ビジネスマナー、文書の送受等)を身につけている ●ハードウェア、ソフトウェア、ネットワークに関する基本的な知識を身につけている 等
実技	30分		●企業実務で必要とされる文書作成ソフトの機能、操作法を一通り身につけている ●ビジネス文書(社内・社外向け)の雛形を理解し、指示に従い、定型的なビジネス文書を作成できる 等

試験方法と合否判定

試験会場のパソコン等を利用して、試験の自動実行プログラムおよび試験問題を、インターネットを介しダウンロードして実施します。試験終了後、受験者の答案（データ）がインターネットを介して採点され、即時に合否判定を行い、結果を通知します。

試験会場

商工会議所の認定した「商工会議所ネット試験施行機関」（各地商工会議所および各地商工会議所が認定した大学、専門学校、パソコンスクール等の教育機関、企業）のうち、本試験に対応したソフトウェアが導入されている機関が試験会場になります。

知識科目の免除制度

電子メール活用能力検定、EC実践能力検定、および一般財団法人職業教育・キャリア教育財団主催の情報検定（J検）の情報活用試験の各合格者に対して、日商PC検定（2級・3級）の「知識科目」の受験を免除し、「実技科目」のみで合否を判定する制度があります。
知識科目の免除制度の詳細については、以下URLをご参照ください。
http://www.jcci.or.jp/jigyo/pckentei20160118.pdf

申し込み方法

受験申込は、お近くのネット試験会場にお問い合わせのうえ、試験開催予定の会場でお申し込みください。

▼日商ネット試験施行期間リスト
https://www.kentei.ne.jp/organization

お近くのネット試験会場が見つからない場合は、紹介フォームをご利用ください。

▼ネット試験会場紹介フォーム
https://www.kentei.ne.jp/net_exam_introduction

このテキストの学習方法

このテキストでは、すべてのWordの使用方法を学習するためのテキストではありません。あくまで、日商PC検定文書作成3級合格に必要なスキルのみに絞って学習をしていきます。

日商PC検定は、コンピュータが判定する試験ですので、確実に合格できるテクニックを身につけることが必要です。このテキストの解答方法や使用スキルは、多数の試験結果から確認された得点ができるスキルです。なるべく、このテキストの方法で学習されることをお勧めします。

「第2章　レッスン」では、Wordにあまり慣れていない方でも試験にとって必要な基本的な使用方法を解説しています。Word操作に自信のある人も一通り目を通して自身のスキルをチェックしてみてください。自己流のクセのある操作方法のままでは、コンピュータが判定するネット試験で、思わぬ落とし穴にはまる可能性があります。例えば、あなたは、挿入モードと上書きモードの切り替え方はご存じですか？この方法がわからないだけで試験では、大変な苦労をすることがあります。

「第3章　トレーニング」では。試験問題に解答するために必要なスキルと仕事に必要なスキルを同時に練習します。Wordでは、同様の結果を求めるために多様な操作方法が予め用意されています。例えば、複数の文字を訂正する場合、正しい文字をコピー&ペーストで処理しても、「置換」のダイアログを使用しても可能です。コピー&ペーストも右クリックでも、リボンのボタンでもどちらでも可能です。また、キーボードの「Ctrl」＋「C」と「Ctrl」＋「V」を使用する方法やマウスでCtrlキーを押したままドラッグする方法でも可能です。仕事で結果を求めるためには、どの方法でも可能です。また、日商PC検定の試験問題を解くにもどの方法でも可能です。ただ、すべての操作方法を学ぶには、時間がかかり、人によっては混乱してしまうことも多々あります。そこで、本書では、どのような問題でもなるべく同じスキルで解決できる王道を学習していただくために、スキルトレーニングの章を設けました。また、解説では、混乱が生じないようになるべくリボンのボタンを使用する方法で解説しています。

「第4章　実技科目の練習」では、日商PC検定独特の問題文の読み解き方と解答に必要なスキルを学習していきます。文書作成3級の問題は、社内文書・社外文書の2種類があります。いずれもなんらかの報告書の形式になっており、既存のファイルを呼び出して、指示に従って修正し、新しいファイルとして保存する形式の問題が出題されますので、これらの解答スキルを学習していきます。

「第5章　知識科目の練習」では、過去に出題された試験問題を参考に実践的なトレーニングができるように実際の試験と同様に3択の方法で学習していきます。実技科目を気にする人が多いのですが、実際には、知識科目も独立して70点以上獲得しないと合格できません。よって手を抜かず、十分に繰り返し学習しましょう。知識科目は、学習問題数が多くなりますので、ウェブ上の「DEKIDAS-WEB」というプログラムで採点付きで学習するシステムを採用しています。この

「DEKIDAS-WEB」システムなら、パソコンだけではなく、スマホなどインターネット環境さえあれば、どこにいても、いつでも学習することができます。

「第6章　模擬試験」では、過去に出題された実際の試験の問題に即した実践問題で実力を安定させていきます。 この模擬試験を繰り返し練習し、自信をもって解答できる様になれば、高得点合格の実力が付きます。

以下のSampleのように、実際の試験では、2画面で問題文を見ながらWordで解答を作成していきますので、普段から、Wordのウィンドウを3分の2程度に縮めて練習をするようにしてください。

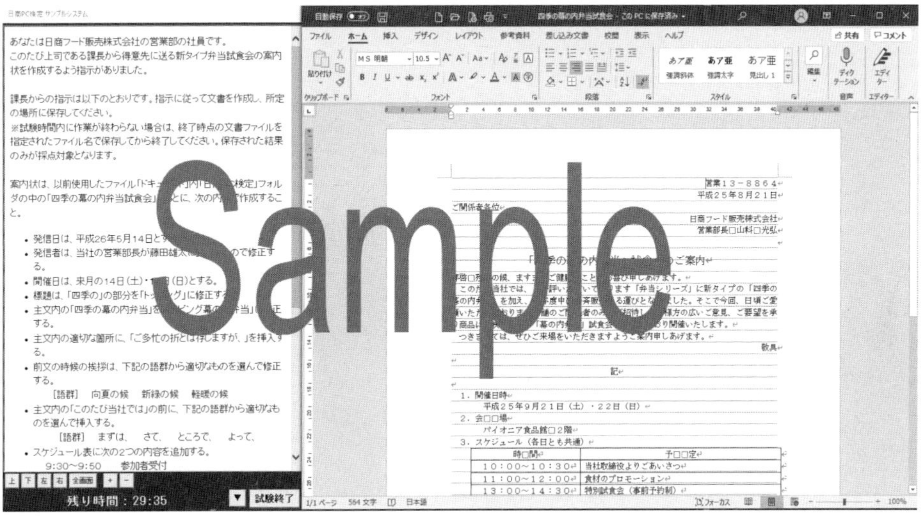
Sample
あなたは日商フード販売株式会社の営業部の社員です。
このたび上司である課長から得意先に送る新タイプ弁当試食会の案内状を作成するよう指示がありました。
課長からの指示は以下のとおりです。指示に従って文書を作成し、所定の場所に保存してください。
※試験時間内に作業が終わらない場合は、終了時点の文書ファイルを指定されたファイル名で保存してから終了してください。保存された結果のみが採点対象となります。
前文の時候の挨拶は、下記の語群から適切なものを選んで修正する。
[語群]　向夏の候　新緑の候　軽暖の候
主文内の「このたび当社では」の前に、下記の語群から適切なものを選んで挿入する。
[語群]　まずは、　さて、　ところで、　よって、
スケジュール表に次の2つの内容を追加する。
9:30～9:50　参加者受付
残り時間：29:35
試験終了
ご関係者各位
日商フード販売株式会社
敬具
記
１．開催日時
平成２５年９月２１日（土）・２２日（日）
２．会□□場
パイオニア食品館□２階
３．スケジュール（各日とも共通）

日商PC検定を学習されるあなたへ

合格への道

もっと簡単に試験をパスできるのに、このテキストの学習方法を知らないために本来の半分の成績しか得られないとしたら、あなたはどうでしょうか？

著者は、日商PC検定開始当時より、直営のパソコン教室ならびに日商PC検定合格道場の通信講座において長年に渡り多くの受験者の方を支援してきました。また、同時に試験官として毎月、実際の試験に立ち会い本物の試験問題に接してきました。本書はその経験から生まれた「ズバリ合格」のため1点に絞ったテキストです。

日商PC検定に合格するためには、どうすればよいのかという1点に絞り込んで解説しているため、ネット試験特有の特殊な試験方法にも対応するような内容になっています。そのため、普通のパソコン解説書とは違う、異例なテクニックも多く掲載されています。パソコンの使い方には、いろいろな方法がありますが、「ズバリ合格」を目指す方は、本書の独特な解答方法を素直に学習されることをお勧めします。日商PC検定は、コンピュータが採点するという特殊な試験です。著者は、この独特のシステムを「ネット試験の落とし穴」といつも呼んでいます。普通ならこれでも良いのでは？と思われる操作や処理結果もネット試験の採点コンピュータが認めてくれるとは限らないのです！

日商PC検定1級3科目合格者であり、試験官を担当している著者が長年に渡る試験経験より執筆した合格のための教本です。長年の試験実施の経験からつかんだ、独自のテクニックが満載の本書をぜひ素直に学んでください。

あなたの合格のために！

第2章 レッスン

この章では、Wordの基本的な使い方と、文字入力の基本を学習します。

2-1 ファイルの作成・保存

2-1-1 ファイルの新規作成

Wordを開きます。「白紙の文書」をクリックすると、新しい文書を作成することができます。

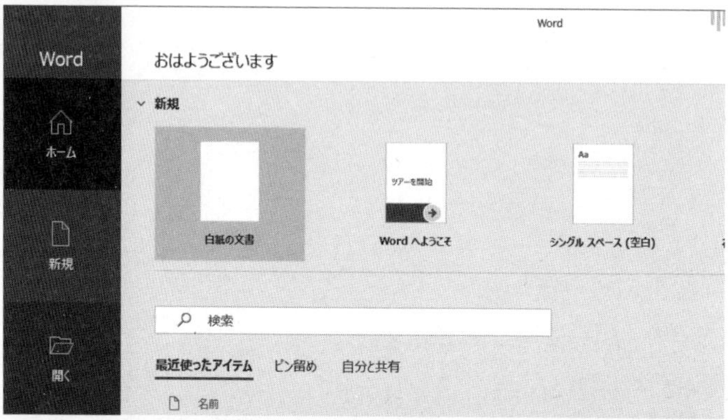

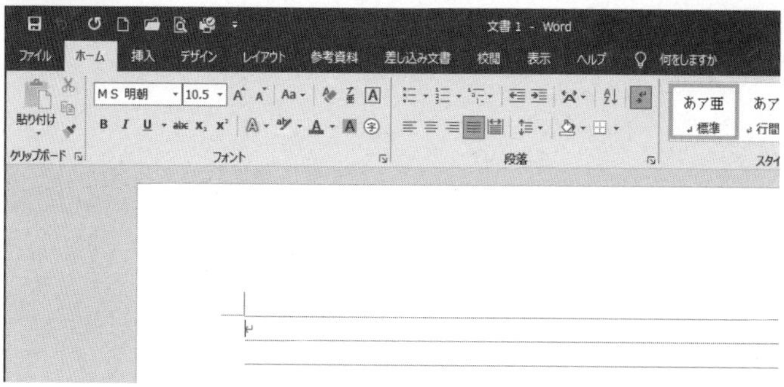

2-1-2　ファイルを開く

「ファイル」をクリックします。

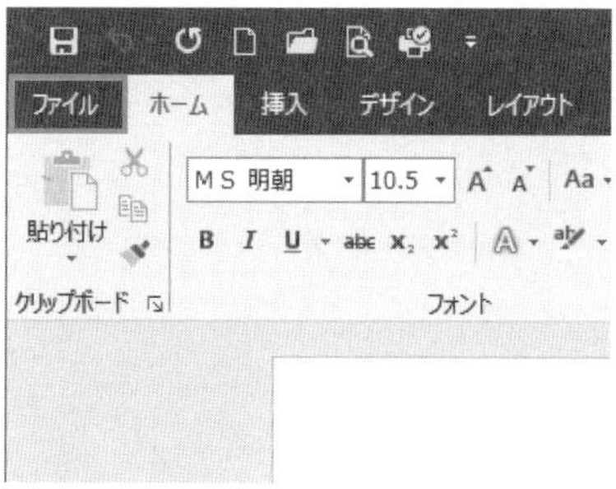

「開く」ボタンをクリックします。「参照」ボタンをクリックすると、「ファイルを開く」というダイアログボックスが開くので、該当するファイルを選択して「開く」ボタンをクリックします。

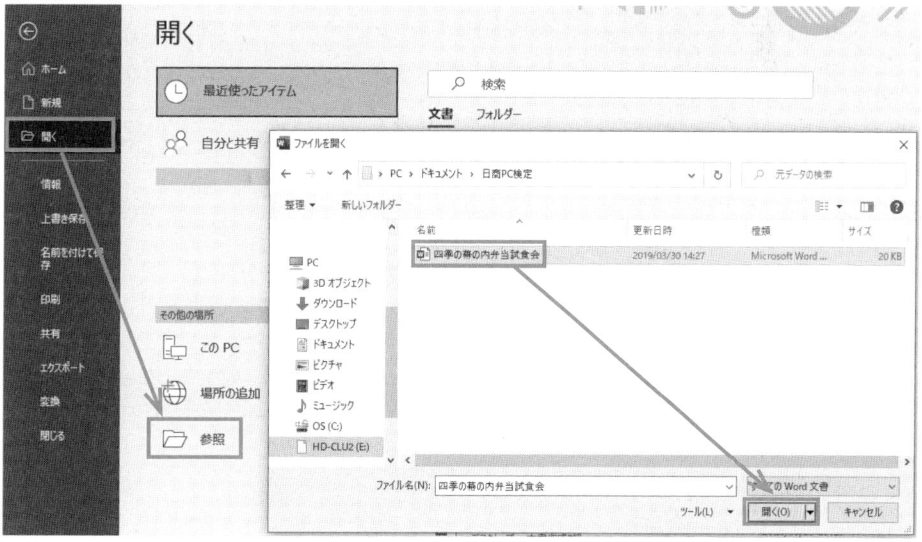

2-1-3 ファイルの保存

まずは「ファイル」をクリックしてください。

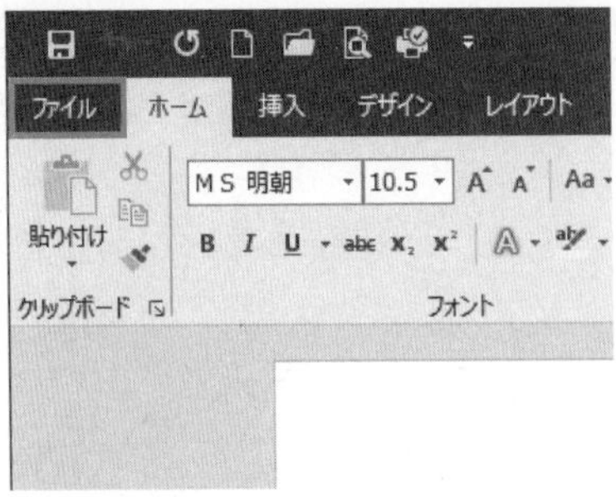

続けて「名前を付けて保存」をクリックします。「参照」ボタンをクリックすると、「名前を付けて保存」というダイアログボックスが開きます。「ファイル名」を入力して「保存」ボタンをクリックしてください。

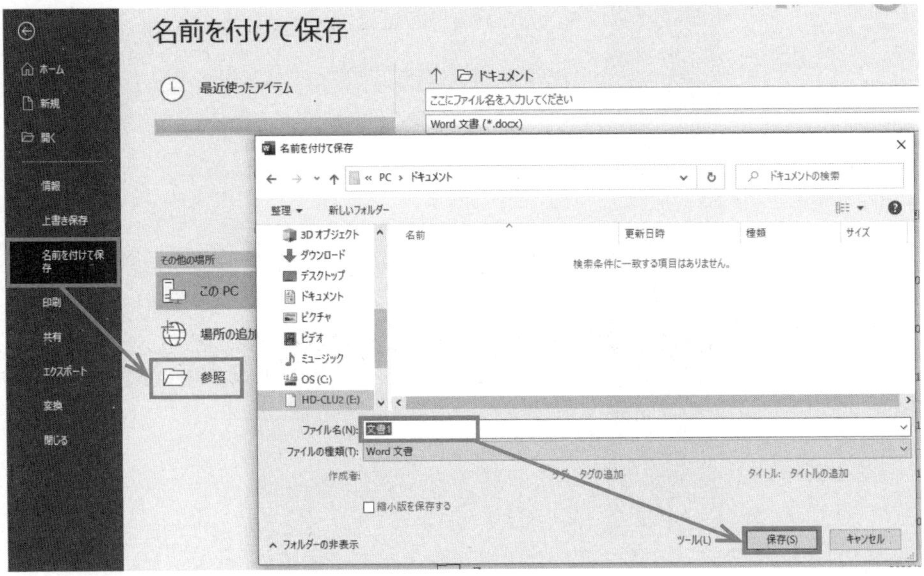

実際の日商PC検定の試験問題は、あらかじめ用意された文書を編集していきますので、新規作成から新しい文書を作成することはありません。

2-2 文字の入力

2-2-1 Word の基本的な使い方

「ファイル」「ホーム」「挿入」「ページレイアウト」が並んでいる部分を「タブ」といいます。 各種設定に使うボタンが並んでいる部分を「リボン」といいます。 なお、日商PC検定で使うタブは、「ファイル」「ホーム」「挿入」「レイアウト」のみです。

● 「ホーム」タブ

文字の各種設定に使います。

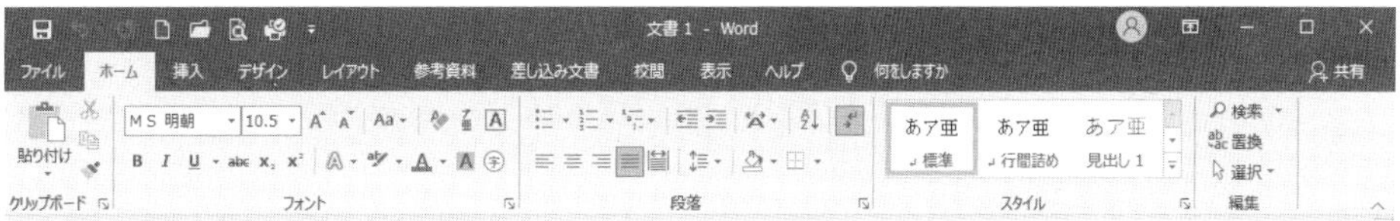

● 「挿入」タブ

「表の挿入」「図形の挿入」に使います。

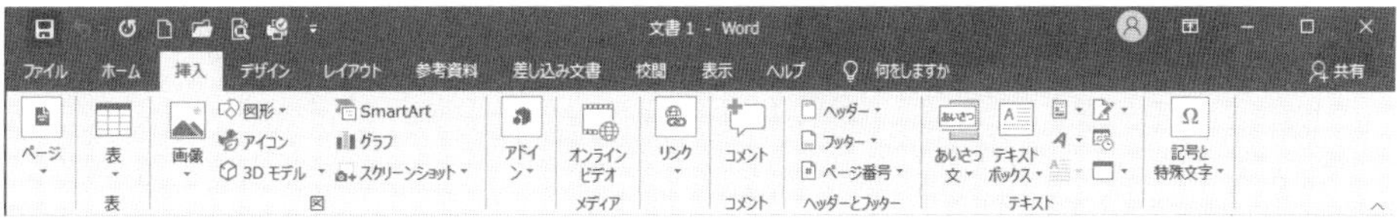

● 「レイアウト」タブ

「ページ設定」に使います。

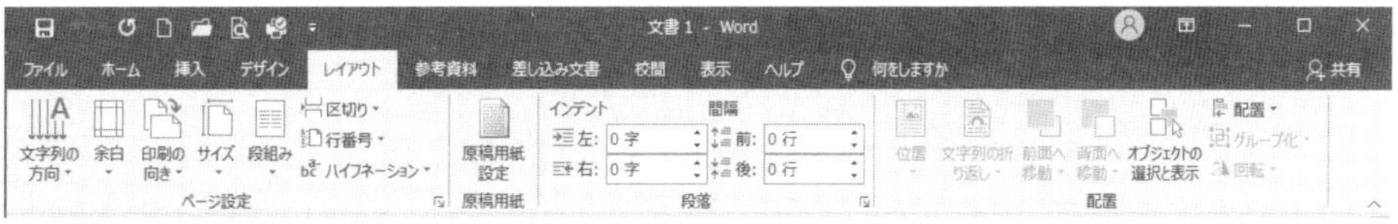

注　意

「タブ」をクリックするのは、1回だけにしてください。2回クリックしてしまうと、リボンが隠れてしまいます。リボンが非表示になっている画面は、タブの文字をダブルクリックすると再表示されます。

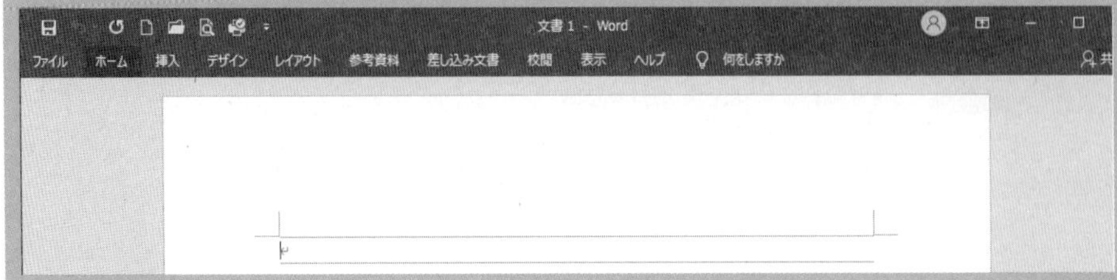

次に、Wordの画面表示について説明します。

●グリッド線の表示

ノートのように1行ずつ線が表示されます。この線をグリッド線といいます。この線は、「表示」タブをクリックして、「グリッド線」にチェックを入れると表示されます。

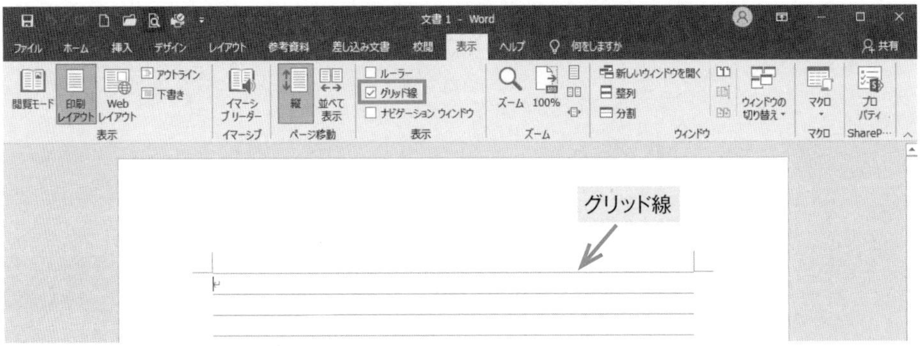

非表示の状態では、用紙全体が白紙の状態になります。

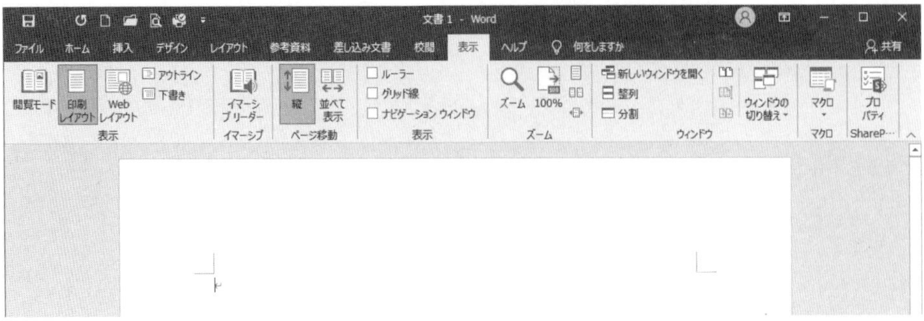

● 文字入力画面と編集記号の表示 ・ 非表示

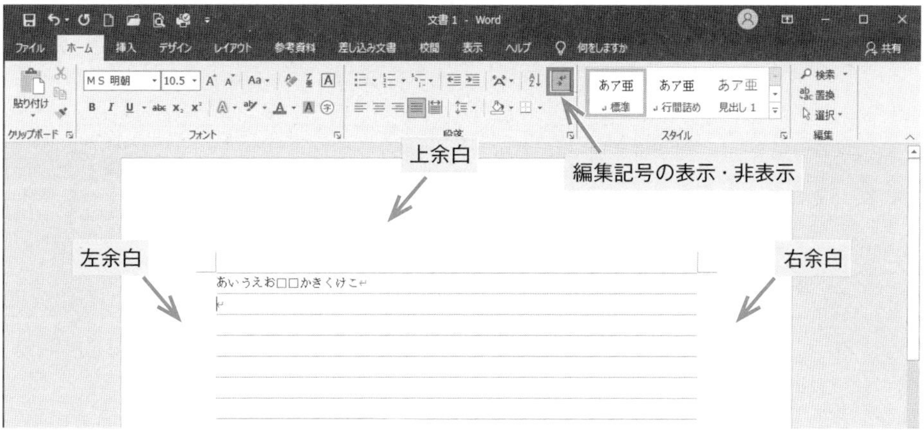

カーソル ： 文字を入力する位置を示しています。
改行マーク ： 行の終わりに表示されます。
空白（スペース） ： 1文字分の空白が入っていることを表しています。

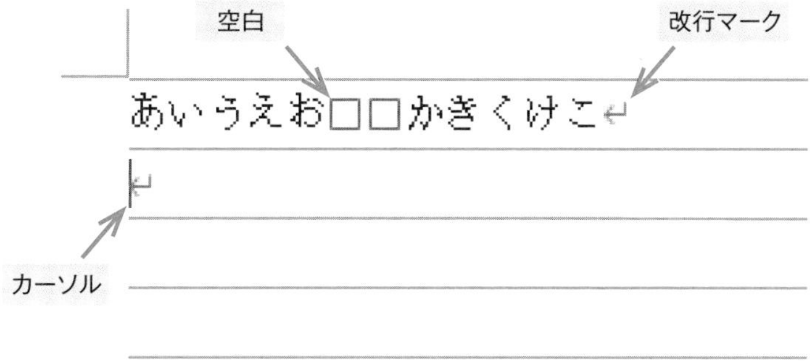

「編集記号の表示 ・ 非表示」 ボタンをクリックしてONにしておくと、空白（スペース）の□の印が表示されます。 この□は印刷されません。

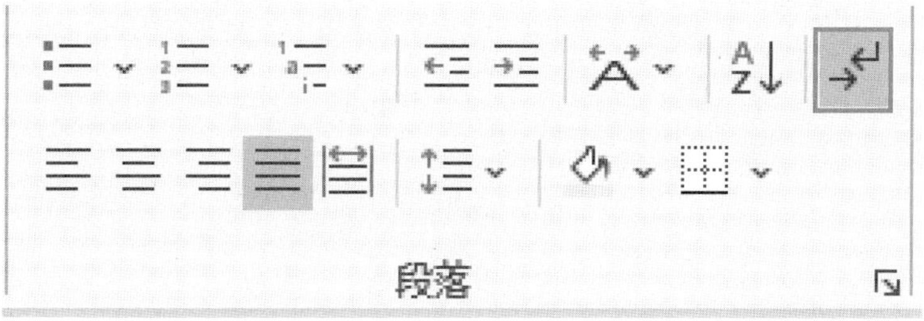

2-2-2 文字入力の練習

キーボードの基本的なキーの配置は以下の通りです。

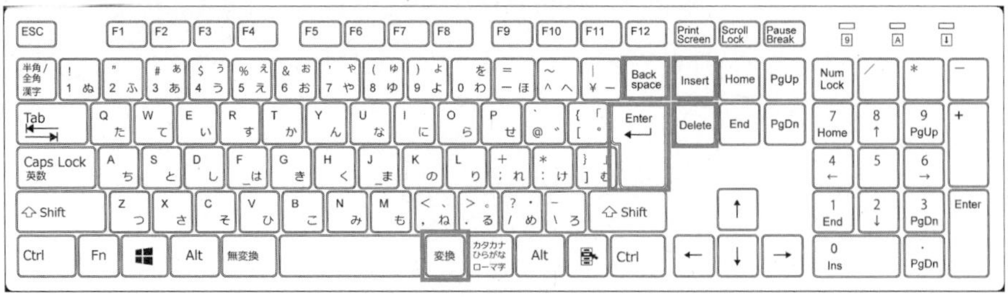

入力の練習をしてみましょう。

●変換キー： 入力した文字を漢字に変換する際に使います。
「しかく」と入力して変換キーを押してください。
「しかく」には、漢字の「資格」「四角」もあれば、記号の「□」などもあります。

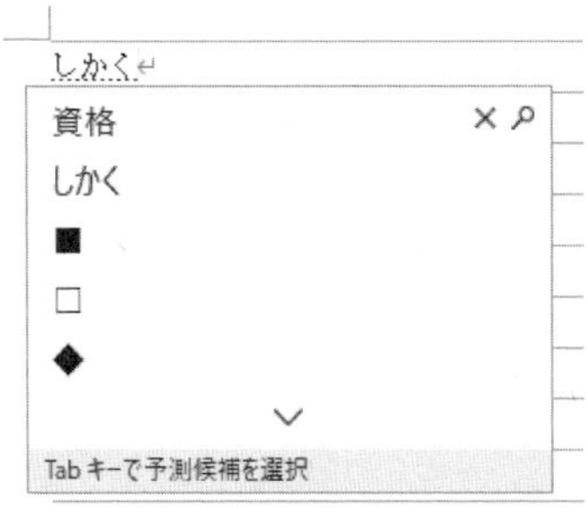

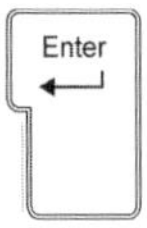

●Enterキー： 変換した文字を確定する際に使います。 また、改行（新しい行を作成する）にも用います。
「資格」を選択して、Enterキーを押してください。 文字を確定できます。

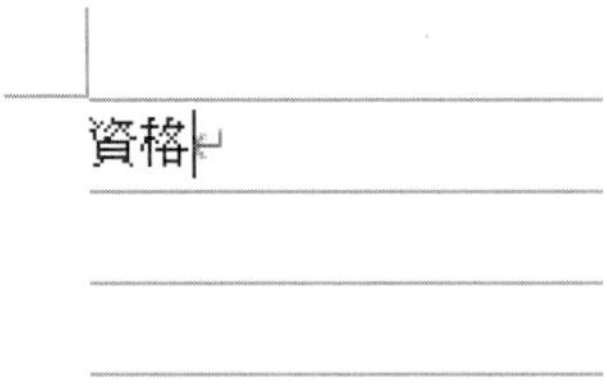

続けてEnterキーを押してください。 改行（新しい行）ができます。

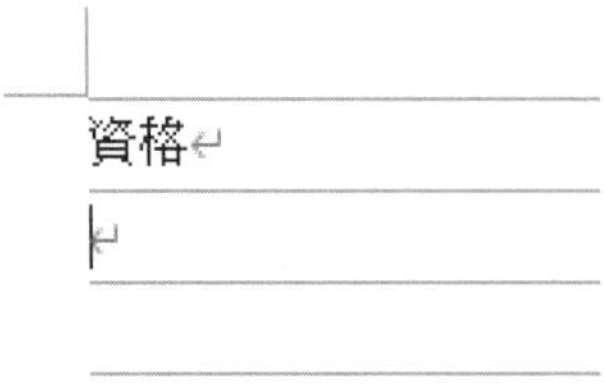

2行目に「しけん」と入力して「試験」に変換してください。

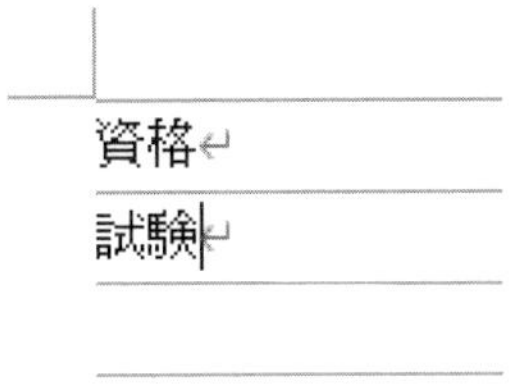

●Backspaceキー： カーソルの前にある文字を削除します。

1行目の「資格」の文字の間をマウスでクリックして、Backspaceキーを押してください。「資格」の「資」の文字が削除されます。

●Deleteキー： カーソルの後ろにある文字を削除します。

「格」の前にカーソルがあることを確認して、Deleteキーを押してください。カーソルの後ろにある「格」の文字を削除することができます。

2-2-3 上書きモードと挿入モード

Wordは、通常、文字と文字の間に新たに文字を入力すると、「挿入モード」といって、間に文字が追加されます。 ですが、Insertキーを押してしまうと、「上書きモード」に変更されてしまい、元々入力されていた文字が消えてしまう現象が起こります。 2つのモードの違いを理解しておきましょう。

● 挿入モード ： 文字が追加されます。

「試験」の文字の前にカーソルを置いて、「資格」という文字を入力してください。

「資格」の文字を、Backspaceキーを使って削除してください。

キーボードの「Insert」というキーを押してください。

Insertキー： 上書きモードと挿入モードを切り替えます。

● 上書きモード ： 元からある文字が削除されていきます。

再度「資格」という文字を入力してみましょう。

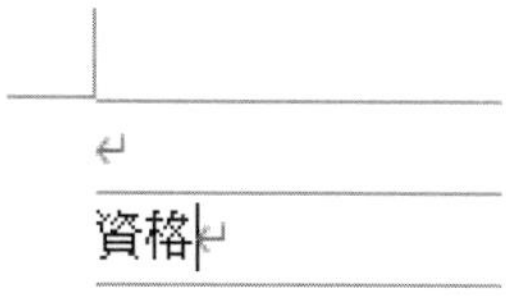

元々あった「試験」という文字が消えてしまいました。

再度Insertキーを押して、「挿入モード」に切り替えておきましょう。

文字を入力している最中に、カーソルの後ろにあった文字が消えている場合、文字入力の状態が「上書きモード」になっています。Insertキーを押して、「挿入モード」に戻しましょう。

2-3 大文字/小文字、半角/全角の変換

2-3-1 ファンクションキーの使い方

キーボード上段にある「F」のついたキーを「ファンクションキー」といいます。今回使うのは、F7・F8・F9・F10の4つです。

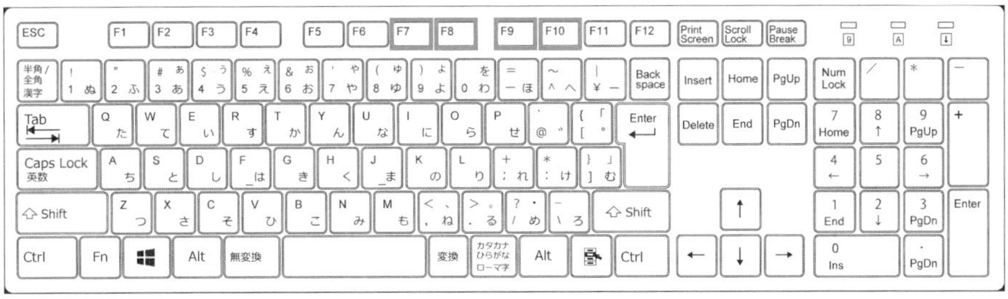

● 全角カタカナ「F7」と半角カタカナ「F8」

「あいうえお」と入力して、キーボードのF7キーを押してください。全角カタカナに変換できます。Enterキーで確定してください。

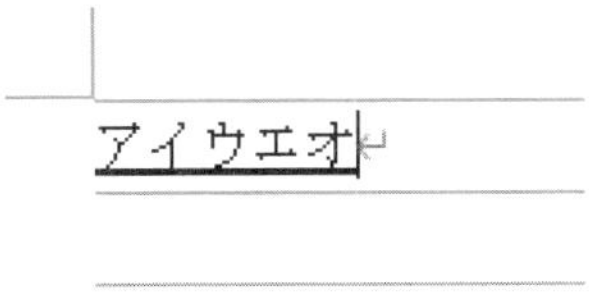

続いて、Enterキーで改行して、2行目に「あいうえお」と入力し、F8キーを押してください。半角カタカナに変換されます。Enterキーで確定してください。

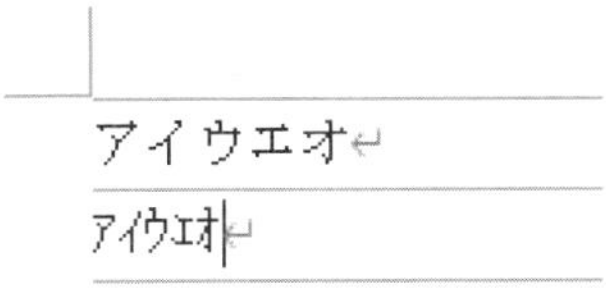

カタカナの文字に変換するのは、「変換」キーを使っても可能ですが、「変換」キーはカタカナ以外にも漢字にも変換できます。一発でカタカナ変換するには、F7キーが便利です。なお、日商PC検定では、F8キーを使った半角カタカナを使うケースはありませんが、一緒に覚えておきましょう。

●全角英数字「F9」と半角英数字「F10」
「全角英数字」は、ひらがな文字1文字分と同じ幅の英数字です。「半角」は、全角の半分の幅の文字です。
「あいうえお」と入力して、F9キーを押してください。

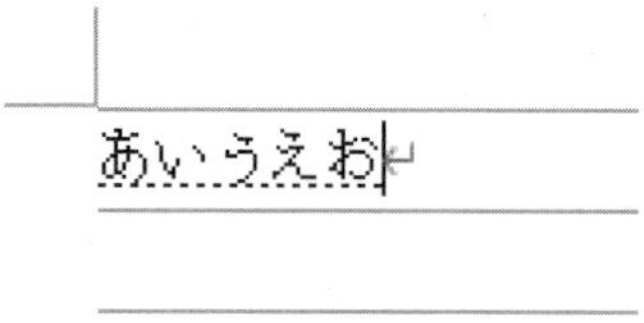

F9キーを1回押すと、全角英数字の小文字に変換できます。

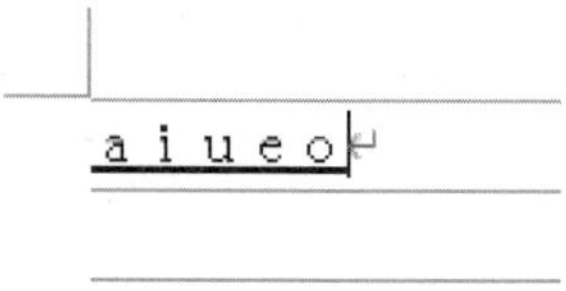

続けてF9キーを押すと、全角英数字の大文字に変換できます。

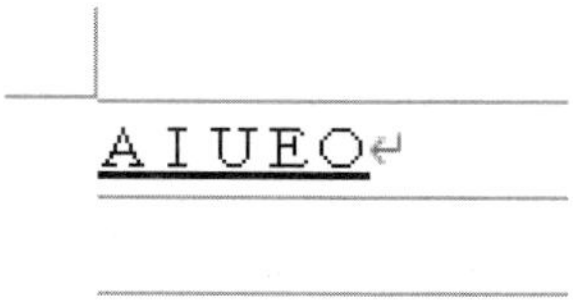

続けてF9キーを押すと、1文字目が大文字、2文字目以降は小文字に変換できます。

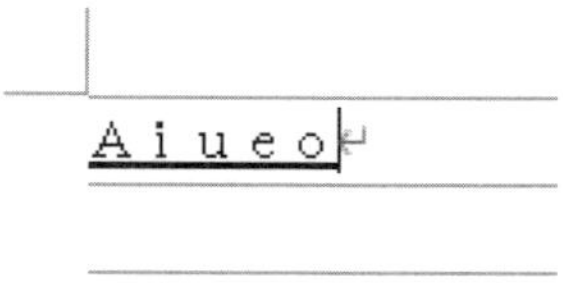

再度、F9キーを押すと、すべての文字が小文字に戻ります。 まとめると、F9キーを押すごとに、「1回目で小文字→2回目で大文字→3回目で1文字目だけ大文字」のパターンで繰り返し変換されていきます。

同様に、F10キーを使うと、半角英数字が同じパターンで変換できます。

▼F10キー1回

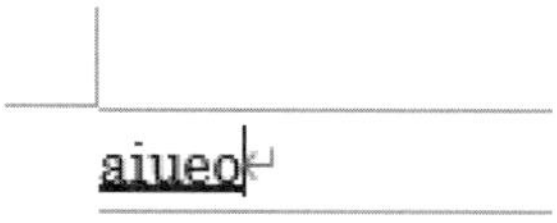

▼F10キー2回

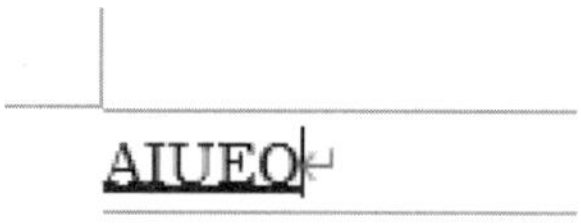

▼F10キー3回

✓チェック

以下の単語はどのように入力するのでしょうか?

・ＷＯＲＤ
・Ｗｅｂページ
・ＦＡＸ番号

まず、「WORD」はキーボードで「W」「O」「R」「D」と続けて入力すると、「をｒｄ」という文字になります。そのまま、F9キーを2回押すと、「ＷＯＲＤ」という大文字になります。
次に、「Ｗｅｂページ」は「W」「E」「B」と入力すると「うぇｂ」という文字になります。F9キーを3回押すと、「Ｗｅｂ」という英単語になります。「ぺーじ」と入力して、F7キーを1回押してカタカナに変換します。
「ＦＡＸ番号」は、「F」「A」「X」と入力して、F9キーを2回押します。続いて「ばんごう」と入力し、変換キーを押して漢字に変換します。

2-3-2 全角の数字と半角の数字

数字にも「全角」と「半角」があります。間違えないように入力しましょう。下の画像の1行目の全角数字は文字１文字分と同じ幅、2行目の半角数字は1文字分の半分の幅の文字です。

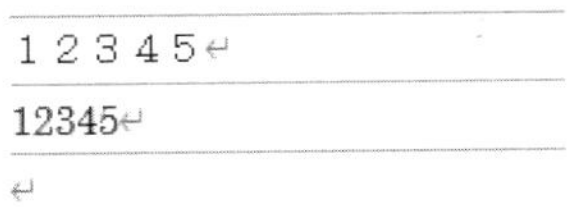

数字の「9」と、文字で「がつ」と入力して変換キーを押してください。

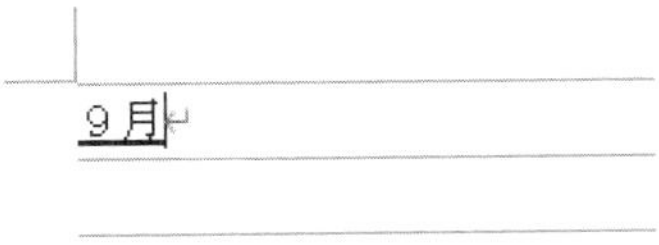

再度、変換キーを押してください。「9月」にもいろいろな「9月」の文字があります。

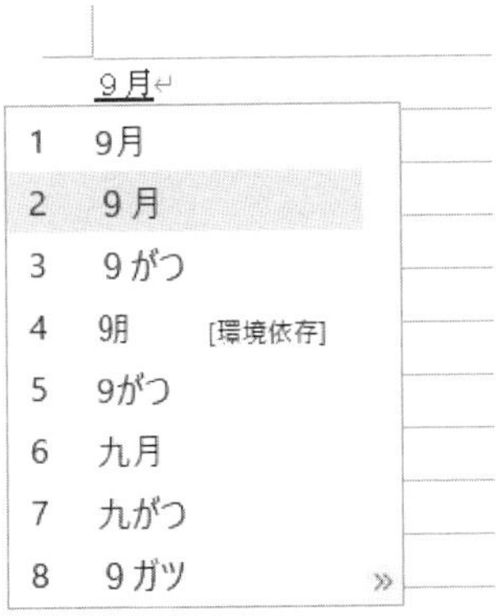

全角数字の「９月」　半角数字の「9月」

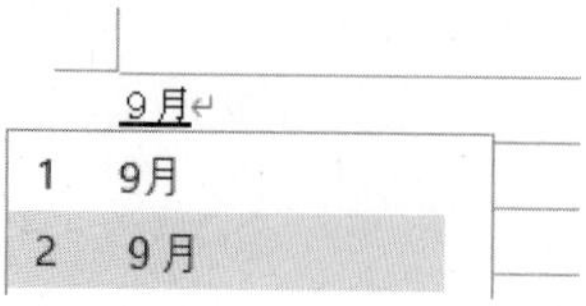

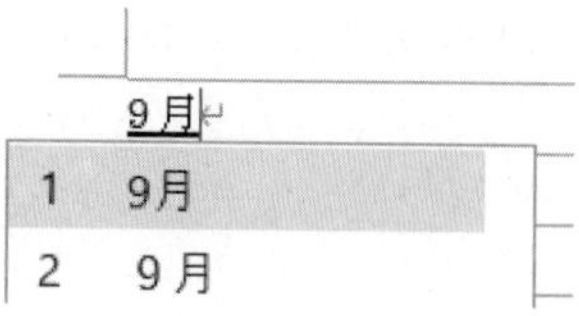

全角・半角の区別がつきにくい場合は、数字の「9」と入力したら、Enterキーで確定します。その後、「つき」もしくは「がつ」と入力して変換キーで漢字に変換してください。数字は数字だけを入力して確定し、文字は漢字の部分だけを入力して変換するのがコツです。

練習として、時間を入力してみましょう。1行目は全角数字の「１２：００」、2行目は半角数字の「12:00」です。数字の幅が全く異なるのがわかります。

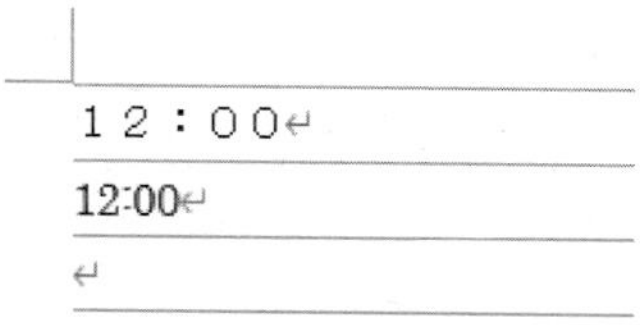

注意

日商PC検定では、全角と半角の数字は区別されます。正しく入力しましょう。

第3章 トレーニング

ここからの練習問題は、文書を編集していく形式の練習問題です。日商PC検定の試験で必要となるスキルを学習します。問題に登場する元号・西暦が今と異なる場合がありますが、指示に従ってファイルの修正などを行うようにしてください。

●ファイルをダウンロードする

まず、Microsoft Edgeを起動してください（他のブラウザでも良いです）。

次に、「検索またはWebアドレスを入力」と表示されている欄に以下のURLを入力して、Enterキーで確定します。
http://gihyo.jp/book/2021/978-4-297-12020-7

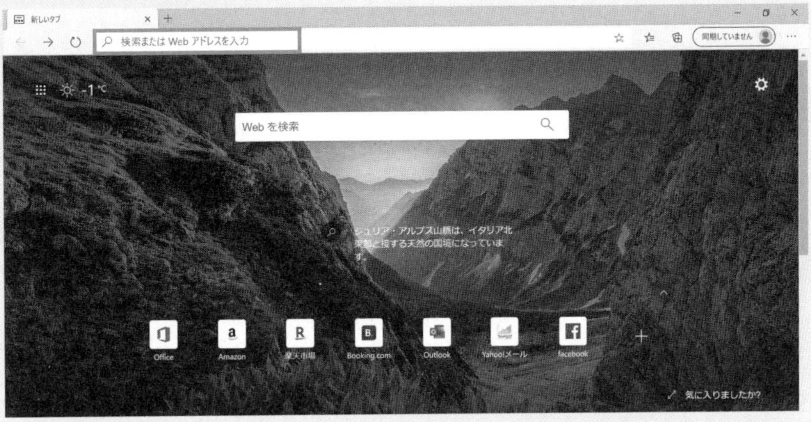

「いちばんやさしい日商PC検定文書作成3級　ズバリ合格BOOK」のサポートページの「nissho_bunsho3.zip」をクリックして、「保存」ボタンをクリックしてください。ダウンロードが完了したら、「フォルダーを開く」ボタンをクリックします。

●ダウンロードファイルを展開する

ダウンロードした「nissho_bunsho3」を右クリックします。表示されたメニューのうち、「すべて展開」をクリックし、「展開」ボタンをクリックしてください。展開すると「nissho_bunsho3」フォルダーが作成されるので、このフォルダーを「ドキュメント」フォルダーにコピーしてください。

●ファイルを開く

「nissho_bunsho3」フォルダーの中に練習問題で使うファイルが保存されています。「第3章　トレーニング」のフォルダーには、1～5節それぞれのフォルダーがあり、その中に、各練習問題で使用するWordファイルが入っています。

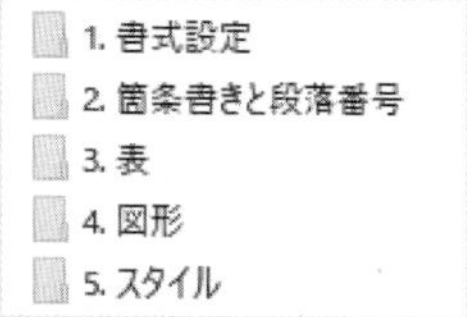

●ビジネス文書の基本

一般的なビジネス文書の形式です。文書番号、発信日付、あて先、発信者名、標題の位置と順番を覚えておきましょう。

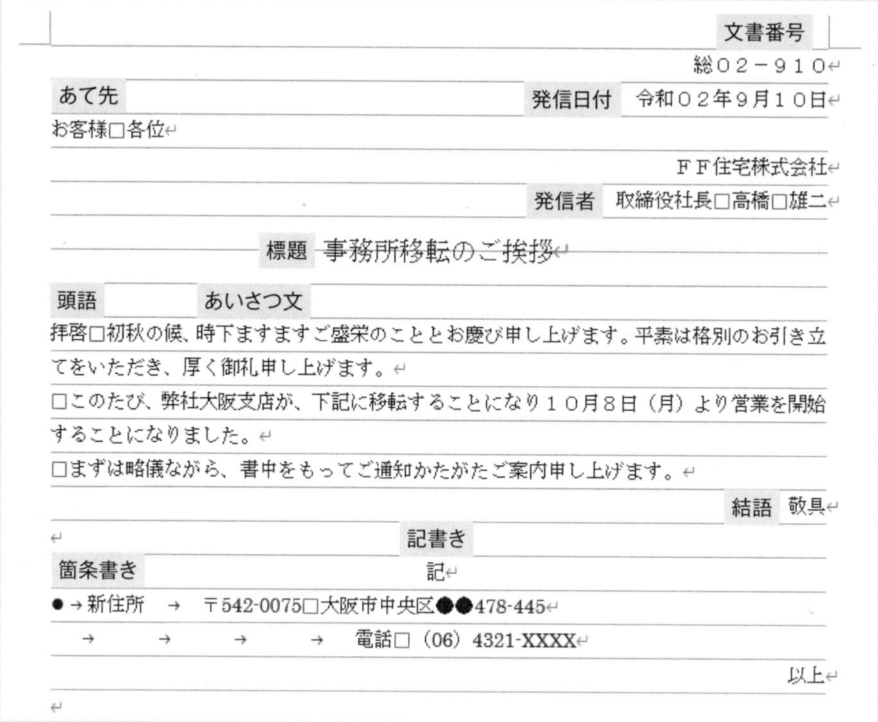

総０２－９１０

令和０２年９月１０日

お客様□各位

ＦＦ住宅株式会社

取締役社長□高橋□雄二

事務所移転のご挨拶

拝啓□初秋の候、時下ますますご盛栄のこととお慶び申し上げます。平素は格別のお引き立てをいただき、厚く御礼申し上げます。

□このたび、弊社大阪支店が、下記に移転することになり１０月８日（月）より営業を開始することになりました。

□まずは略儀ながら、書中をもってご通知かたがたご案内申し上げます。

敬具

記

● → 新住所　→　〒542-0075□大阪市中央区●●478-445

→　→　→　→　電話□（06）4321-XXXX

以上

3-1 書式設定

3-1-1 書式設定の練習　初級

フォルダー「1.書式設定」の「書式設定の練習問題【1】」を開いてください。

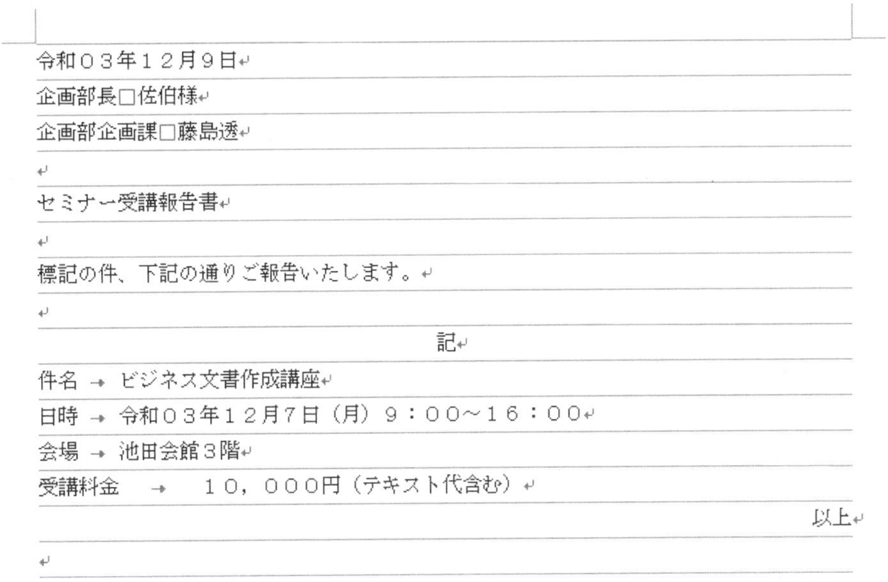
令和０３年１２月９日
企画部長□佐伯様
企画部企画課□藤島透

セミナー受講報告書

標記の件、下記の通りご報告いたします。

記
件名 → ビジネス文書作成講座
日時 → 令和０３年１２月７日（月）９：００～１６：００
会場 → 池田会館３階
受講料金 → １０，０００円（テキスト代含む）
以上

以下の指示に従って、文書を編集してください。
①発信日付を「右揃え」にしてください。
②あて先を、「企画部長　加藤様」に変更してください。
③発信者名を「右揃え」にしてください。
④標題「セミナー受講報告書」を、拡大し、下線を付け、中央に配置してください。
⑤標題の下線を「二重下線」に変更してください。

解説

①発信日付を「右揃え」にしてください。

発信日付「令和03年12月9日」の行の左余白部分にマウスを合わせ、マウスポインタが白い矢印 の形に変わったら、マウスで1回クリックします。 すると、1行目全体を選択できます。

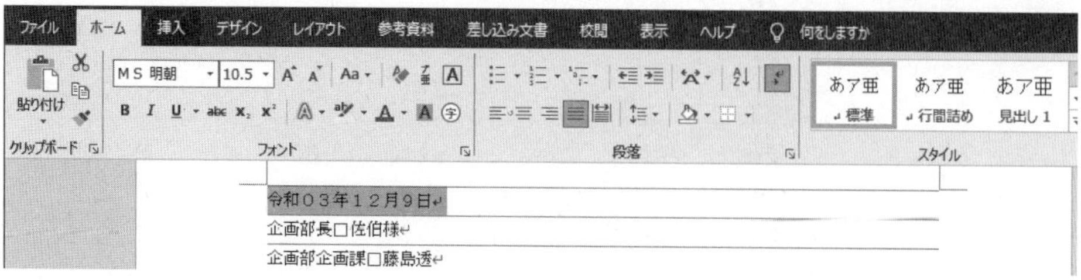

「ホーム」タブにある「右揃え」のボタンをクリックします。

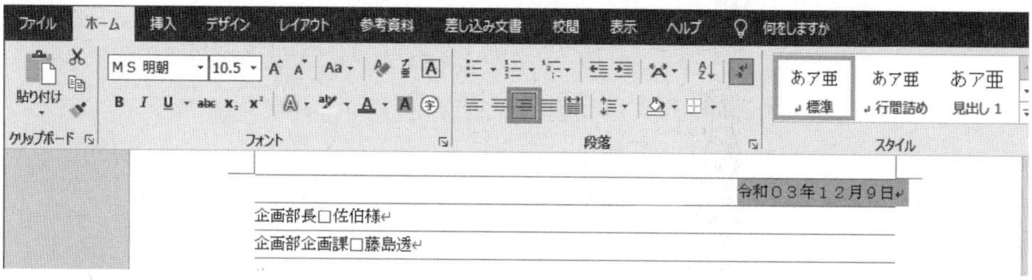

1行目の発信日付が用紙の右端に移動になりました。 発信日付は「右揃え」が基本です。

②あて先を、「企画部長　加藤様」に変更してください。

あて先の名前「佐伯」の後ろをマウスでクリックしてください。

Backspaceキーを2回押して「佐伯」の文字を削除します。

カーソルの位置はそのままで「かとう」と入力し漢字に変換します。

③発信者名を「右揃え」にしてください。

発信者名「企画部企画課　藤島透」の行の左余白部分をマウスでクリックし選択します。

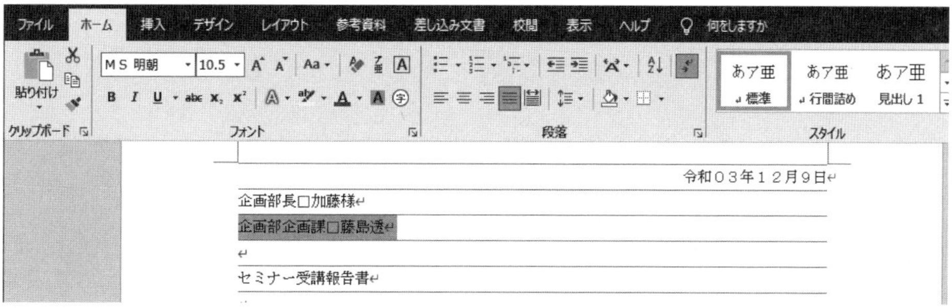

「ホーム」タブにある「右揃え」ボタンをクリックします。

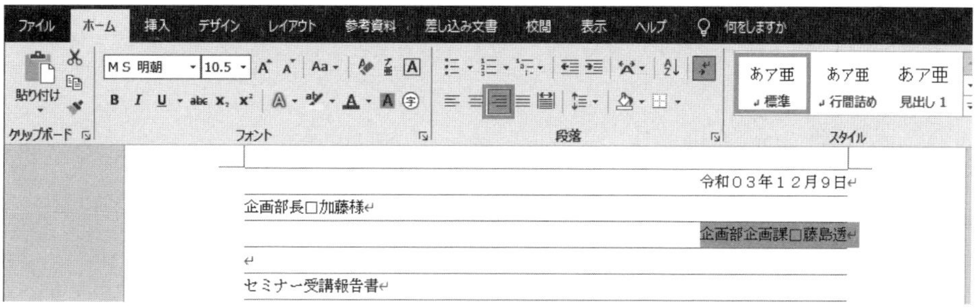

ポイント

発信日付、発信者名は、「右揃え」が基本です。

第1章
第2章
第3章
第4章
第5章
第6章

④標題「セミナー受講報告書」を、拡大し、下線を付け、中央に配置してください。

標題「セミナー受講報告書」の行を選択します。

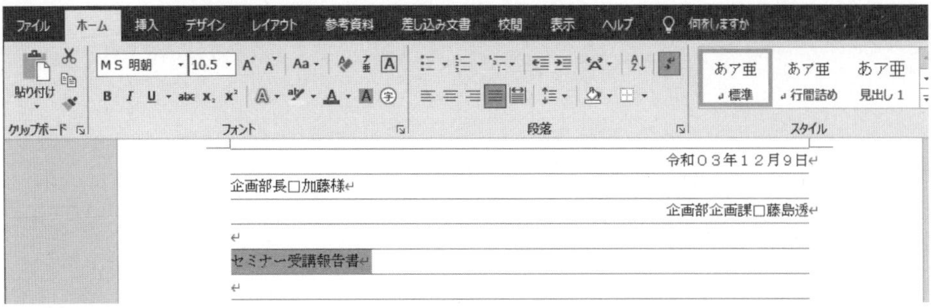

「ホーム」タブにある「フォントサイズ」の「▼」をクリックして、文字の大きさを表す数字を「14」ポイントに変更します。

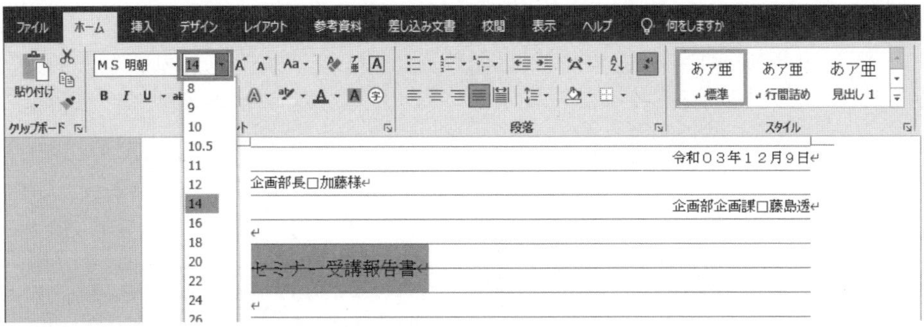

! 注　意

文書作成の試験で、「拡大」を問われたら、基本的には「フォントサイズ」を大きくする、すなわち文字のサイズを大きくすることをいいます。この時の「サイズ」は、「14」もしくは「16」くらいを選択するようにしてください。大きすぎず、かといって、小さいままではいけません。

続けて「ホーム」タブにある「下線」ボタンをクリックします。

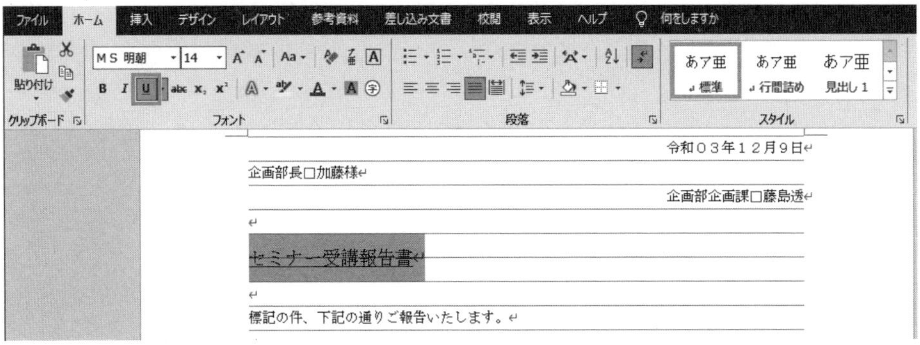

「ホーム」タブにある「中央揃え」ボタンをクリックします。

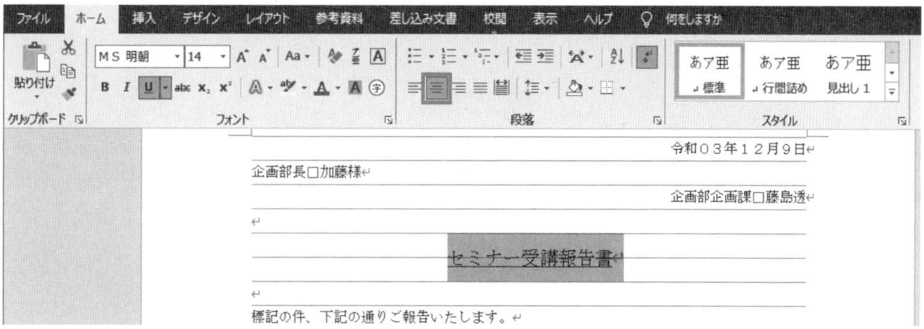

⑤標題の下線を「二重下線」に変更してください。

標題の行を選択し、「ホーム」タブにある「下線」ボタンの「▼」をクリックして、線の種類の一覧から「二重下線」をクリックします。下線の種類を変更できます。

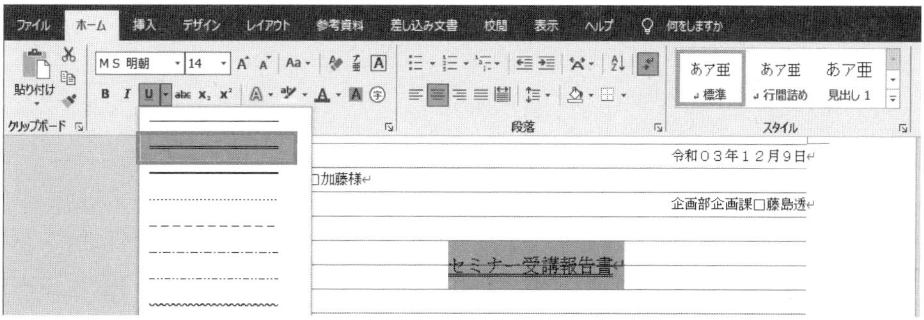

●完成見本

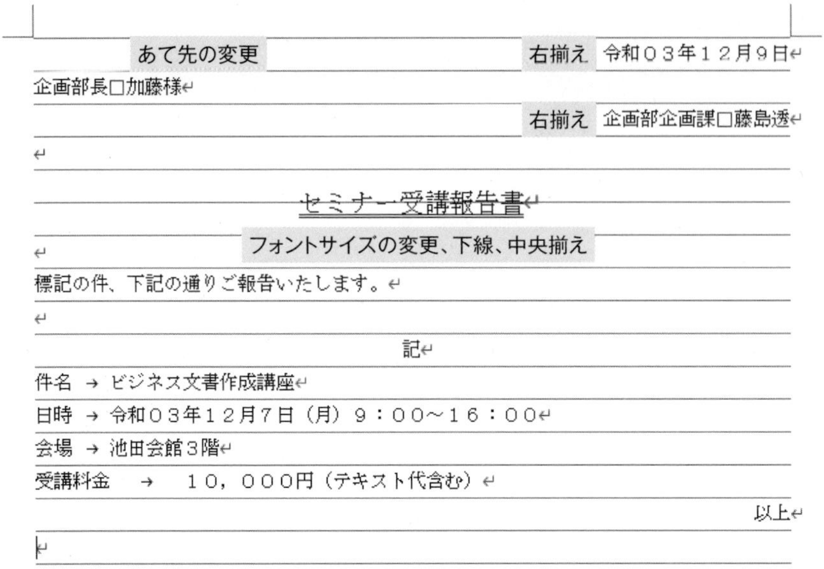

ポイント

Word画面の「印刷レイアウト」「閲覧モード」の違い

Wordの画面は、通常「印刷レイアウト」という表示になっており、文書を印刷した状態と同じ状態を確認しながら文書を編集することができます。

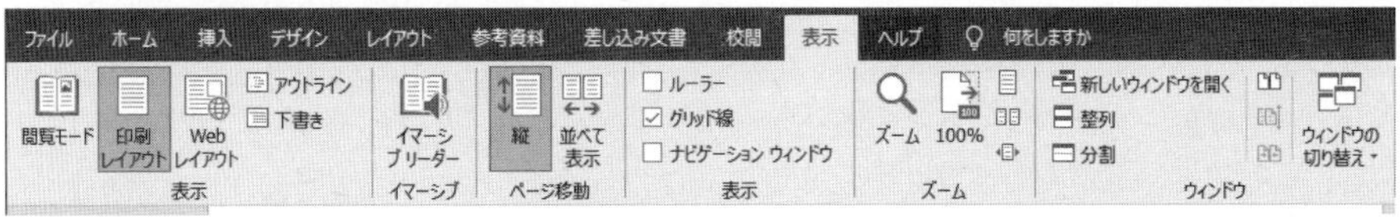

Wordを開いたときに、右のような「閲覧モード」になっている場合は閲覧専用となり、文書に変更を加えることができません。

印刷レイアウト

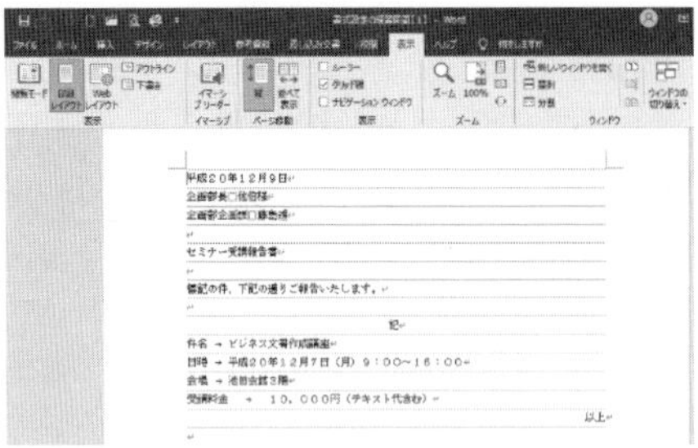

閲覧モード

文書を編集できる状態に戻すには、画面右下にあるアイコンをクリックして、「印刷レイアウト」に切り替える必要があります

3-1-2　書式設定の練習　中級

フォルダー「1.書式設定」の「書式設定の練習問題【2】」を開いてください。

人発２１４１号↵
令和０３年４月１日↵
新入社員各位↵

教育課長□横山道弘↵

↵
０３年度社員研修について↵
↵
　社員教育の一環として、下記の要領でマナー研修を実施します。↵
　この研修は、当社の社員として、社会人としてのマナーを身に付けることを目標としたプログラムです。↵
↵

記↵

場所 → 本社本館□研修センター５階□５０１～５０３号室↵
講師 → ビジネス教育センターマナーインストラクター□高田□和子氏↵
日時 → ４月８日（木）１０：００～１６：００↵

以上↵

↵

以下の指示に従って、文書を編集してください。

①文書番号を「人発2143号」に変更し、右揃えにしてください。
②発信日付を「2021年4月3日」に変更し、右揃えにしてください。
③標題は、「2021年新入社員教育研修について」として、囲み線と文字の網かけをつけ、用紙の中央に配置してください。
④標題の文字を、文字の拡大150%にしてください。
⑤記書きの項目名「場所」「講師」「日時」の文字を、3文字に均等割り付けしてください。
⑥「新入社員の方は、必ず参加してください。」という文章を、新しい段落として適切な箇所に入力してください。

解説

①文書番号を「人発2143号」に変更し、右揃えにしてください。

文書番号の数字を「2143」に変更します。

人発２１４３号
令和０３年４月１日
新入社員各位
教育課長□横山道弘

この時の数字は、「全角数字」を使うようにしてください。元から入力されている数字が「全角」なので、元ファイルに合わせます。

ポイント

「全角数字」と「半角数字」の違いは、以下のように並べてみると、よくわかります。

人発２１４３2143号
令和０３年４月１日
新入社員各位

注意

日商PC検定の試験では、全角か半角の区別は、原則として元のファイルに合わせます。元ファイルに入力されている数字が全角なら、新たに入力する数字も全角で入力してください。

1行目を選択して、「ホーム」タブの「右揃え」ボタンをクリックします。

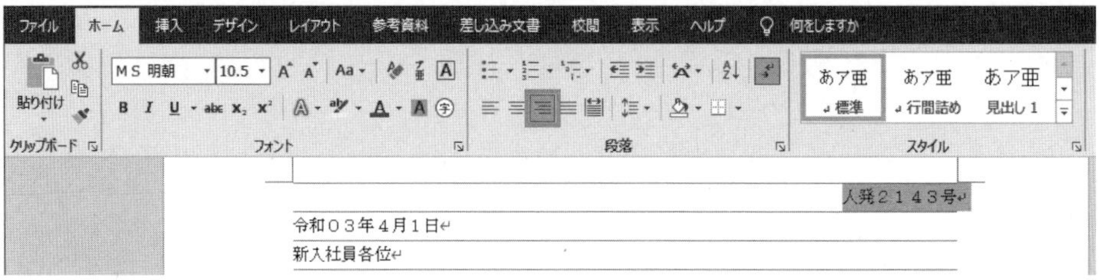

②発信日付を「2021年4月3日」に変更し、右揃えにしてください。

発信日付を「2021年4月3日」と変更します。この数字も「全角」で入力してください。

人発２１４３号
２０２１年４月１日
新入社員各位
教育課長□横山道弘

2行目を選択して、「ホーム」タブの「右揃え」ボタンをクリックします。

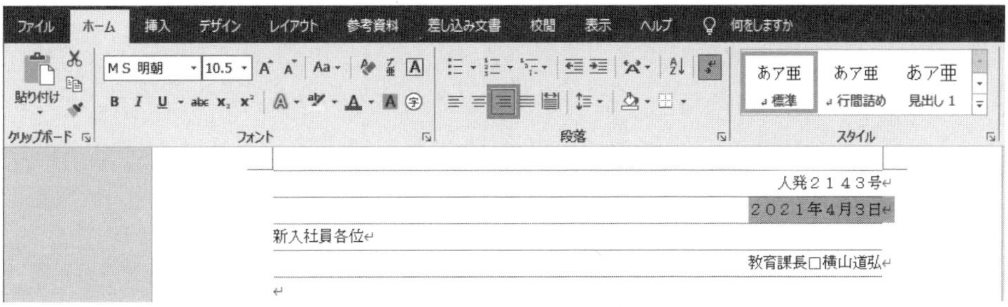

③標題は、「2021年新入社員教育研修について」として、囲み線と文字の網かけをつけ、用紙の中央に配置してください。

標題の文字を、「2021年新入社員教育研修について」に修正します。

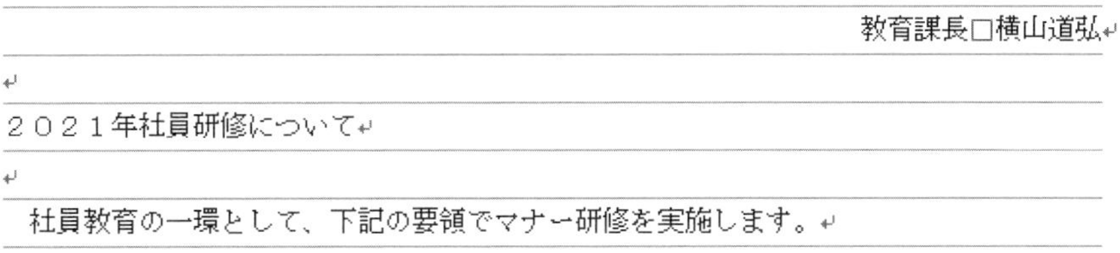

標題の行を選択して、「ホーム」タブの「囲み線」「文字の網かけ」「中央揃え」のボタンをそれぞれクリックします。

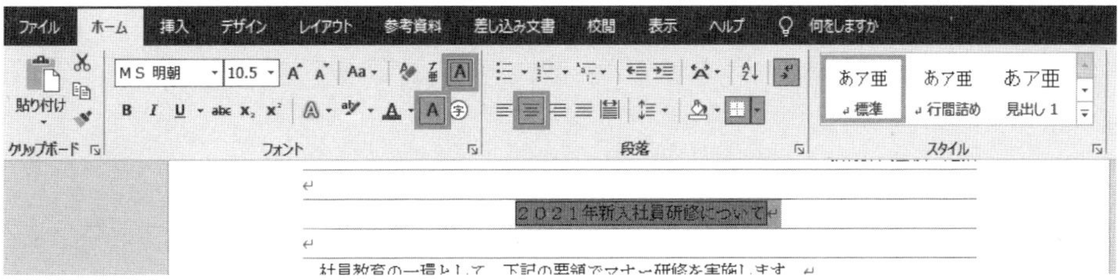

④標題の文字を、文字の拡大150%にしてください。

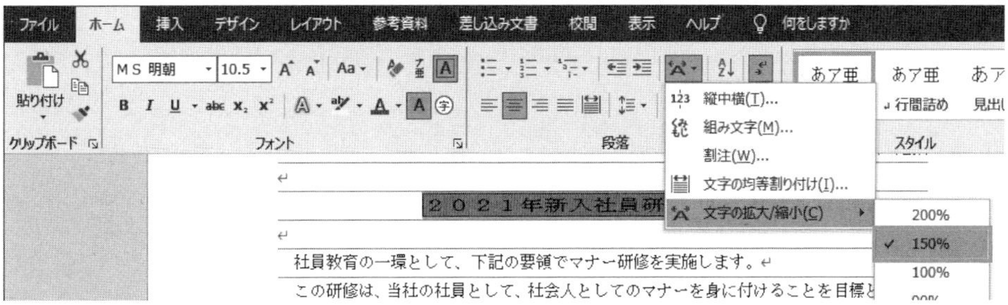

注　意

「フォントサイズの拡大」と「文字の拡大150%」は、意味が違います。間違えないようにしましょう！「文字の拡大150%」は、フォントサイズはそのままで、文字の横幅だけを拡大しています。

⑤記書きの項目名「場所」「講師」「日時」の文字を、3文字に均等割り付けしてください。

以下のように変更してください

[1] 記書きの「場所」の文字をドラッグして選択します。

[2]「ホーム」タブの「均等割り付け」のボタンをクリックします。

[3]「新しい文字列の幅」を「3字」に設定してください。

[4]「OK」をクリックします。

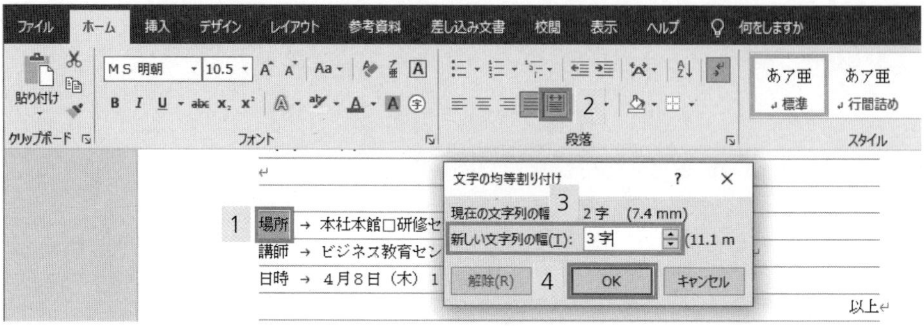

同様に、「講師」の文字、「日時」の文字も3文字に均等割り付けします。 2回目以降は、「均等割り付け」のボタンをクリックすると、「新しい文字列の幅」は、すでに「3」文字になっているので、文字数はそのままで「OK」ボタンだけをクリックしてください。

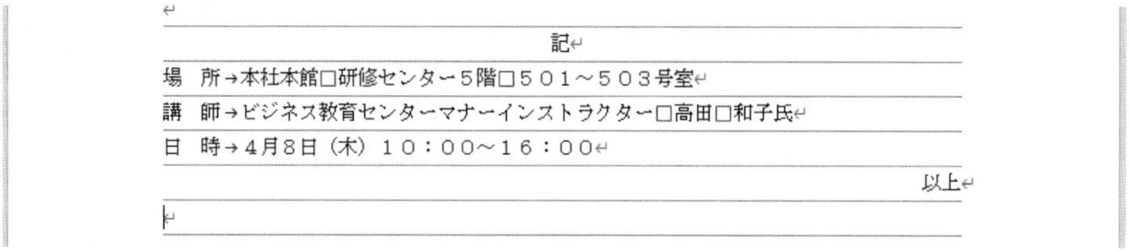

記

場　所→本社本館□研修センター５階□５０１～５０３号室

講　師→ビジネス教育センターマナーインストラクター□高田□和子氏

日　時→４月８日（木）１０：００～１６：００

以上

⑥「新入社員の方は、必ず参加してください。」という文章を、新しい段落として適切な箇所に入力してください。

「プログラムです。」の後ろをマウスでクリックします。

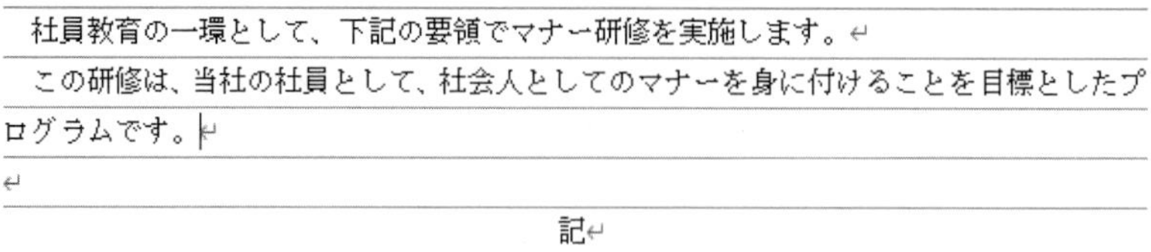

社員教育の一環として、下記の要領でマナー研修を実施します。

この研修は、当社の社員として、社会人としてのマナーを身に付けることを目標としたプログラムです。

記

Enterキーを押して改行し、新しい行を作ります。

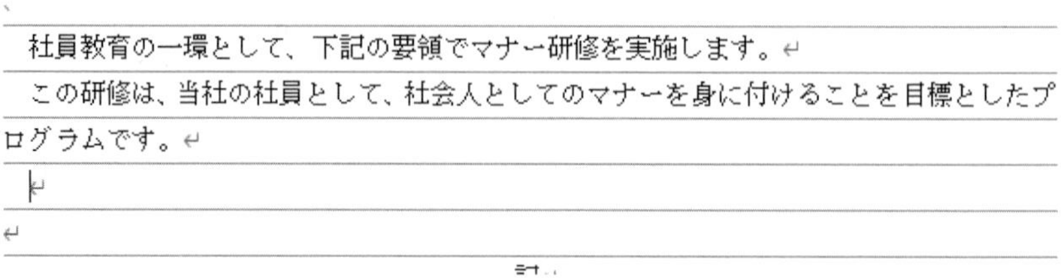

社員教育の一環として、下記の要領でマナー研修を実施します。

この研修は、当社の社員として、社会人としてのマナーを身に付けることを目標としたプログラムです。

新しい段落（行）に、指示された文章を入力します。

社員教育の一環として、下記の要領でマナー研修を実施します。

この研修は、当社の社員として、社会人としてのマナーを身に付けることを目標としたプログラムです。

新入社員の方は、必ず参加してください。

ポイント

「新しい段落に入力」という指示には、Enterキーで改行し、新しい行を作成して入力していきます。

●完成見本

右揃え　人発２１４３号

右揃え　２０２１年４月３日

新入社員各位

教育課長□横山道弘

標題の変更・囲み線・文字の網かけ・中央揃え・文字の拡大150%

２０２１年新入社員教育研修について

　社員教育の一環として、下記の要領でマナー研修を実施します。

　この研修は、当社の社員として、社会人としてのマナーを身に付けることを目標としたプログラムです。

　新入社員の方は、必ず参加してください。　新しい段落に入力

記

場　所→本社本館□研修センター５階□５０１～５０３号室

講　師→ビジネス教育センターマナーインストラクター□高田□和子氏

日　時→４月８日（木）１０：００～１６：００

3文字に均等割り付け　以上

3-1-3　書式設定の練習　上級

フォルダー「1.書式設定」の「書式設定の練習問題【3】」を開いてください。

平成２８年１０月２５日
スマイル販売株式会社
株式会社スプリング
営業部□大山和樹

年賀状ソフトセミナー開催のお知らせ

拝啓□ますますご清祥のこととお喜び申しあげます。

敬具

以下の指示に従って、文書を編集してください。

①文書番号「営業1025号」を、適切な位置に挿入してください。
②発信日付を適切な位置に配置してください。
③文書のあて先に「販売部長　今村真一」を追加し、適切な敬称をつけてください。
④発信者名を、適切な位置に配置してください。
⑤標題は、文字を拡大し、下線をつけ、中央に配置してください。
⑥発信日付に合わせた時候の挨拶を次から選んで、適切な位置に挿入してください。
　【語群】秋冷の候、　初秋の候、　向寒の候、
⑦挨拶文の下に、「このたび、わが社では、使いやすさで評判の年賀状ソフトのセミナーを下記のとおり開催いたします。」の文章を、新しい段落として追加入力してください。
⑧上記で追加した文章の冒頭に、適切な語句を次の語群から選んで挿入してください。
　【語群】つきましては、　ところで、　まずは、　さて、
⑨「敬具」の次の行に、記書きとして、以下の内容を追加入力してください。

敬具

記

日□程：□□平成２８年１１月２１日（月）
時□間：□□１０：００～１５：００
定□員：□□１５名（先着順□定員になり次第締め切ります）
受講料：□□５，０００円（税込）
会□場：□□株式会社スプリング□２階□パソコン室

以上

⑩記書きの内容に、箇条書き記号の「●」をつけてください。
⑪「以上」の次の行に、「※　受講料は当日徴収いたします。」と入力してください。

解説

①文書番号「営業1025号」を、適切な位置に挿入してください。

1行目「平成」の前にカーソルを置いてEnterキーで改行します。

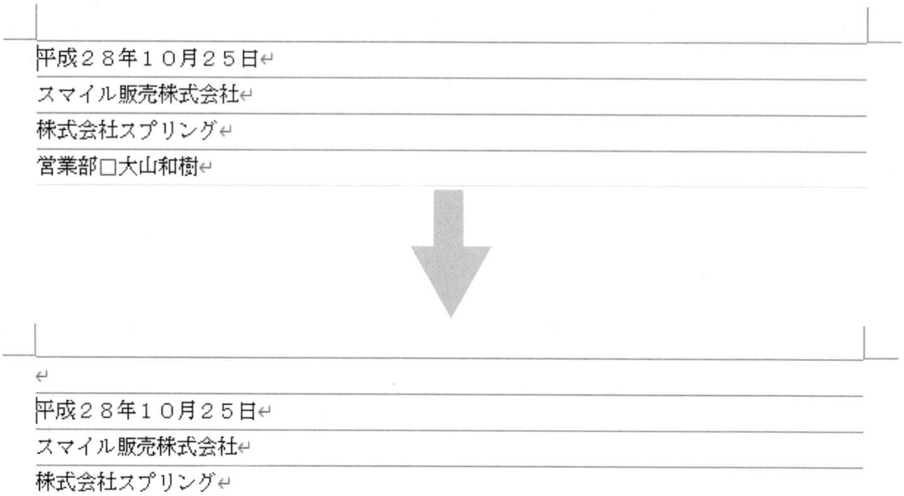

新しく作成した1行目に、文書番号「営業1025号」と入力します。

1行目を選択して「右揃え」ボタンをクリックします。

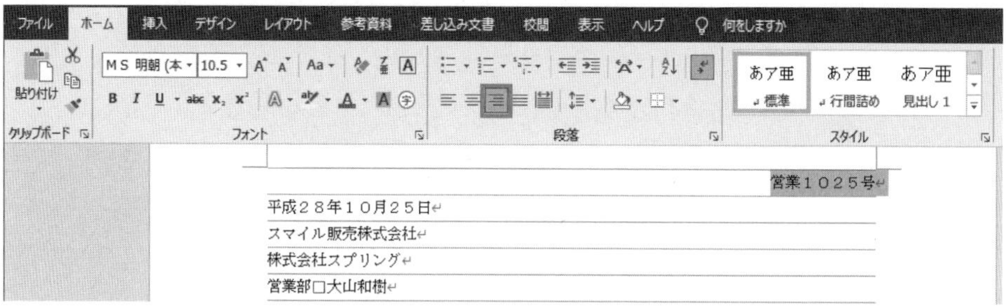

②発信日付を適切な位置に配置してください。

2行目の発信日付の行を選択して「右揃え」ボタンをクリックします。

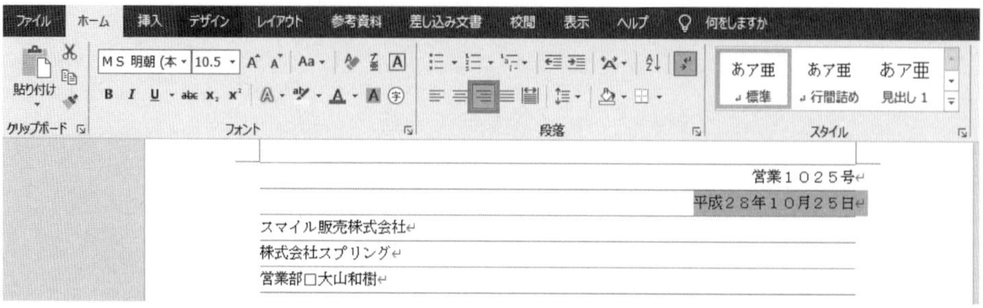

③文書のあて先に「販売部長　今村真一」を追加し、適切な敬称をつけてください。

「スマイル株式会社」の後ろにカーソルを置いて、Enterキーで改行します。

営業１０２５号
平成２８年１０月２５日
スマイル販売株式会社

株式会社スプリング
営業部□大山和樹

会社名と役職名は2行に分けて記入します。役職名の前は1文字空け、個人名には、敬称「様」をつけます。

営業１０２５号
平成２８年１０月２５日
スマイル販売株式会社
□販売部長□今村真一□様
株式会社スプリング
営業部□大山和樹

ポイント

敬称の付け方

会社・団体・部署・課：「御中」

個人名：「様」

講師・恩師・医師：「先生」

④発信者名を、適切な位置に配置してください。

発信者名の行を、2行ドラッグして選択し、右揃えにします。

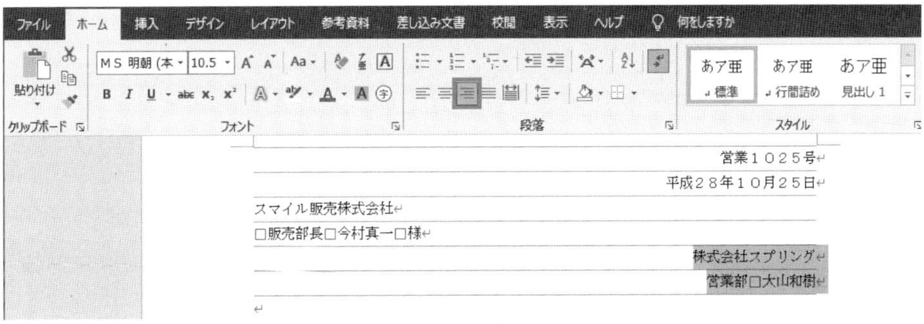

営業１０２５号
平成２８年１０月２５日
スマイル販売株式会社
□販売部長□今村真一□様
株式会社スプリング
営業部□大山和樹

⑤標題は、文字を拡大し、下線をつけ、中央に配置してください。

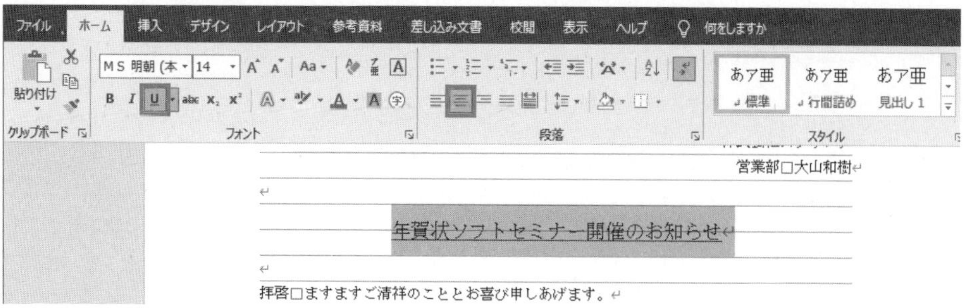

⑥発信日付に合わせた時候の挨拶を次から選んで、適切な位置に挿入してください。

【語群】秋冷の候、　初秋の候、　向寒の候、

以下のようにして変更してください。

[1]「拝啓」の後ろ、「ますます」の前にカーソルを置きます。

[2]「挿入」タブをクリックします。

[3]「あいさつ文」のボタンをクリックします。

[4]「あいさつ文の挿入」をクリックします。

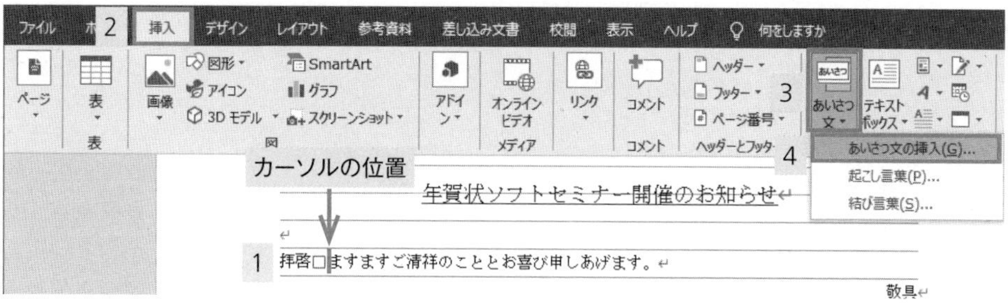

「あいさつ文」ダイアログボックスが開きます。「月のあいさつ」の数字を、発信日付に合わせて「10」を選択します。

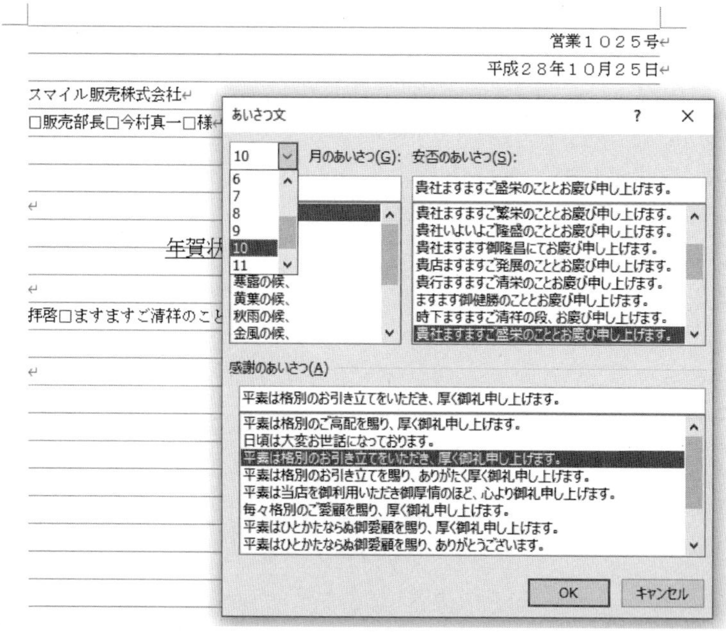

続いて、下の「方法1」もしくは「方法2」のどちらかの方法で時候の挨拶の言葉を入力します。自分で手入力する場合は「方法1」の方法で、漢字の読み方がわからず入力できない場合は「方法2」の方法を選択するとよいでしょう。

・方法1　自分で入力
「月のあいさつ」を確認したら、この画面をそのまま「あいさつ文」ダイアログボックス右上の「×」で閉じ、確認した言葉を自分で入力します。
このまま「OK」をクリックすると、「貴社ますます…」「平素は格別の…」という文章まで入力されてしまうので、この画面は「×」で閉じてください。

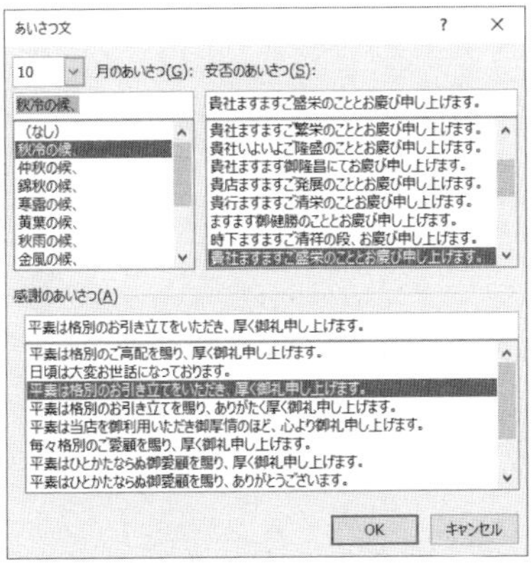

・方法2　あいさつ文ウィザード使用
「月のあいさつ」を選択したら、「安否のあいさつ」「感謝のあいさつ」の文章をBackspaceキーなどで削除してから、「OK」をクリックします。選択した「月のあいさつ」の言葉だけが自動で入力されます。

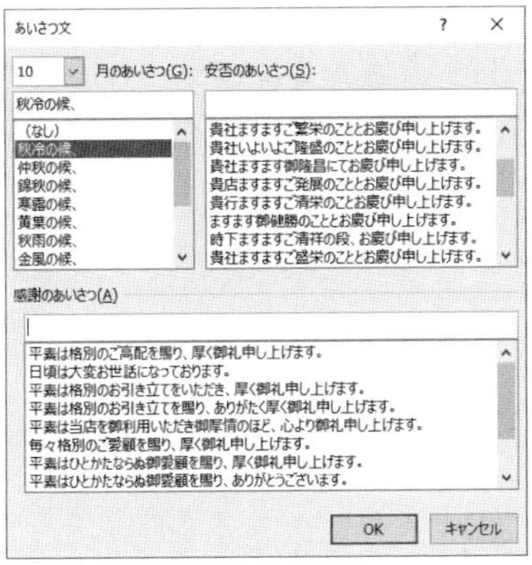

発信日付に合わせた時候の挨拶の言葉が入力できました。

営業１０２５号

平成２８年１０月２５日

スマイル販売株式会社

□販売部長□今村真一□様

株式会社スプリング

営業部□大山和樹

年賀状ソフトセミナー開催のお知らせ

拝啓□秋冷の候、ますますご清祥のこととお喜び申しあげます。

敬具

ポイント

「拝啓」の後ろには、空白が必要です。 空白（スペース）の後ろに、時候の挨拶の言葉を入力するようにしてください。
また、「○○の候、」の「候」の後ろには、読点（、）も必要ですので、手入力で入力する場合は忘れずに入力してください。

⑦挨拶文の下に、「このたび、わが社では、使いやすさで評判の年賀状ソフトのセミナーを下記のとおり開催いたします。」の文章を、新しい段落として追加入力してください。

「お喜び申しあげます。」の後ろにカーソルを置いて改行します。

年賀状ソフトセミナー開催のお知らせ

拝啓□秋冷の候、ますますご清祥のこととお喜び申しあげます。

敬具

「拝啓」の挨拶文に続く文章を新しい行に入力する場合は、スペースキーで1文字空けてから、文章を入力します。

拝啓□秋冷の候、ますますご清祥のこととお喜び申しあげます。
□このたび、わが社では、使いやすさで評判の年賀状ソフトのセミナーを下記のとおり開催いたします。

敬具

⑧上記で追加した文章の冒頭に、適切な語句を次の語群から選んで挿入してください。

【語群】つきましては、　ところで、　まずは、　さて、

スペースの後ろに、適切な接続詞を選択して入力します。

拝啓□秋冷の候、ますますご清祥のこととお喜び申しあげます。

□さて、このたび、わが社では、使いやすさで評判の年賀状ソフトのセミナーを下記のとおり開催いたします。

敬具

注意

誤字脱字は大きく減点となります。漢字とひらがなも正しく区別して入力してください。文章を追加入力する際は十分注意が必要です。

下記のとおり　⇔　下記の通り
申しあげます　⇔　申し上げます
ください　⇔　下さい

⑨「敬具」の次の行に、記書きとして、以下の内容を追加入力してください。

敬具

記

日□程：□□平成２８年１１月２１日（月）
時□間：□□１０：００～１５：００
定□員：□□１５名（先着順□定員になり次第締め切ります）
受講料：□□５，０００円（税込）
会□場：□□株式会社スプリング□２階□パソコン室

以上

以下の手順で変更していきましょう。
まず、「敬具」の次の行にカーソルを置いて、「記」と入力します。

拝啓□秋冷の候、ますますご清祥のこととお喜び申しあげます。

□さて、このたび、わが社では、使いやすさで評判の年賀状ソフトのセミナーを下記のとおり開催いたします。

敬具

記

続いて、「記」の文字を確定した後に、Enterキーをもう一度押します。
「記」の文字が自動で「中央揃え」になり、1行空けたところに「以上」の文字が右揃えで入力されます（入力オートフォーマット機能）。

り開催いたします。

敬具

記

以上

最後に「記」の次の行に、項目名と内容を入力していきます。

敬具

記

日□程：□□平成２８年１１月２１日（月）

時□間：□□１０：００～１５：００

定□員：□□１５名（先着順□定員になり次第締め切ります）

受講料：□□５，０００円（税込）

会□場：□□株式会社スプリング□２階□パソコン室

以上

注意 このとき、空白（スペース）と数字の全角に気を付けて入力してください。

⑩記書きの内容に、箇条書き記号の「●」をつけてください。

以下のように変更していきましょう。

[1]「日程」から「会場」の行までドラッグします。

[2]「ホーム」タブの「箇条書き」ボタンの「▼」をクリックします。

[3]行頭記号の「●」をクリックします。

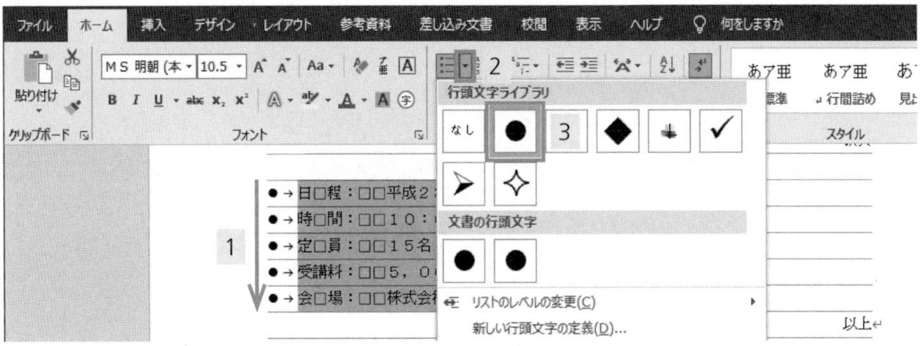

⑪「以上」の次の行に、「※　受講料は当日徴収いたします。」と入力してください。

「以上」の次の行にカーソルを置いて、指示された文章を入力してください。

「※」は、「こめ」と入力して変換してください。

● → 受講料：□□５，０００円（税込）

● → 会□場：□□株式会社スプリング□２階□パソコン室

以上

※□受講料は当日徴収いたします。

注　意

「以上」の文字の前や後ろにカーソルを置いて改行しないでください。右端に余分な行ができてしまいます。

「以上」の前にカーソルを置いてEnterキーを押すと、「以上」の文字が1行下がり、上に余分な行ができてしまいます。

「以上」の後ろにカーソルを置いてEnterキーを押すと、「以上」の下に余分な行ができてしまいます。

日商PC検定では、余分な行を作成すると減点対象となりますので、注意が必要です。

●完成見本

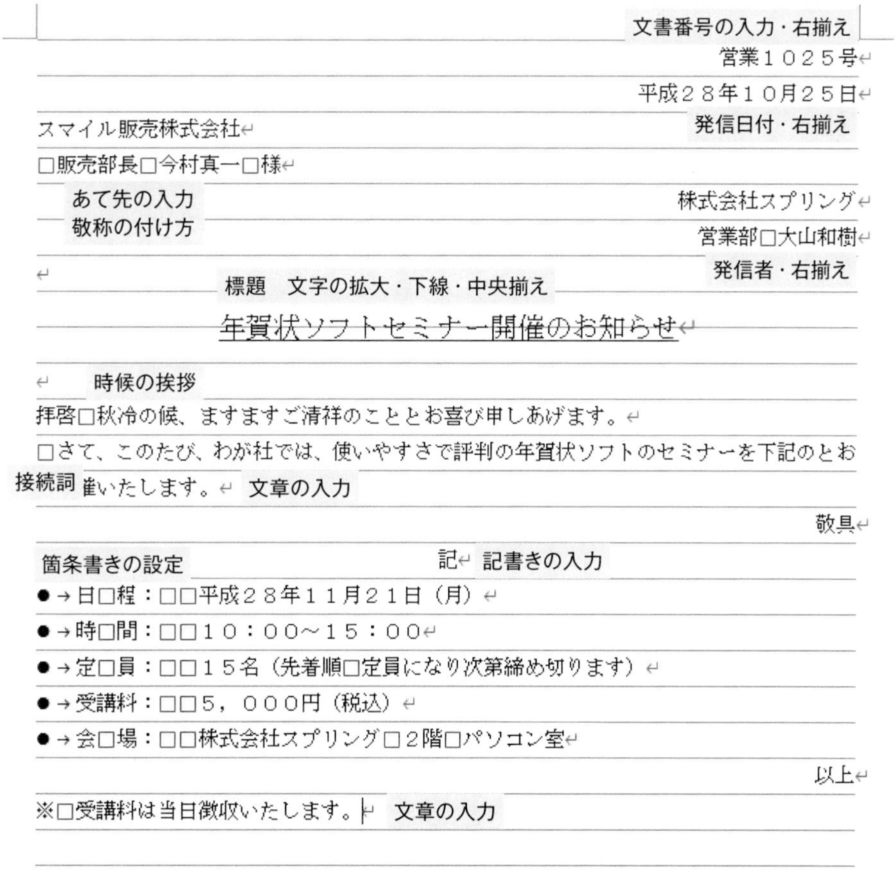
営業１０２５号
平成２８年１０月２５日
スマイル販売株式会社
□販売部長□今村真一□様
株式会社スプリング
営業部□大山和樹

年賀状ソフトセミナー開催のお知らせ

拝啓□秋冷の候、ますますご清祥のこととお喜び申しあげます。
□さて、このたび、わが社では、使いやすさで評判の年賀状ソフトのセミナーを下記のとお
催いたします。
敬具
記
●→日□程：□□平成２８年１１月２１日（月）
●→時□間：□□１０：００～１５：００
●→定□員：□□１５名（先着順□定員になり次第締め切ります）
●→受講料：□□５，０００円（税込）
●→会□場：□□株式会社スプリング□２階□パソコン室
以上
※□受講料は当日徴収いたします。

3-2 箇条書きと段落番号

3-2-1 箇条書きと段落番号の練習　初級

フォルダー「2.箇条書きと段落番号」の「箇条書きと段落番号【1】」を開いてください。

令和０３年１０月２０日↵

社員↵

令和０３年度社員旅行のお知らせ↵

令和０３年度の社員旅行を下記日程にて実施いたしますので、お知らせいたします。↵

今回は、盛りだくさんの企画を用意して、皆様のご参加をお待ちしております。都合で参加できない方は、総務部□木原までご連絡ください。↵

↵

記↵

月日 → 令和０３年１１月２５日（日）～２６日（月）↵

行き先→箱根温泉↵

宿泊先→ホテル□うみや↵

集合 → ２５日□午前8時００分□東京駅↵

解散 → ２６日□午後6時３０分□上記集合場所↵

以上↵

↵

以下の指示に従って、文書を編集してください。

①あて名の「社員」に適切な敬称をつけること。

②発信者は「総務部　仲井弘治」とし、適切な位置に入力すること。

③標題は、MSゴシック・18pt・太字・波線の下線をつけ、中央に配置すること。

④本文と標題の間を1行空け、さらに本文の行頭を1文字分「字下げ」すること。

⑤「記」書きの項目は、4文字分の均等割り付けにし、箇条書きの「●」をつけること。さらに、2文字分のインデントを設定すること。

⑥本文内の「都合で参加できない方は」の前に、下記の語群から適切なものを選んで挿入すること。

【語群】しかしながら、　さて、　なお、

解説

①あて名の「社員」に適切な敬称をつけること。

「社員」は複数のあて先なので「各位」をつけます。

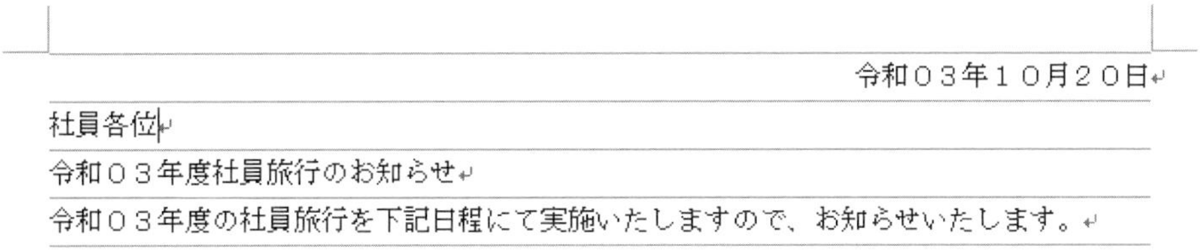

②発信者は「総務部　仲井弘治」とし、適切な位置に入力すること。

「社員各位」の後ろでEnterキーを押して改行、3行目に入力、「右揃え」を設定します。

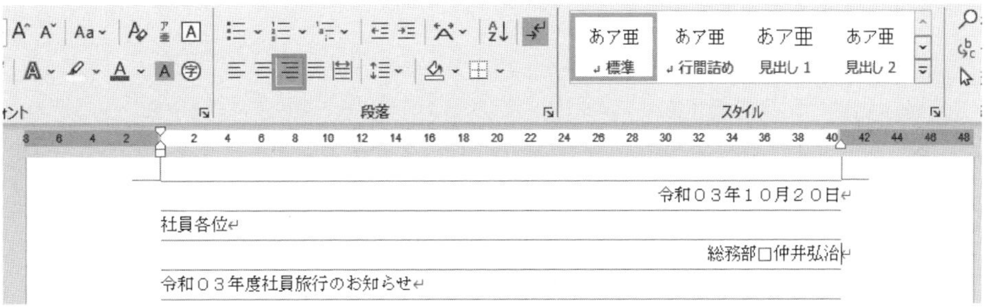

③標題は、MSゴシック・18pt・太字・波線の下線をつけ、中央に配置すること。

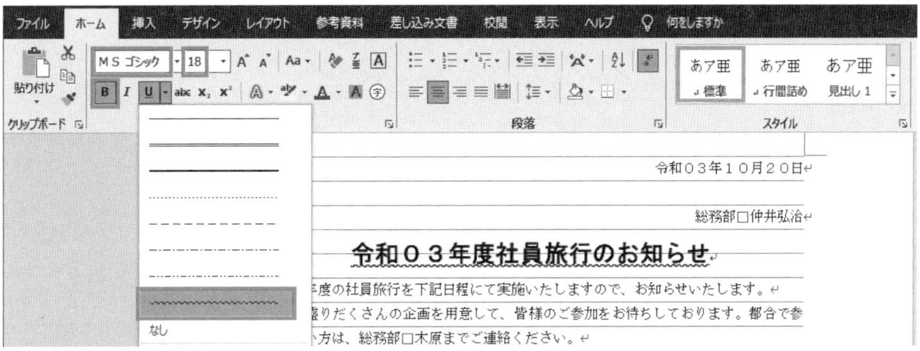

注意

「フォントの種類」で「MSゴシック」を選択する際は、「テーマのフォント」にある「MSゴシック　見出し」を選択してはいけません。必ず、「すべてのフォント」から「MSゴシック」を選択してください。

④本文と標題の間を1行空け、さらに本文の行頭を1文字分「字下げ」すること。

「本文」の前にカーソルを置いてEnterキーで改行します。

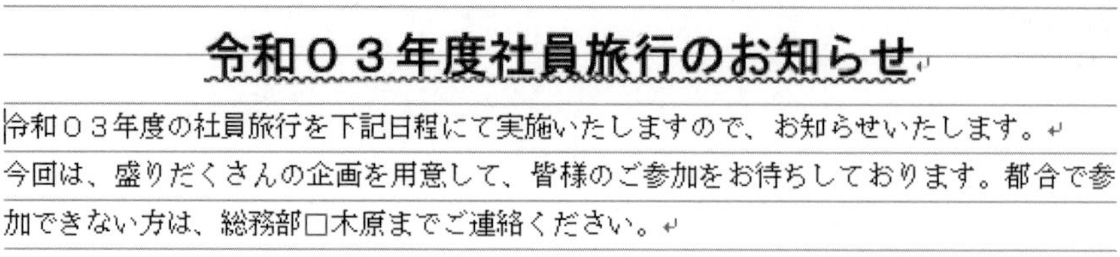
令和０３年度社員旅行のお知らせ

令和０３年度の社員旅行を下記日程にて実施いたしますので、お知らせいたします。
今回は、盛りだくさんの企画を用意して、皆様のご参加をお待ちしております。都合で参加できない方は、総務部□木原までご連絡ください。

改行後は以下のようになります。

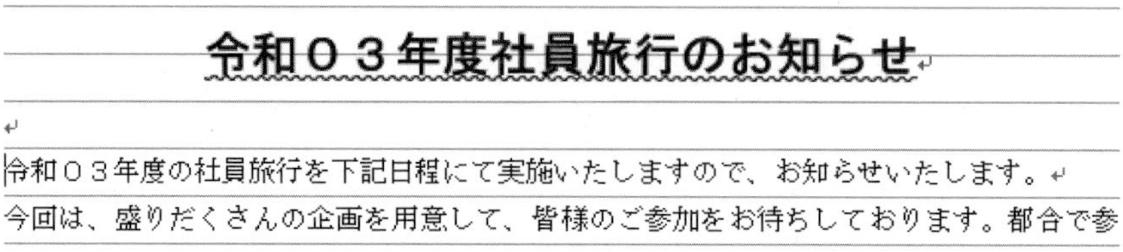
令和０３年度社員旅行のお知らせ

令和０３年度の社員旅行を下記日程にて実施いたしますので、お知らせいたします。
今回は、盛りだくさんの企画を用意して、皆様のご参加をお待ちしております。都合で参

注　意

標題「お知らせ」の後ろにカーソルを置いて改行すると、下の行にも「MSゴシック・18pt・太字・波線の下線」がついてしまうので避けてください。

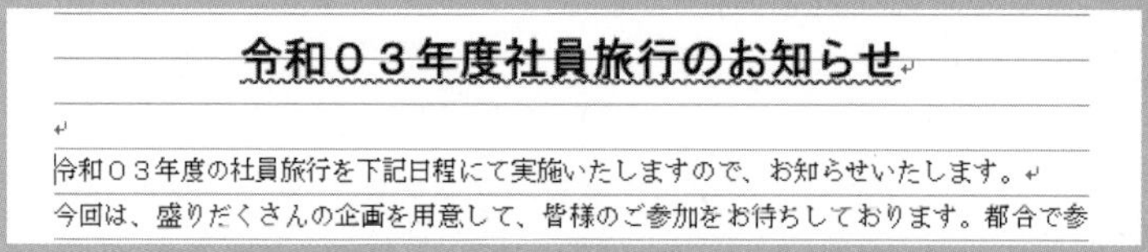
令和０３年度社員旅行のお知らせ

令和０３年度の社員旅行を下記日程にて実施いたしますので、お知らせいたします。
今回は、盛りだくさんの企画を用意して、皆様のご参加をお待ちしております。都合で参

令和０３年度社員旅行のお知らせ
あああ

本文の行頭を1文字分「字下げ」します。本文最初の「令和」の前にカーソルを置いて「段落」の矢印をクリックして、「段落」ダイアログボックスを表示させます。「最初の行」で「字下げ」を選択して、「OK」をクリックします。同様に「今回は、」の前にカーソルを置いて、再度同じように「最初の行」を「字下げ」にしてください。

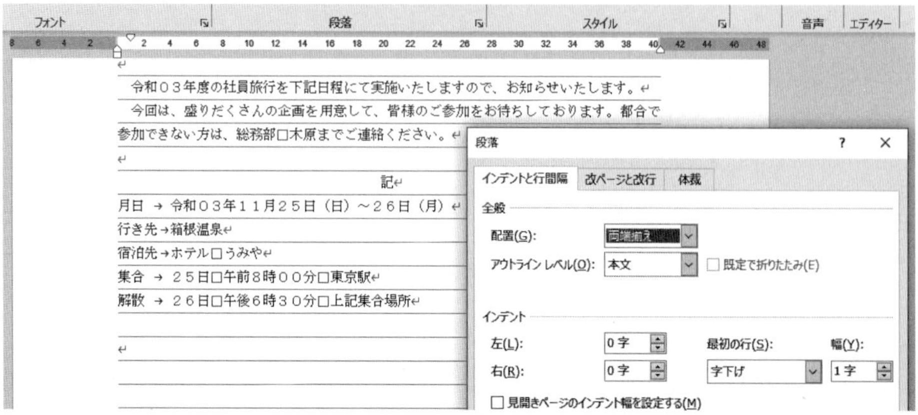

ポイント

「字下げ」は「インデント」ともいわれます。インデントボタンを使っても字下げできますが、2行目以降も字下げになってしまうので、確実に1行目だけを字下げするには、「段落」より「最初の行」を「字下げ」にします。

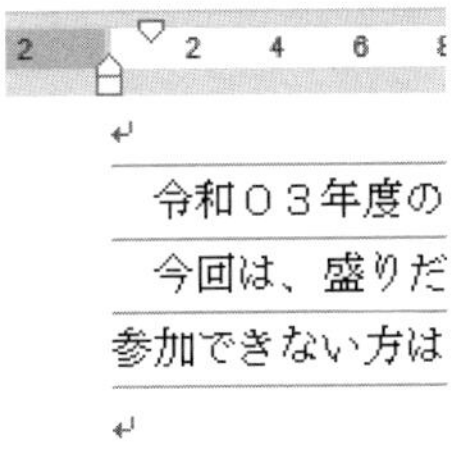

スペースキーで空白を入れることは、試験では減点となります。「字下げ」と「空白」は別のものです。下の例の場合、1行目は「インデント」で、2行目は「空白」です。気を付けましょう。

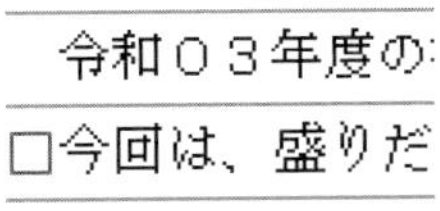

⑤「記」書きの項目は、4文字分の均等割り付けにし、箇条書きの「●」をつけること。さらに、2文字分のインデントを設定すること。

4文字に均等割り付けします。

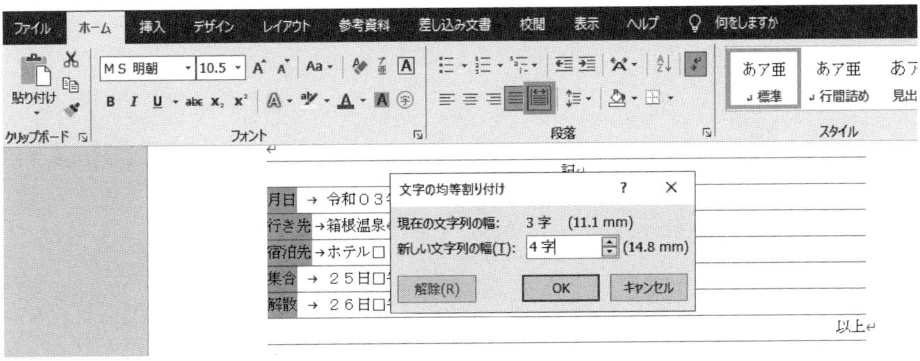

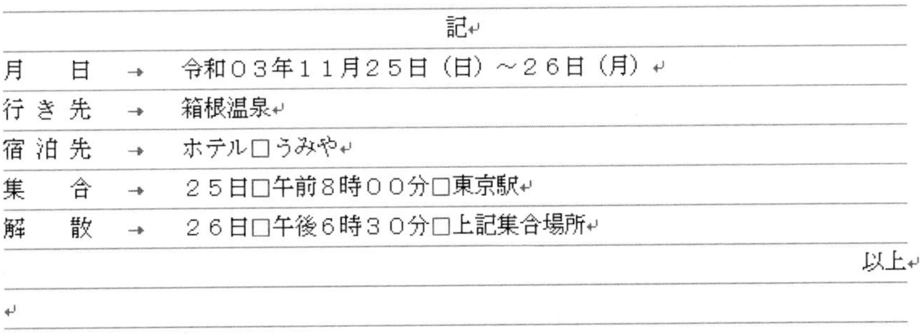

記

月　日 → 令和０３年１１月２５日（日）～２６日（月）
行き先 → 箱根温泉
宿泊先 → ホテル□うみや
集　合 → ２５日□午前８時００分□東京駅
解　散 → ２６日□午後６時３０分□上記集合場所

以上

箇条書き「●」を設定します。

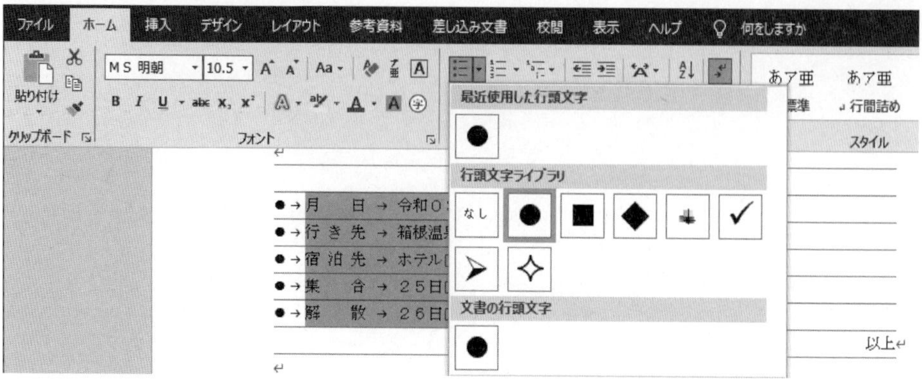

2文字分のインデントを設定します。

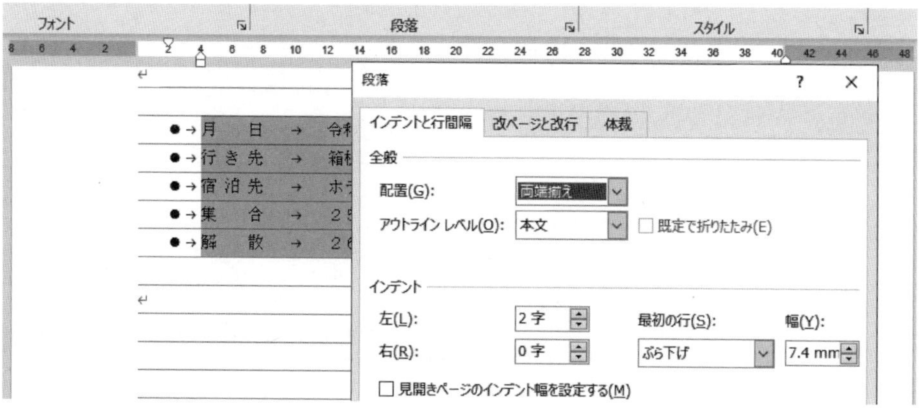

⑥本文内の「都合で参加できない方は」の前に、下記の語群から適切なものを選んで挿入すること。

【語群】しかしながら、　さて、　なお、

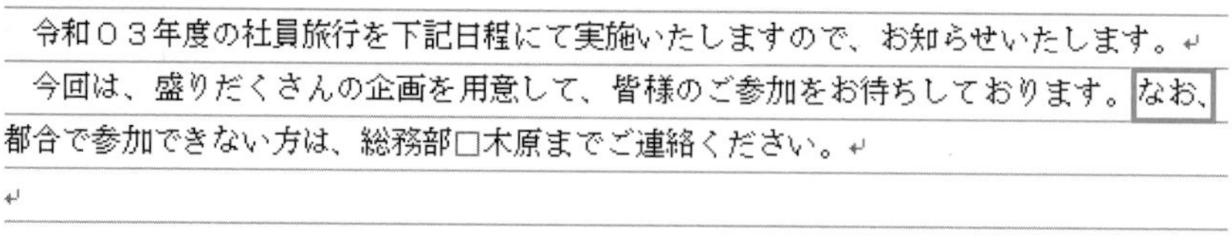

令和０３年度の社員旅行を下記日程にて実施いたしますので、お知らせいたします。

今回は、盛りだくさんの企画を用意して、皆様のご参加をお待ちしております。なお、都合で参加できない方は、総務部□木原までご連絡ください。

●完成見本

敬称

令和０３年１０月２０日

社員各位

発信者・右揃え

総務部□仲井弘治

標題

令和０３年度社員旅行のお知らせ

字下げ

令和０３年度の社員旅行を下記日程にて実施いたしますので、お知らせいたします。

今回は、盛りだくさんの企画を用意して、皆様のご参加をお待ちしております。なお、都合で参加できない方は、総務部□木原までご連絡ください。

接続詞

記

- 月　　日 → 令和０３年１１月２５日（日）～２６日（月）
- 行き先 → 箱根温泉
- 宿泊先 → ホテル□うみや
- 集　　合 → ２５日□午前８時００分□東京駅
- 解　　散 → ２６日□午後６時３０分□上記集合場所

2文字分の字下げ・箇条書き・4文字分の均等割り付け

以上

3-2-2 箇条書きと段落番号の練習　中級

フォルダー「2.箇条書きと段落番号」の「箇条書きと段落番号【2】」を開いてください。

令和０２年９月１５日↵

マネージャー各位↵

人材育成部長□仲井弘治↵

↵

コミュニケーション能力研修会について↵

↵

標題の件について下記日程にて実施いたします。必ず参加されるようお願い申し上げます。↵

なお、不命な点がありましたら、人材育成部□山田佳治までお問合せください。↵

↵

記↵

1.→開催日時：令和０２年９月３０日（火）↵

2.→研修会場：新宿本社ビル８階□第２研修室↵

3.→研修目的：部下の育成におけるコミュニケーション能力取得のため↵

以上↵

↵

以下の指示に従って、文書を編集してください。

①文書番号を「人育21－0915号」として入力し、適切な位置に配置すること。

②発信日を「令和03年9月15日」に変更し、それに伴い必要な個所を修正すること。

③発信者名を適切な位置に配置すること。

④標題は、MSゴシック・16pt・太字にし、中央に配置すること。

⑤主文内に1箇所誤った漢字が使われている。正しい漢字に修正すること。

⑥記書きの段落番号を、箇条書きの「◆」に変更すること。

⑦記書きの項目に、4文字分のインデントを設定すること。

解説

①文書番号を「人育21－0915号」として入力し、適切な位置に配置すること。

1行目「令和」の前をクリックして、Enterキーで改行します。

令和０２年９月１５日

マネージャー各位

人材育成部長□仲井弘治

文書番号を入力します。文書番号は1行目に入力します。

人育２１－０９１５号

令和０２年９月１５日

マネージャー各位

人材育成部長□仲井弘治

②発信日を「令和03年9月15日」に変更し、それに伴い必要な個所を修正すること。

人育２１－０９１５号

令和０３年９月１５日

マネージャー各位

人材育成部長□仲井弘治

コミュニケーション能力研修会について

標題の件について下記日程にて実施いたします。必ず参加されるようお願い申し上げます。

なお、不命な点がありましたら、人材育成部□山田佳治までお問合せください。

記

1.→開催日時：令和０３年９月３０日（火）

2.→研修会場：新宿本社ビル８階□第２研修室

3.→研修目的：部下の育成におけるコミュニケーション能力取得のため

以上

ポイント

基本的に同じ文書内に異なる「年」があるのは間違いです。必ず「年」を揃えましょう。

③発信者名を適切な位置に配置すること。

発信者名は「右揃え」に設定します。

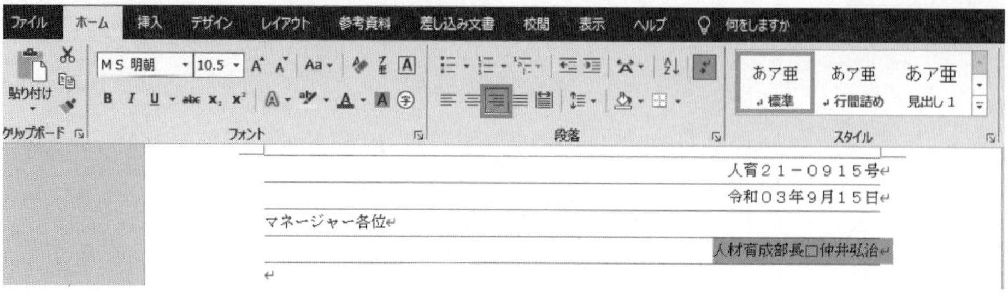

④標題は、MSゴシック・16pt・太字にし、中央に配置すること。

⑤主文内に1箇所誤った漢字が使われている。正しい漢字に修正すること。

「不命」を「不明」に修正します。

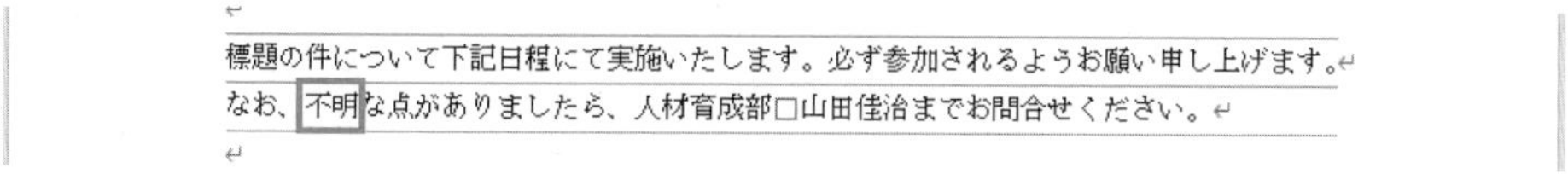

⑥記書きの段落番号を、箇条書きの「◆」に変更すること。

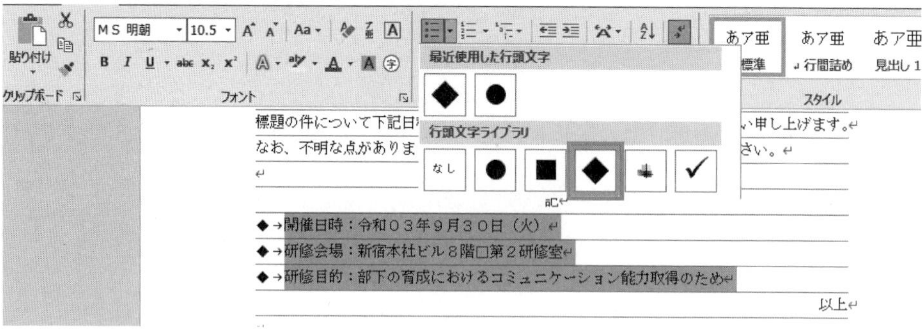

⑦記書きの項目に、4文字分のインデントを設定すること。

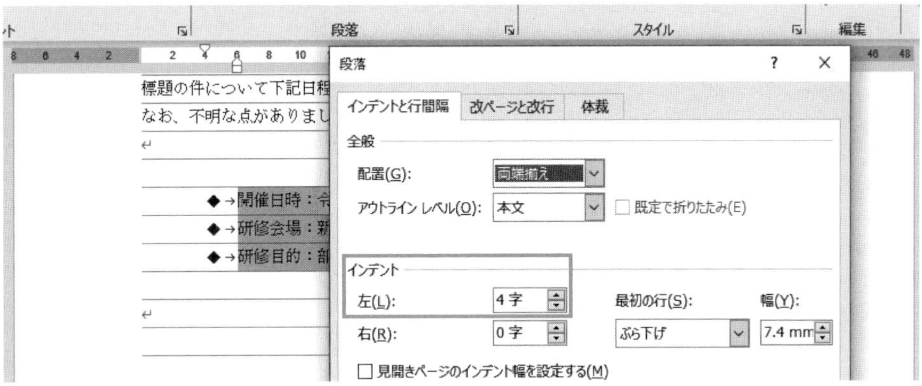

●完成見本

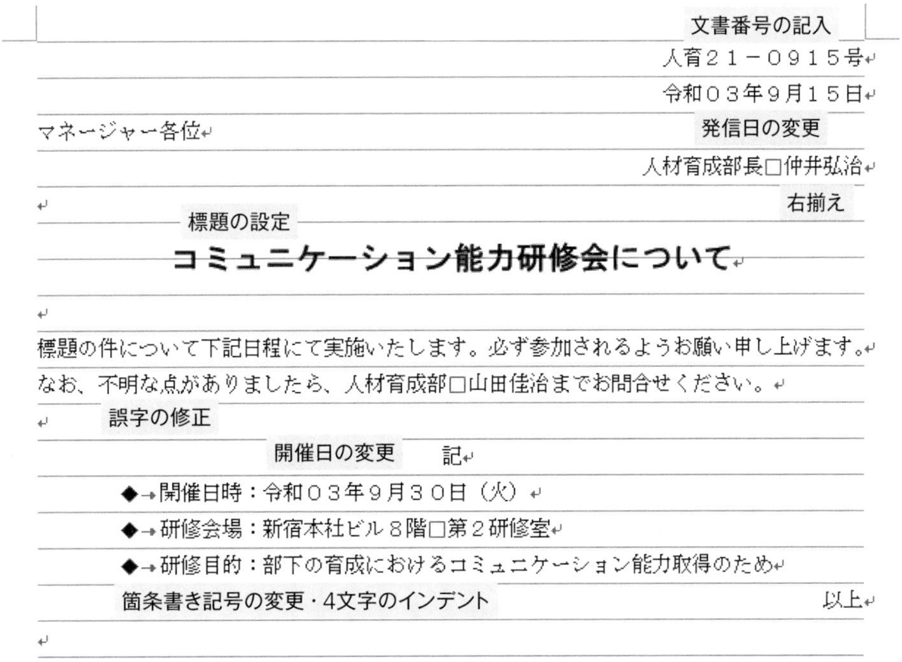

文書番号の記入

人育２１－０９１５号

令和０３年９月１５日

マネージャー各位

発信日の変更

人材育成部長□仲井弘治

右揃え

標題の設定

コミュニケーション能力研修会について

標題の件について下記日程にて実施いたします。必ず参加されるようお願い申し上げます。

なお、不明な点がありましたら、人材育成部□山田佳治までお問合せください。

誤字の修正

開催日の変更

記

◆→開催日時：令和０３年９月３０日（火）

◆→研修会場：新宿本社ビル８階□第２研修室

◆→研修目的：部下の育成におけるコミュニケーション能力取得のため

箇条書き記号の変更・4文字のインデント

以上

3-2-3 箇条書きと段落番号の練習　上級

フォルダー「2.箇条書きと段落番号」の「箇条書きと段落番号【3】」を開いてください。

会員各位

新規講座のお知らせ

新しく開設する女性のための講座です。みなさんふるってご参加ください。

記

◆→日時：９月３日・１０日・１７日（毎週金曜日）午後６時～午後８時

◆→場所：橿原市民ホール第２会議室

◆→定員：１５名先着順

以上

以下の指示に従って、文書を編集してください。

①発信日「令和03年10月3日」を適切な位置に記入すること。

②標題は、拡大・斜体、ゴシック体にし、中央に配置すること。

③記書きに、以下の項目を追加すること。

「日時」の上に　　講座名：アロマセラピー講座

「定員」の下に　　受講料：8,000円（教材費・税込）

④箇条書きの「◆」を「●」に変更すること。さらに、記書きの項目に、4文字分の均等割り付けを設定すること。

解説

①発信日「令和03年10月3日」を適切な位置に記入すること。

「会員各位」の前にカーソルを置いて、Enterキーで改行します。

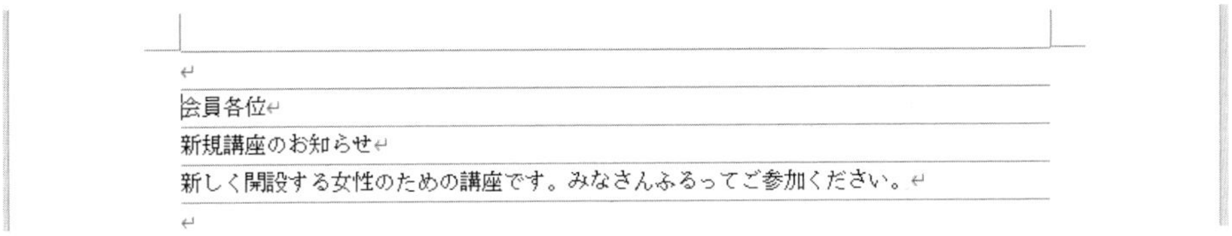

1行目に「令和03年10月3日」と入力して、「右揃え」にします。

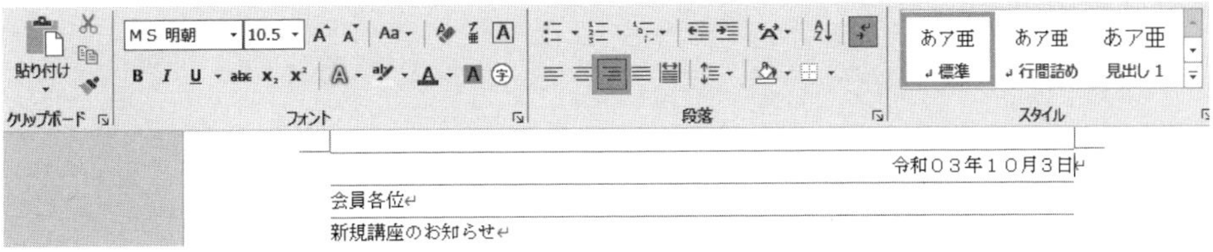

②標題は、拡大・斜体、ゴシック体にし、中央に配置すること。

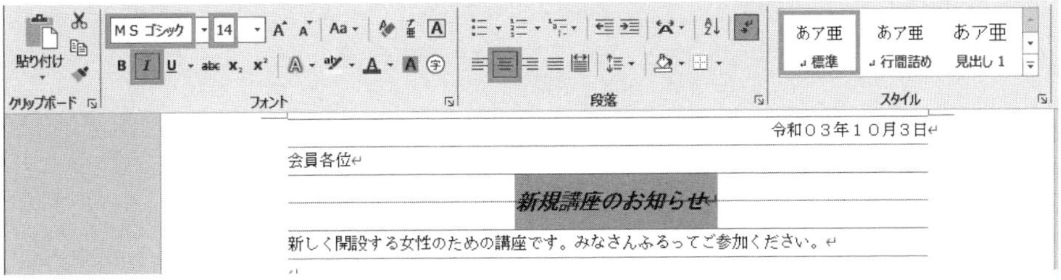

③記書きに、以下の項目を追加すること。

「日時」の上に　　講座名：アロマセラピー講座

「定員」の下に　　受講料：8,000円（教材費・税込）

以下のように変更していきましょう。

まず、「日時」の前にカーソルを置いて、Enterキーで改行します。

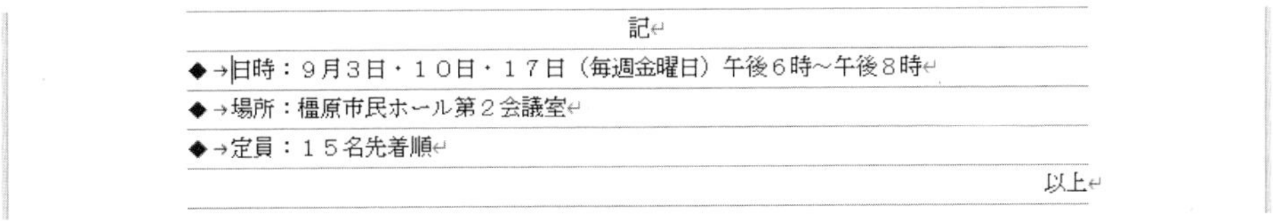

次に、「日時」の上にできた行に、「講座名」の項目と内容を入力します。

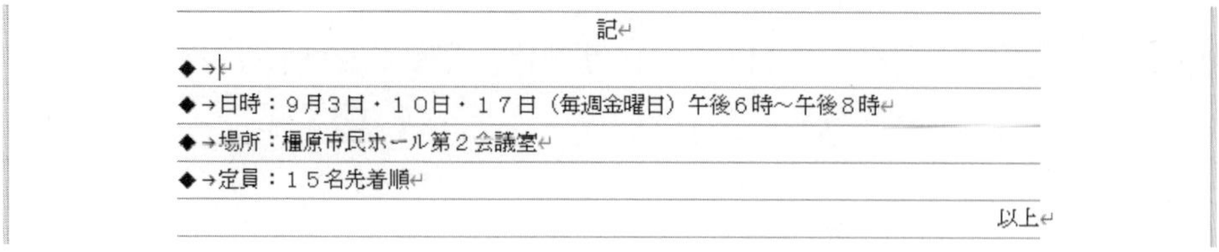
記
◆→
◆→日時：９月３日・１０日・１７日（毎週金曜日）午後６時～午後８時
◆→場所：橿原市民ホール第２会議室
◆→定員：１５名先着順
以上

同様に、「先着順」の文字の後ろにカーソルを置いて、Enterキーを押します。「定員」の下に1行できるので、「受講料 ： 8,000円（教材費 ・ 税込）」を入力します。

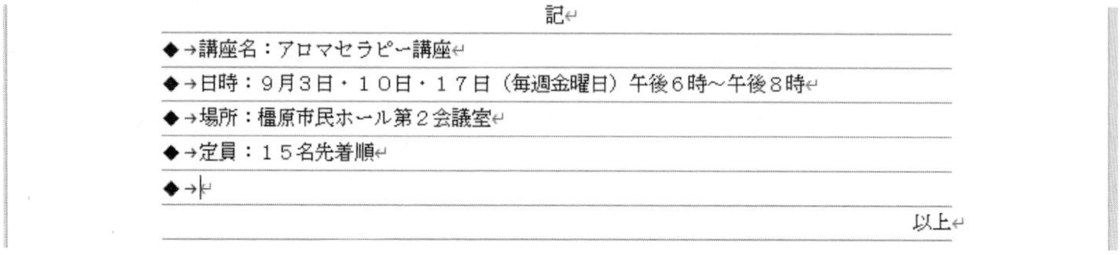
記
◆→講座名：アロマセラピー講座
◆→日時：９月３日・１０日・１７日（毎週金曜日）午後６時～午後８時
◆→場所：橿原市民ホール第２会議室
◆→定員：１５名先着順
◆→
以上

入力が完成しました。

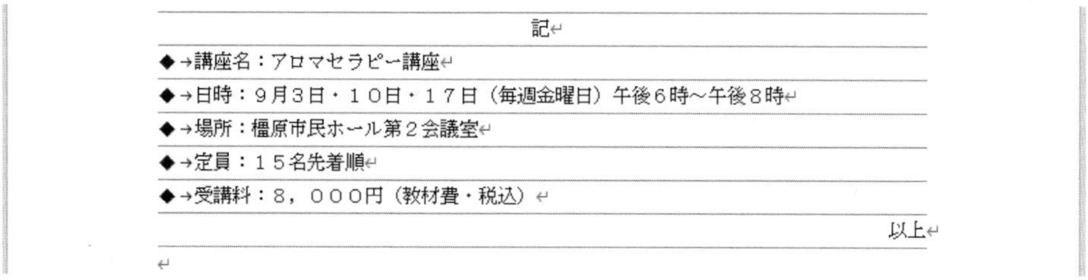
記
◆→講座名：アロマセラピー講座
◆→日時：９月３日・１０日・１７日（毎週金曜日）午後６時～午後８時
◆→場所：橿原市民ホール第２会議室
◆→定員：１５名先着順
◆→受講料：８，０００円（教材費・税込）
以上

④箇条書きの「◆」を「●」に変更すること。さらに、記書きの項目に、4文字分の均等割り付けを設定すること。

箇条書き記号を変更します。

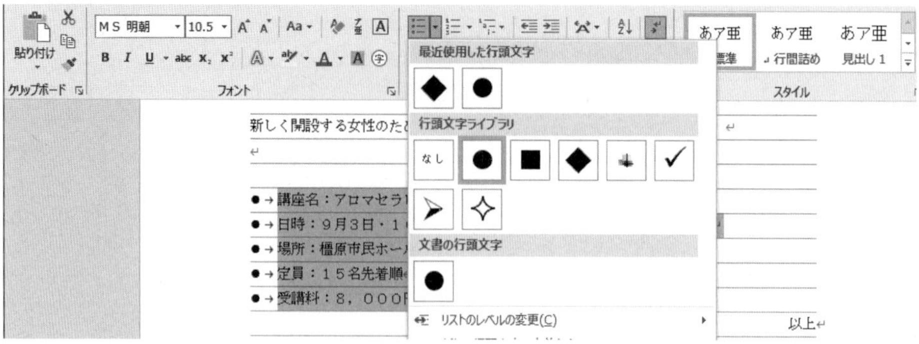

4文字分の均等割り付けを設定します。

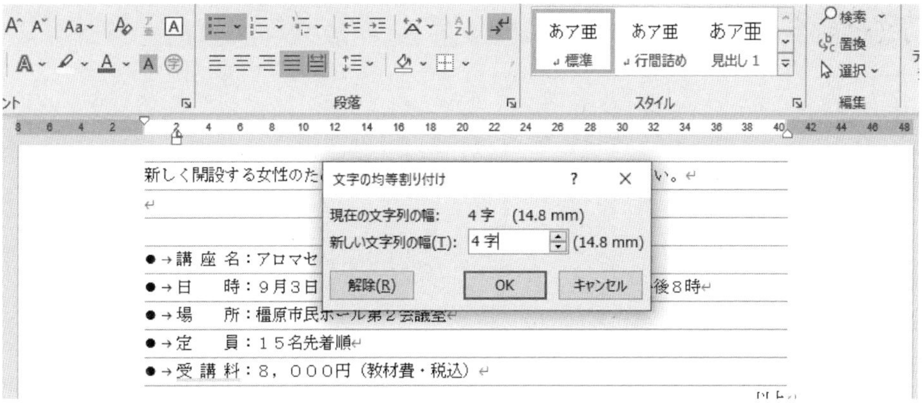

●完成見本

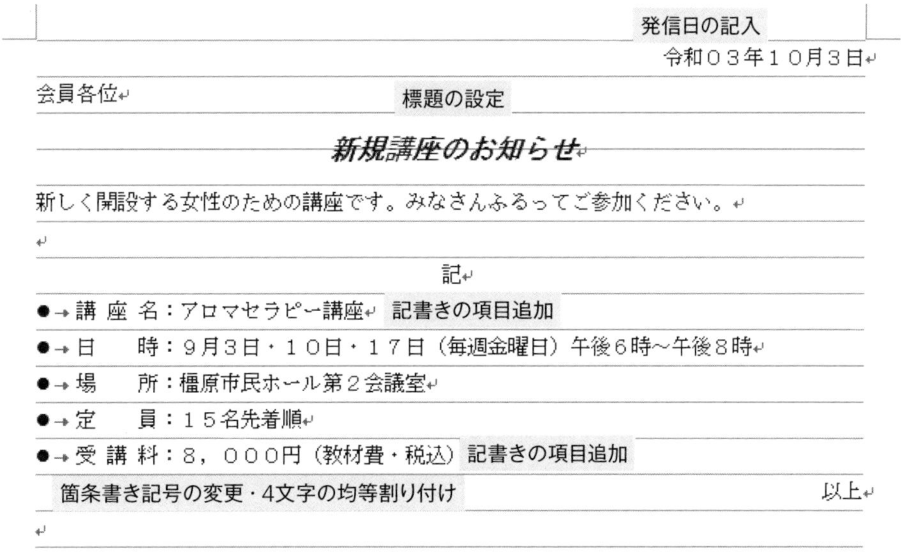

3-3 表

3-3-1 表作成の練習　初級

フォルダー「3.表」の中の「表の練習問題【1】」を開いてください。

美容講習について

時間	内容	講師
１３：００～	洗顔とマッサージ	中山美枝子
１０：３０～	毎日のお手入れについて	香原洋子
１３：００～	春のメイクのポイント	松原令子

以下の指示に従って、文書を編集してください。

①標題「美容講習について」を「美容講習日程表」と変更し、拡大し、下線をつけ、中央に配置すること。

②「日にち」の項目を表の適切な位置に追加すること。

日にち
3月１５日（金）
3月２２日（金）
3月２９日（金）

③講師の項目の右横に「場所」の項目を追加すること。 場所は「雅ホール」である。 その際、セルを結合し、文字は縦書き ・ 中央揃えとすること。

④表内の項目に、セルの網かけ、中央揃え、セル内で均等割り付けを設定すること。

⑤表の外枠は太線にし、項目行の下の線を二重線にすること。

解説

①標題「美容講習について」を「美容講習日程表」と変更し、拡大し、下線をつけ、中央に配置すること。

「美容講習について」の文字を「美容講習日程表」に変更します。

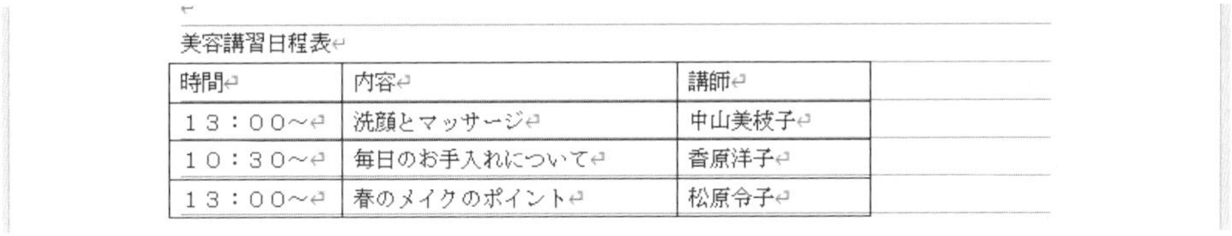

美容講習日程表

時間	内容	講師
１３：００～	洗顔とマッサージ	中山美枝子
１０：３０～	毎日のお手入れについて	香原洋子
１３：００～	春のメイクのポイント	松原令子

文字の拡大をし、下線をつけ、中央に配置します。

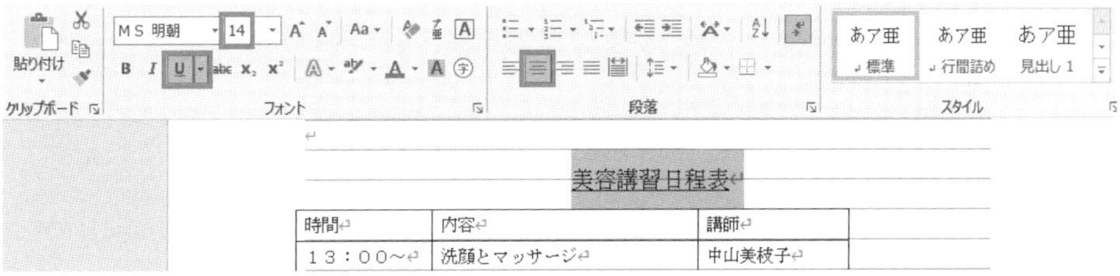

ポイント

日商PC検定の試験で、「拡大」は、指定がない限りフォントサイズを大きくすることをいいます。大きさは、「14pt」か「16pt」を選択するようにしてください（大きすぎても小さいままでもいけません）。

②「日にち」の項目を表の適切な位置に追加すること。

日にち
3月１５日（金）
3月２２日（金）
3月２９日（金）

「時間」のセル内をクリックして、「表ツール」の「レイアウト」タブより「左に列を挿入」ボタンをクリックします。

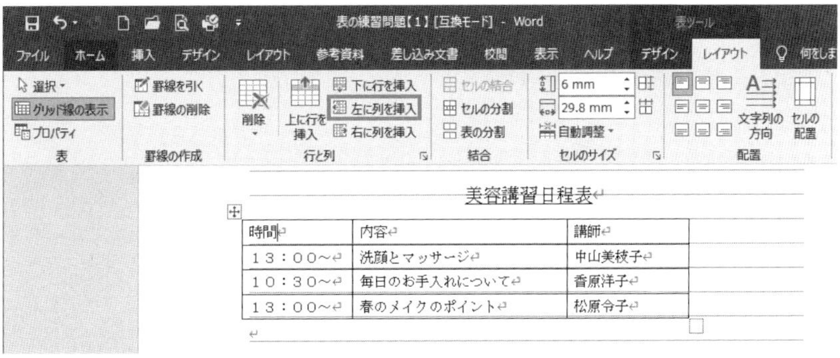

「時間」の列の左側に、新しい列が挿入されました。

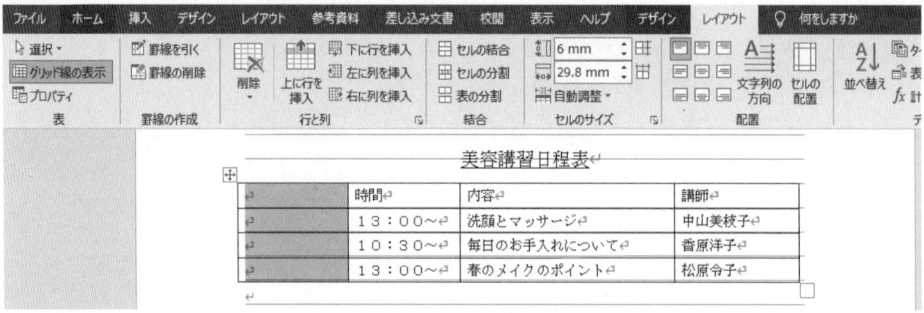

ポイント

「表ツール」の「デザイン」タブと「レイアウト」タブ

この2つのタブは、表を作成すると表示されます。

カーソルが表以外のところにあると、非表示となります。

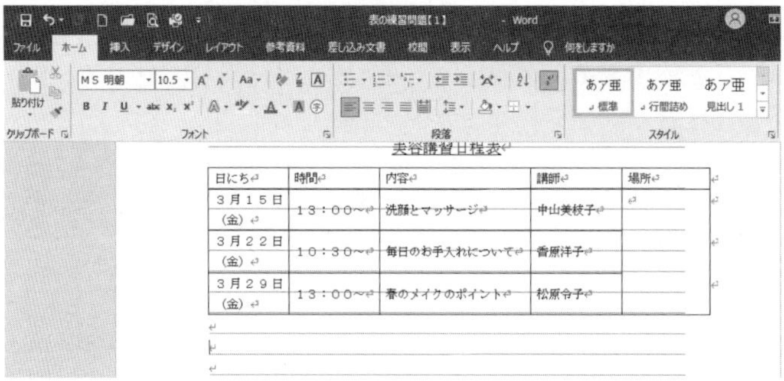

表内をクリックすると表示されるようになります。

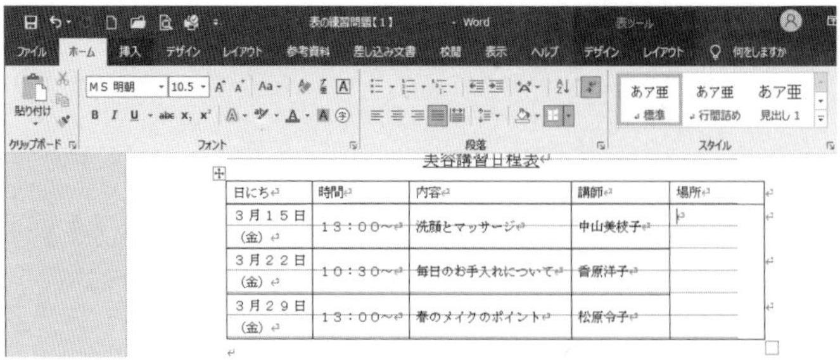

このとき、「レイアウト」タブは、2つあります。ページ設定に使う「レイアウト」タブと、表内の設定に使う「レイアウト」タブ、しっかりと使い分けましょう。

列の挿入ができたら、「日にち」の項目と日付を入力します。

日にち	時間	内容	講師
３月１５日(金)	１３：００～	洗顔とマッサージ	中山美枝子
３月２２日(金)	１０：３０～	毎日のお手入れについて	香原洋子
３月２９日(金)	１３：００～	春のメイクのポイント	松原令子

このとき、日付の数字は「全角」で入力してください。必ず、元のファイルの数字に合わせます。この問題も、時間の数字が全角で入力されているので、日付も全角で入力します。
以下の例では上の行の「３月２９日」は全角、下の行の「3月29日」は半角です。並べると違いがわかります。

日にち	時間	内
３月１５日(金)	１３：００～	洗
３月２２日(金)	１０：３０～	毎
３月２９日(金)	１３：００～	春
3月29日（金）		

③講師の項目の右横に「場所」の項目を追加すること。場所は「雅ホール」である。その際、セルを結合し、文字は縦書き・中央揃えとすること。

「講師」のセル内をクリックして、「右に列を挿入」をクリックします。

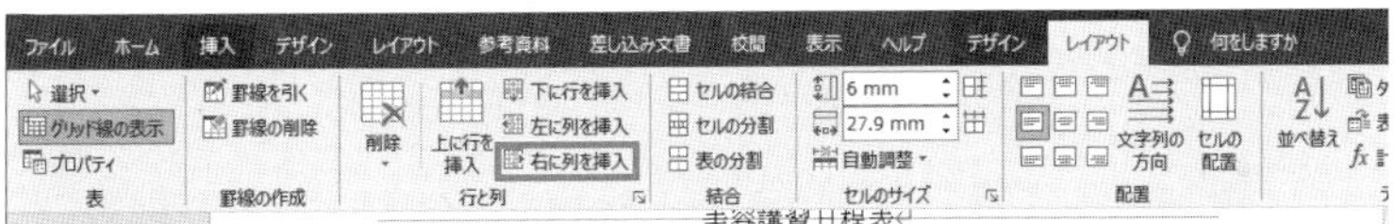

日にち	時間	内容	講師	
３月１５日（金）	１３：００～	洗顔とマッサージ	中山美枝子	
３月２２日（金）	１０：３０～	毎日のお手入れについて	香原洋子	
３月２９日（金）	１３：００～	春のメイクのポイント	松原令子	

項目名に「場所」と入力します。

日にち	時間	内容	講師	場所
３月１５日（金）	１３：００～	洗顔とマッサージ	中山美枝子	
３月２２日（金）	１０：３０～	毎日のお手入れについて	香原洋子	
３月２９日（金）	１３：００～	春のメイクのポイント	松原令子	

「セルの結合」をします。「場所」の下3つのセルをドラッグして選択し、「レイアウト」タブの「セルの結合」ボタンをクリックします。

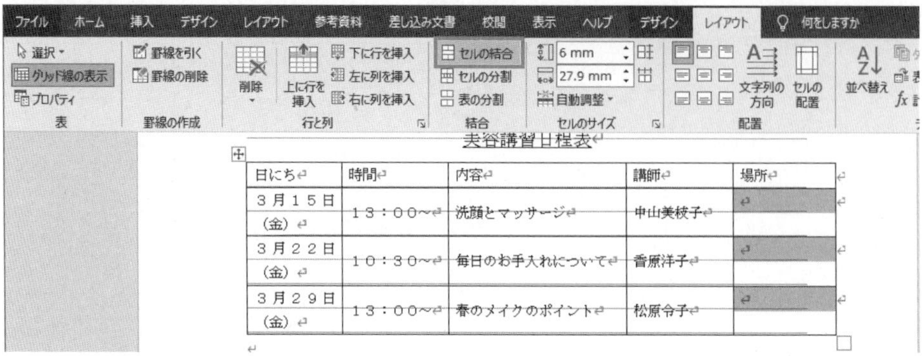

3つのセルが1つに結合されました。

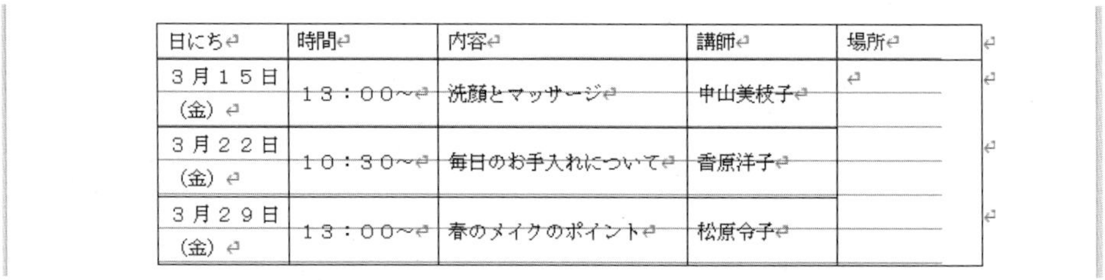

結合したセルに「雅ホール」と入力します。

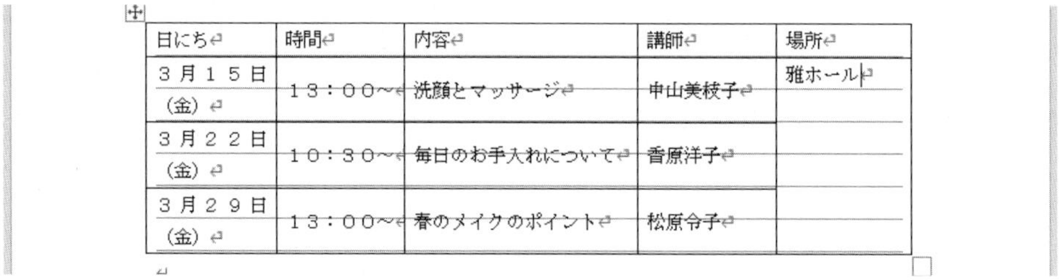

縦書きに設定します。「レイアウト」タブの「文字列の方向」をクリックしてください。

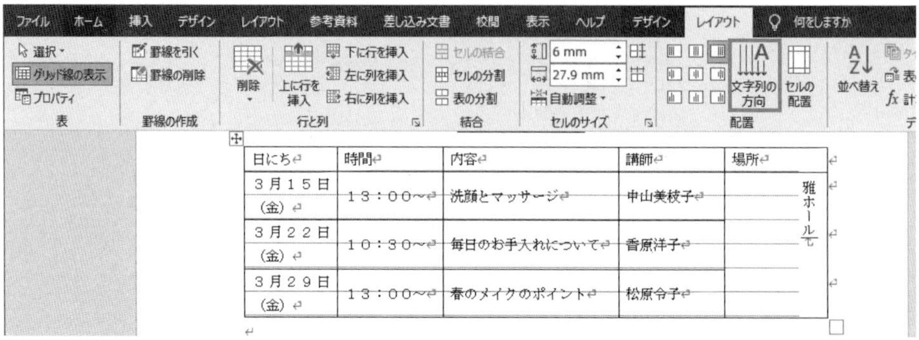

ポイント

「レイアウト」タブの「文字列の方向」ボタンで、表内の文字の、縦書きと横書きを切り替えることができます。クリックするたびに、縦書きと横書きが切り替わります。

セル内で中央揃えにします。「レイアウト」タブの「中央揃え」をクリックしてください。

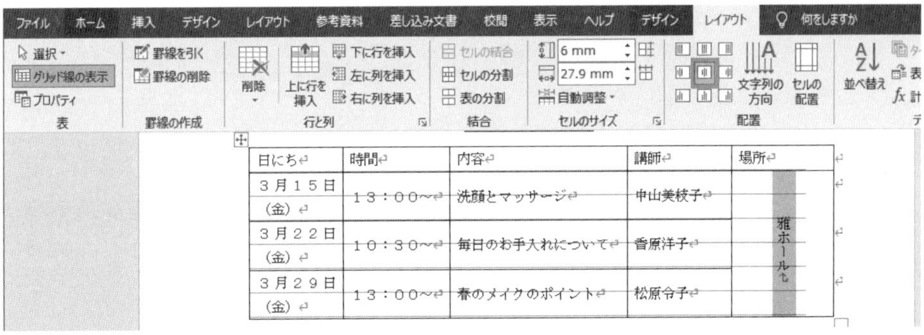

注　意

表内の文字の配置は、必ず「レイアウト」タブより設定してください。「ホーム」タブの「中央揃え」を使うと減点となります。注意してください。

④表内の項目に、セルの網かけ、中央揃え、セル内で均等割り付けを設定すること。

「表内の項目」とは、1行目の「日にち」から「場所」までのことを指します。1行目を選択して、「表ツール」の「デザイン」タブをクリックし、「塗りつぶし」で色を設定します。

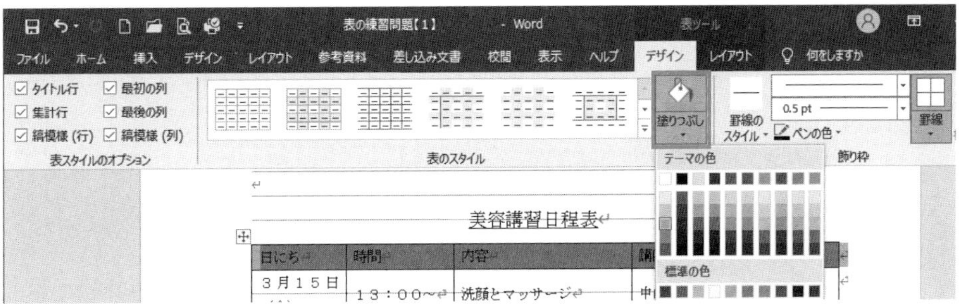

このときの色は、どの色でも構いませんが、特に指示がなければ、灰色を選択しておくと無難です。

「中央揃え」を設定します。「レイアウト」タブの「中央揃え」をクリックしてください。

セル内で均等割り付けを設定します。「セル内で均等割り付け」する場合は、セル全体に均等に広がるようにします。項目行全体を選択してから均等割り付けを行います。1行目を選択して、「ホーム」タブの「均等割り付け」をクリックしてください。

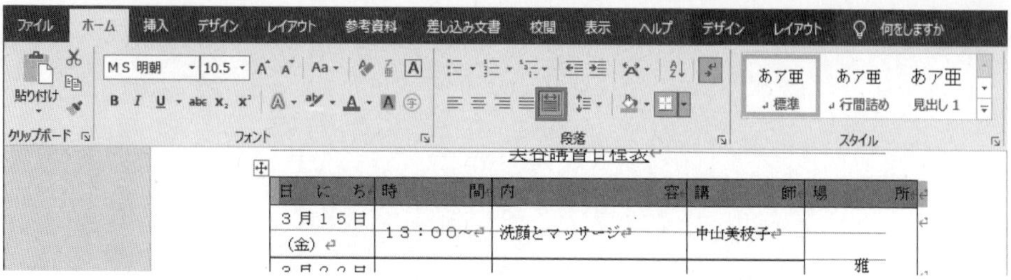

ポイント

必ず「セル全体」を選択して均等割り付けをしてください。以下のように表内の文字だけを選択して均等割り付けするのは間違いです。

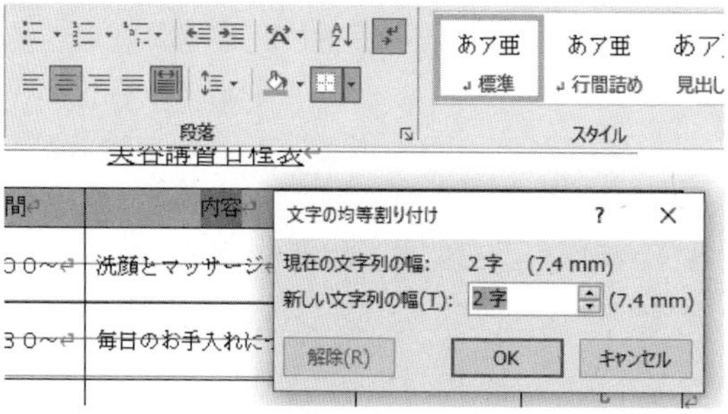

改行マークの矢印をドラッグするのと、しないのとでは、結果が変わります。
セル全体をドラッグした場合、改行マークまでドラッグしています。

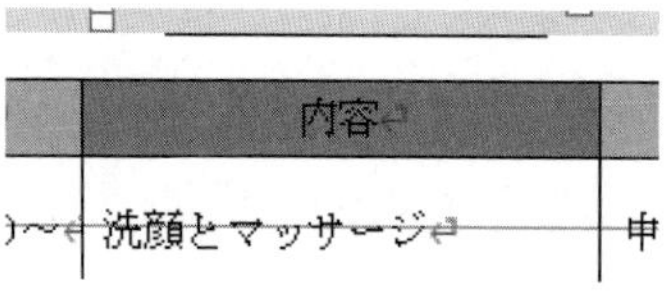

文字のみドラッグした場合、改行マークをドラッグしていません。

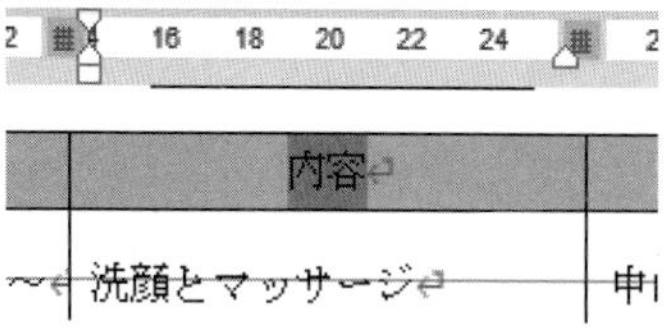

⑤表の外枠は太線にし、項目行の下の線を二重線にすること。

表の外枠を太線に設定します。表全体を選択し、「表ツール」の「デザイン」タブより、「ペンの太さ」を「1.5pt」にします。罫線の下の「▼」をクリックして、「外枠」をクリックします。

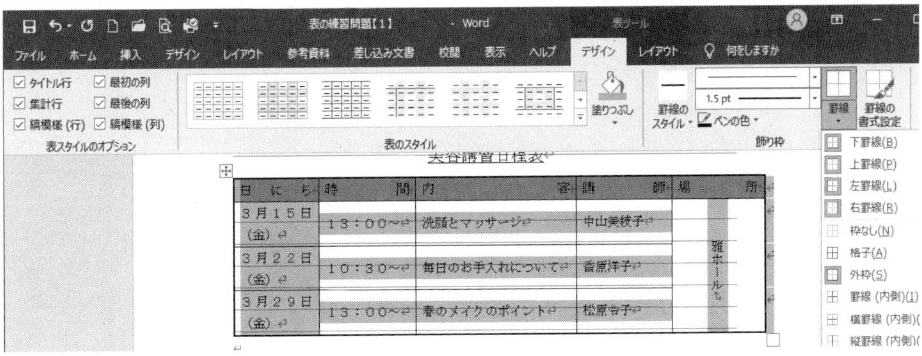

項目行の下の線を二重線に設定します。

[1]「ペンのスタイル」で「二重線」を選択します。

[2]マウスがペンの形になるので、項目行の下の線をなぞるようにドラッグしてください。

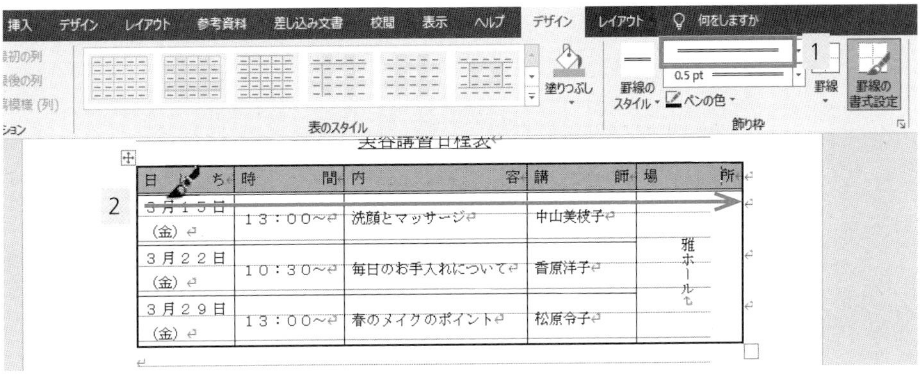

ポイント

マウスの形状は、以下のように変わります。
罫線の書式設定が選択されている場合

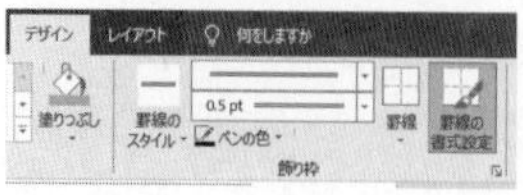

罫線の書式設定が選択されていない場合

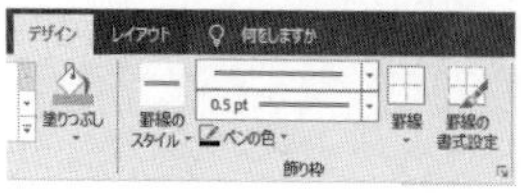

表内ではマウスポインタの形状は以下のようになります。

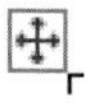

表全体を選択（マウスを表内に持ってくると表示されます）

表全体のサイズを変更（ドラッグで表全体の大きさを変更します）

表の列の幅、行の高さを変更

表内のセルを選択

●完成見本

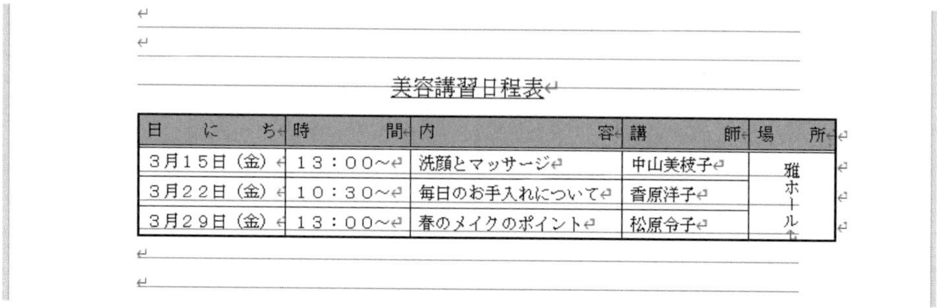

美容講習日程表

日　に　ち	時　間	内　容	講　師	場　所
3月15日（金）	13：00～	洗顔とマッサージ	中山美枝子	雅ホール
3月22日（金）	10：30～	毎日のお手入れについて	香原洋子	
3月29日（金）	13：00～	春のメイクのポイント	松原令子	

3-3-2 表作成の練習　中級

フォルダー「3.表」の中の「表の練習問題【2】」を開いてください。

書籍仕入状況

整理番号	ジャンル	書籍名	冊数
10-234	小説	ぼっちゃん	3
10-238	絵本	ぐりとぐら	10
12-123	漫画	マンガ少年ファイト	20
13-456	教育図書	科学のとびら	15
14-123	女性週刊誌	MEGUMI	50

以下の指示に従って、文書を編集してください。

①標題は、ゴシック体にし、拡大、囲み線をつけ、中央に配置すること。

②項目「出版社」の列を、「ジャンル」の右に追加すること。

ジャンル	出版社
小説	丸川書房
絵本	やまと書籍
漫画	キング出版
教育図書	英数書籍
女性週刊誌	レディ出版

③「出版社」と「ジャンル」の列を入れ替えること。

④「漫画」の行を削除すること。

⑤「教育図書」の行を、「小説」の上に移動すること。

⑥表の外枠を二重線にし、表の項目に網かけ・中央揃えを設定すること。

解説

①標題は、ゴシック体にし、拡大、囲み線をつけ、中央に配置すること。

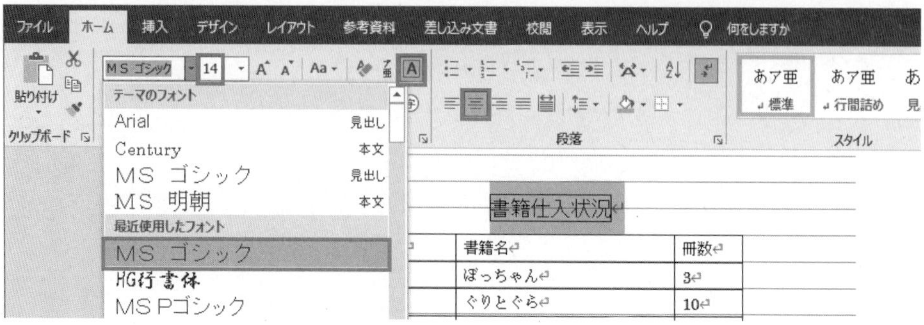

ポイント

フォントを「ゴシック体」にする指示があった場合、必ず「MSゴシック」を選択するようにしてください。その際、「テーマのフォント」にある「MSゴシック　見出し」を選択するのは間違いになります。「最近使用したフォント」に「MSゴシック」が見当たらない場合は、「すべてのフォント」から「MSゴシック」を探して選択してください。

②項目「出版社」の列を、「ジャンル」の右に追加すること。

ジャンル	出版社
小説	丸川書房
絵本	やまと書籍
漫画	キング出版
教育図書	英数書籍
女性週刊誌	レディ出版

「ジャンル」のセル内をクリックして「右に列を挿入」をクリックしてください。

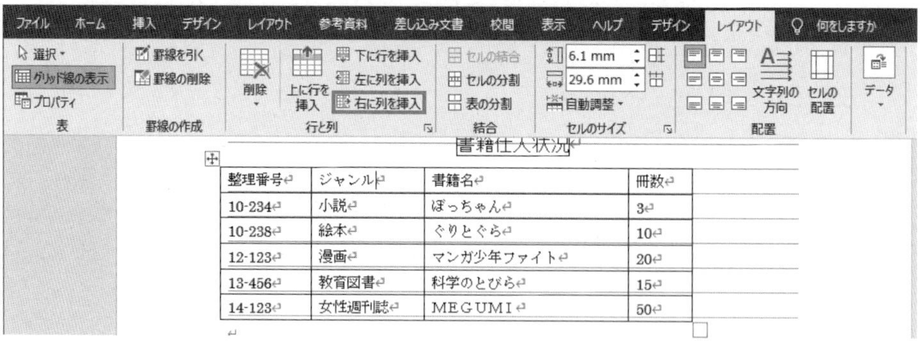

追加した列に文字を入力します。

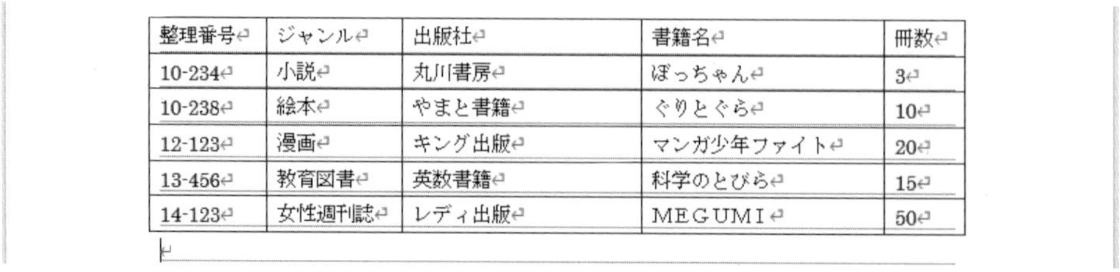

整理番号	ジャンル	出版社	書籍名	冊数
10-234	小説	丸川書房	ぼっちゃん	3
10-238	絵本	やまと書籍	ぐりとぐら	10
12-123	漫画	キング出版	マンガ少年ファイト	20
13-456	教育図書	英数書籍	科学のとびら	15
14-123	女性週刊誌	レディ出版	MEGUMI	50

③「出版社」と「ジャンル」の列を入れ替えること。

列の移動（切り取り・貼り付けを使います）をします。「出版社」の列を選択して、左上にあるハサミのアイコンの「切り取り」ボタンをクリックします。

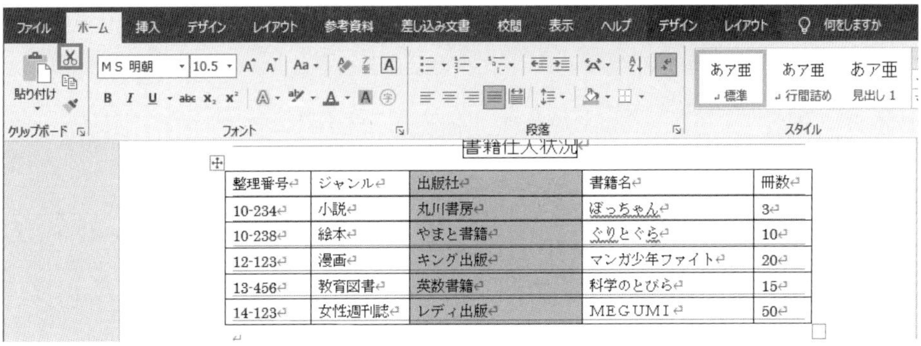

整理番号	ジャンル	出版社	書籍名	冊数
10-234	小説	丸川書房	ぼっちゃん	3
10-238	絵本	やまと書籍	ぐりとぐら	10
12-123	漫画	キング出版	マンガ少年ファイト	20
13-456	教育図書	英数書籍	科学のとびら	15
14-123	女性週刊誌	レディ出版	MEGUMI	50

表の2列目「ジャンル」のセル内をクリックします。

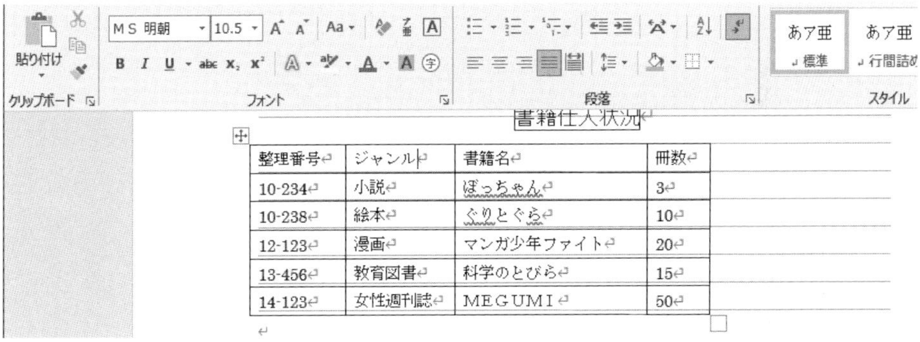

整理番号	ジャンル	書籍名	冊数
10-234	小説	ぼっちゃん	3
10-238	絵本	ぐりとぐら	10
12-123	漫画	マンガ少年ファイト	20
13-456	教育図書	科学のとびら	15
14-123	女性週刊誌	MEGUMI	50

「貼り付け」ボタンをクリックしてください。

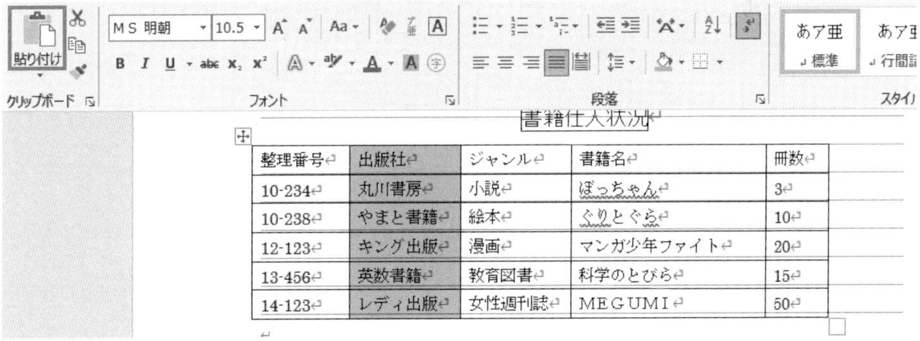

整理番号	出版社	ジャンル	書籍名	冊数
10-234	丸川書房	小説	ぼっちゃん	3
10-238	やまと書籍	絵本	ぐりとぐら	10
12-123	キング出版	漫画	マンガ少年ファイト	20
13-456	英数書籍	教育図書	科学のとびら	15
14-123	レディ出版	女性週刊誌	MEGUMI	50

④「漫画」の行を削除すること。

「漫画」の行を選択します（必ず、表の外側をクリックして行全体を選択）。「レイアウト」タブより「削除」ボタンをクリックし、「行の削除」をクリックします。

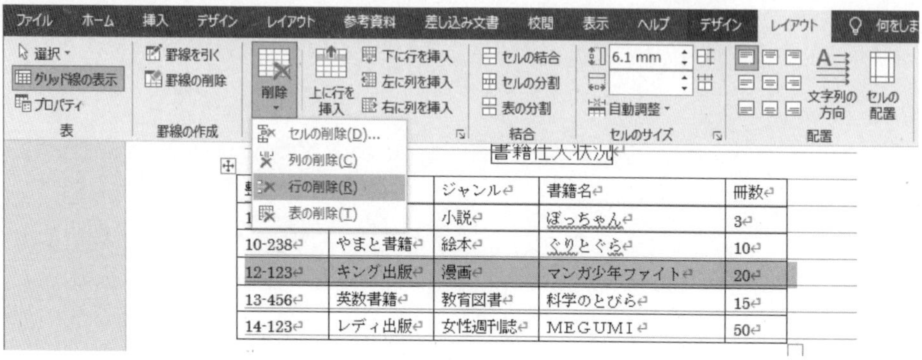

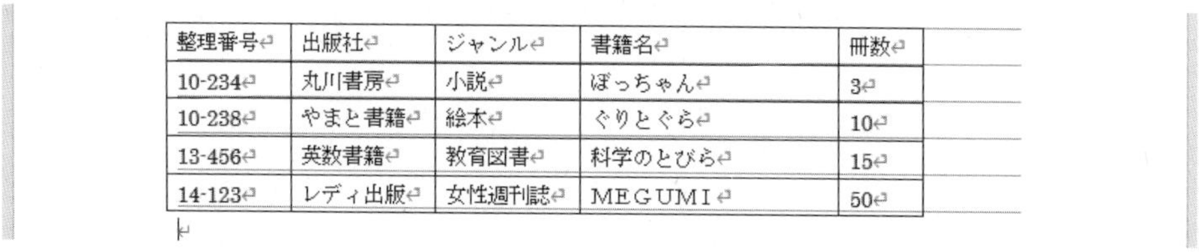

整理番号	出版社	ジャンル	書籍名	冊数
10-234	丸川書房	小説	ぼっちゃん	3
10-238	やまと書籍	絵本	ぐりとぐら	10
13-456	英数書籍	教育図書	科学のとびら	15
14-123	レディ出版	女性週刊誌	MEGUMI	50

⑤「教育図書」の行を、「小説」の上に移動すること。

「教育図書」の行を選択して、「切り取り」ボタンをクリックします。

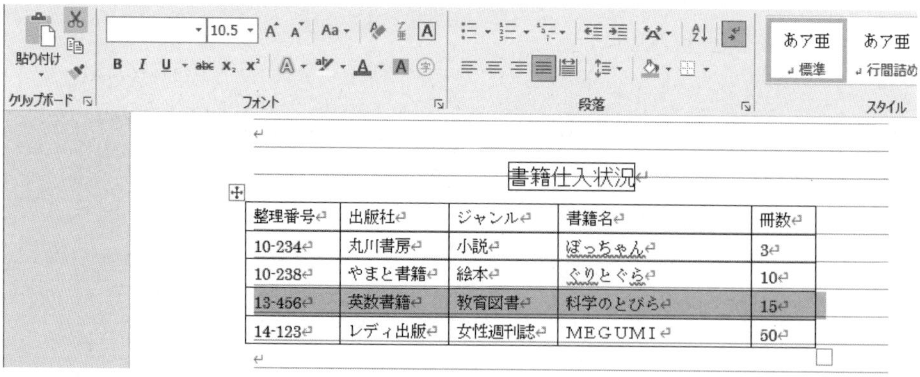

整理番号	出版社	ジャンル	書籍名	冊数
10-234	丸川書房	小説	ぼっちゃん	3
10-238	やまと書籍	絵本	ぐりとぐら	10
13-456	英数書籍	教育図書	科学のとびら	15
14-123	レディ出版	女性週刊誌	MEGUMI	50

表の2行目「整理番号10-234」のセルの中をクリックして、「貼り付け」ボタンを選択します。 クリックした行の上側に切り取った行が貼りつきます。

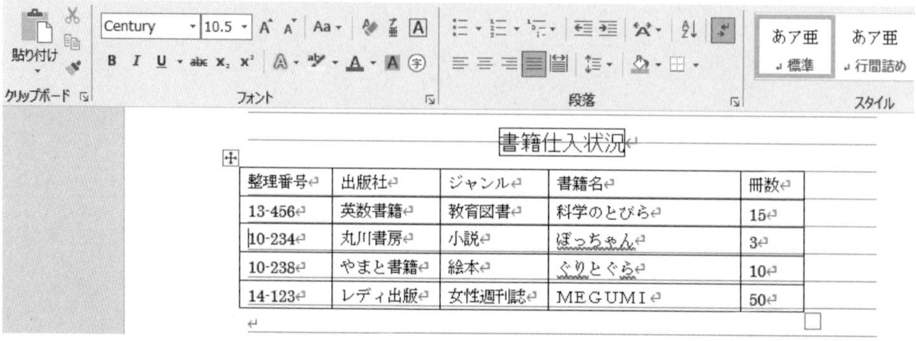

整理番号	出版社	ジャンル	書籍名	冊数
13-456	英数書籍	教育図書	科学のとびら	15
10-234	丸川書房	小説	ぼっちゃん	3
10-238	やまと書籍	絵本	ぐりとぐら	10
14-123	レディ出版	女性週刊誌	MEGUMI	50

⑥表の外枠を二重線にし、表の項目に網かけ・中央揃えを設定すること。

「表ツール」の「デザイン」タブ→「二重線」→「外枠」を選択します。

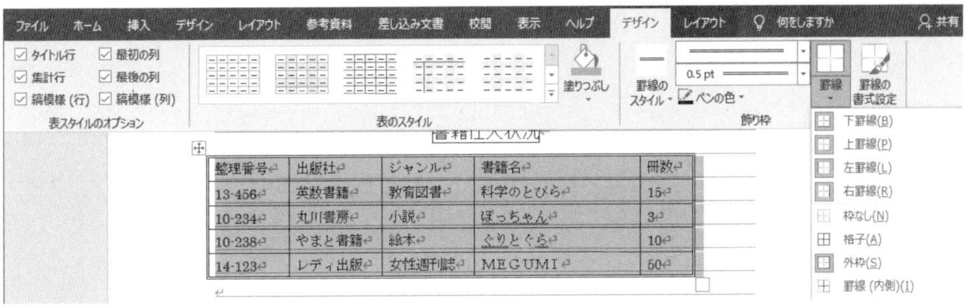

項目行に塗りつぶし「表ツール」の「デザイン」タブ→「灰色」を選択してください。

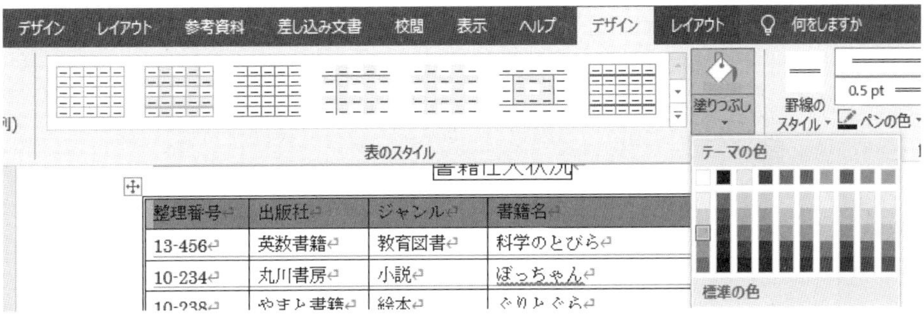

「レイアウト」タブから中央揃えに設定します。

●完成見本

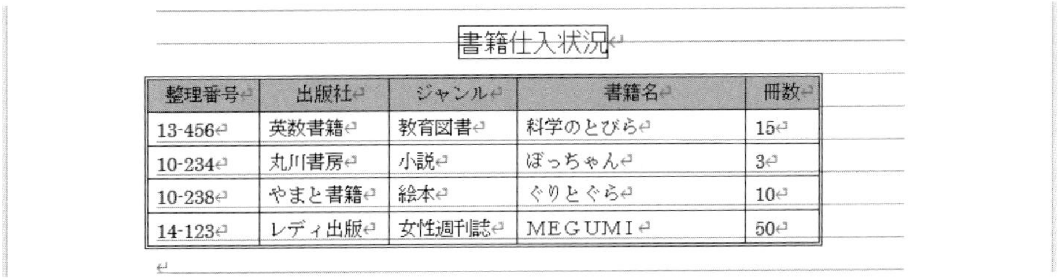

書籍仕入状況

整理番号	出版社	ジャンル	書籍名	冊数
13-456	英数書籍	教育図書	科学のとびら	15
10-234	丸川書房	小説	ぼっちゃん	3
10-238	やまと書籍	絵本	ぐりとぐら	10
14-123	レディ出版	女性週刊誌	MEGUMI	50

3-3-3　表作成の練習　上級

フォルダー「3.表」の中の「表の練習問題【3】」を開いてください。

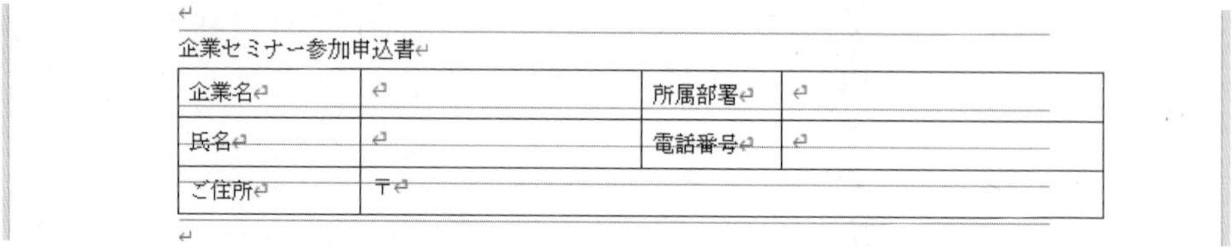

企業セミナー参加申込書

企業名		所属部署	
氏名		電話番号	
ご住所	〒		

以下の指示に従って、文書を編集してください。

①標題は、ゴシック体にして拡大し、下線をつけ、中央に配置すること。

②以下の項目を、住所の下に追加すること。

メールアドレス	

③「メールアドレス」の項目行を、住所の上に移動すること。

④「氏名」「電話番号」の項目行を、表の一番上の行に移動すること。

⑤表の一番下に、以下の項目を追加すること。

希望コース	ビジネスマナー講座	ビジネス起業講座	経営者育成講座

⑥「ビジネスマナー講座」と「経営者育成講座」の文字を入れ替えること。

⑦各項目は、セルの網掛け、中央揃えにし、均等割り付けすること。

⑧表の外枠を、二重線にすること。

⑨「希望コース」の項目欄の、「講座」の文字を「コース」に置き換えること。

解説

①標題は、ゴシック体にして拡大し、下線をつけ、中央に配置すること。

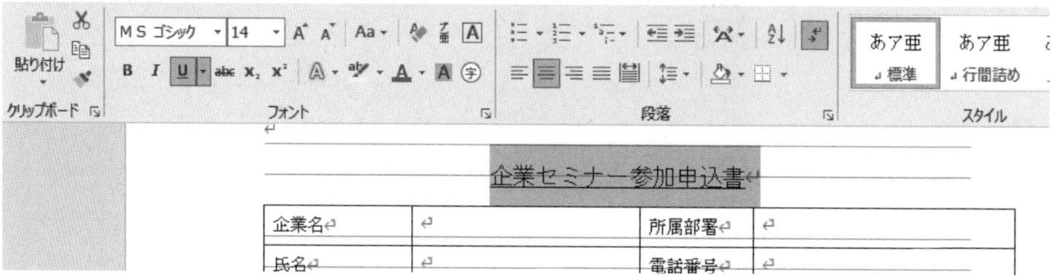

②以下の項目を、住所の下に追加すること。

メールアドレス	

「住所」の下に1行追加して、追加した行に「メールアドレス」と入力します。

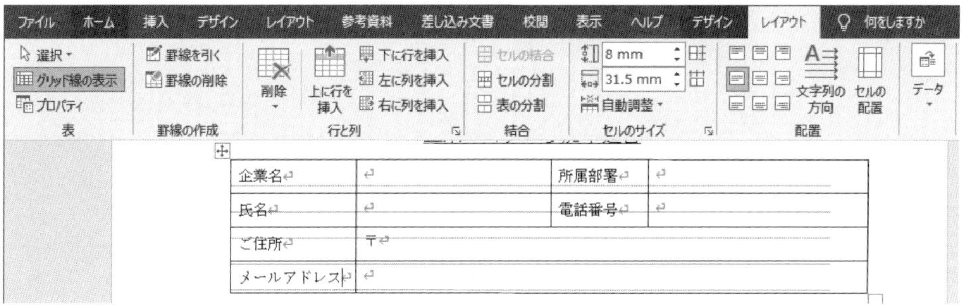

③「メールアドレス」の項目行を、住所の上に移動すること。

「メールアドレス」の行を選択して「切り取り」をクリックします。

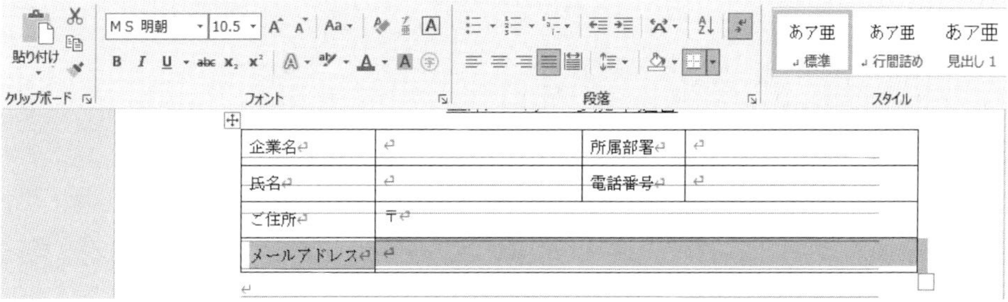

「ご住所」のセル内をクリックして、「貼り付け」ボタンをクリックしてください。 クリックした「ご住所」の上の行に、切り取った「メールアドレス」の行が貼りつきます。

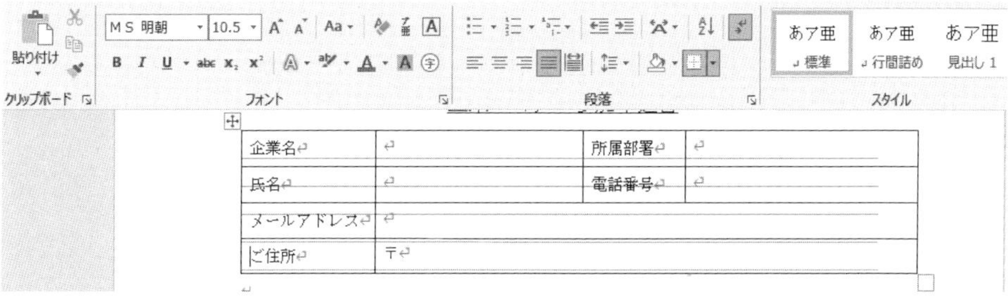

④「氏名」「電話番号」の項目行を、表の一番上の行に移動すること。

「氏名」「電話番号」の行を選択して、「切り取り」をクリックします。

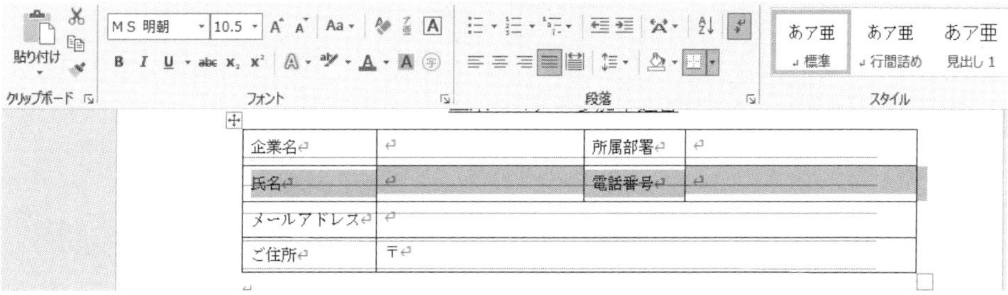

「企業名」のセル内をクリックして、「貼り付け」ボタンをクリックします。

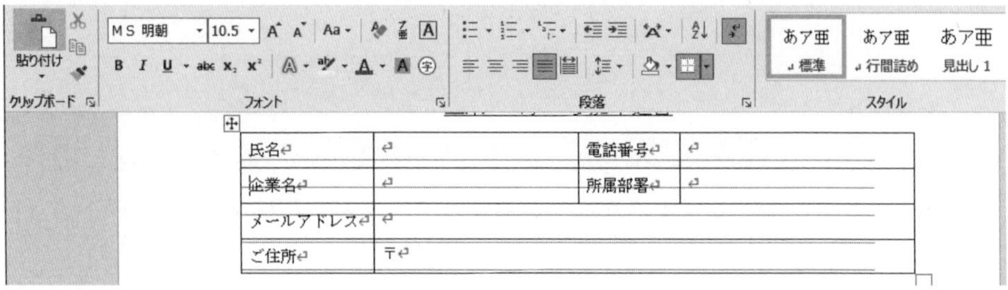

⑤表の一番下に、以下の項目を追加すること。

希望コース	ビジネスマナー講座	ビジネス起業講座	経営者育成講座

表の一番下に、1行追加します。

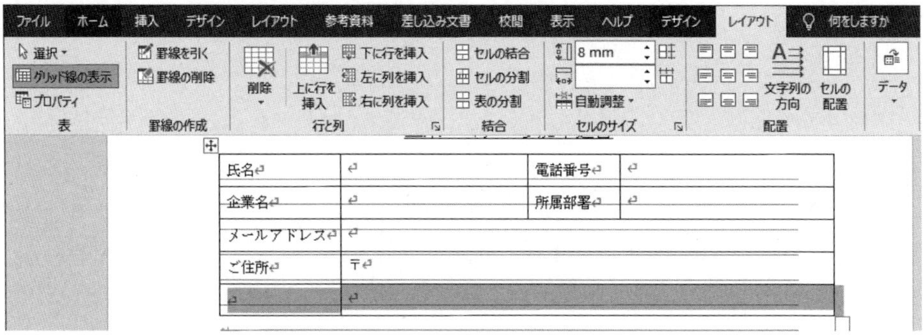

「セルの分割」をします。 右側のセル内をクリックして、「セルの分割」より列数を「3」にして「OK」をクリックしてください。

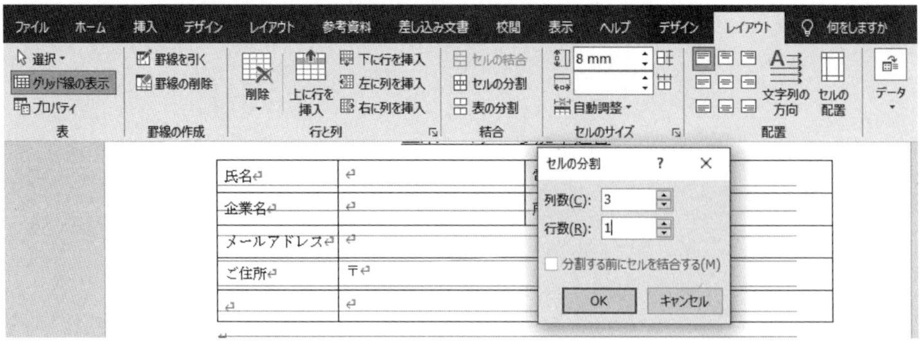

右側のセルが3つに分割されました。追加した行に文字を入力します。

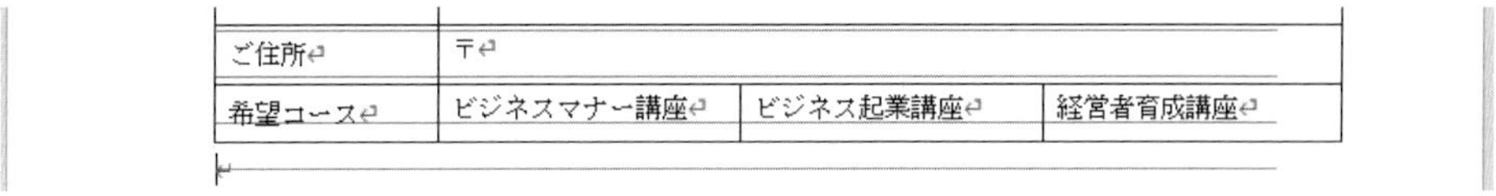

⑥「ビジネスマナー講座」と「経営者育成講座」の文字を入れ替えること。

「ビジネスマナー講座」の文字をドラッグして「切り取り」し、「経営者育成講座」の文字の後ろをクリックして「貼り付け」てください。

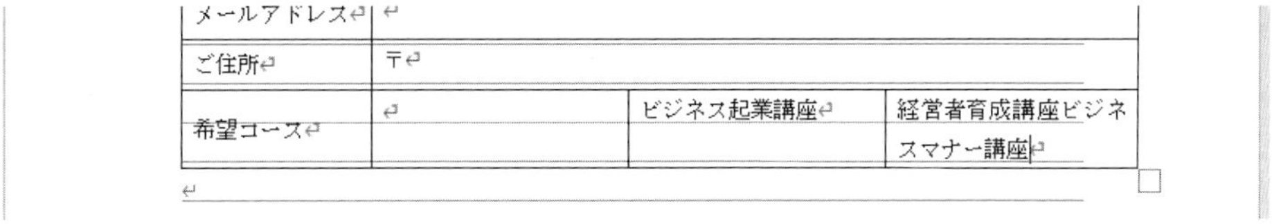

「経営者育成講座」の文字をドラッグして「切り取り」し、移動先のセルに「貼り付け」てください。

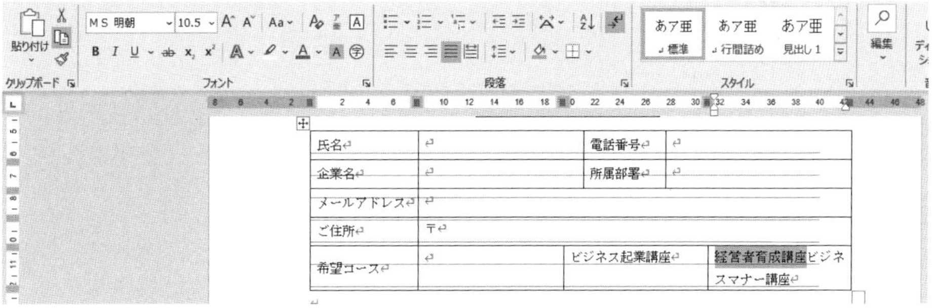

⑦各項目は、セルの網かけ、中央揃えにし、均等割り付けすること。

セルの網かけは「表ツール」の「デザイン」タブから行います。

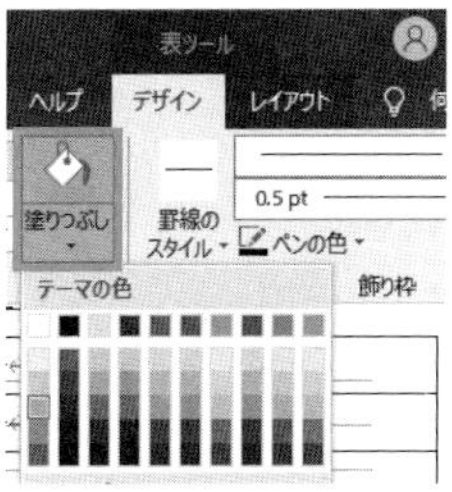

中央揃えは表ツールの「レイアウト」タブから行います。

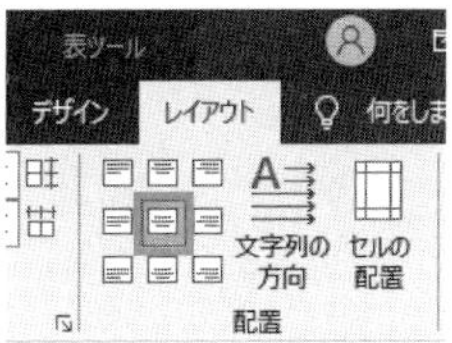

均等割り付けは「ホーム」タブから行います。

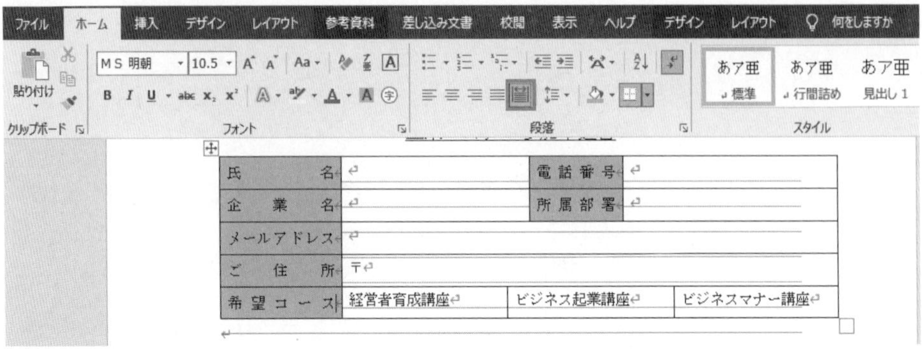

⑧表の外枠を、二重線にすること。

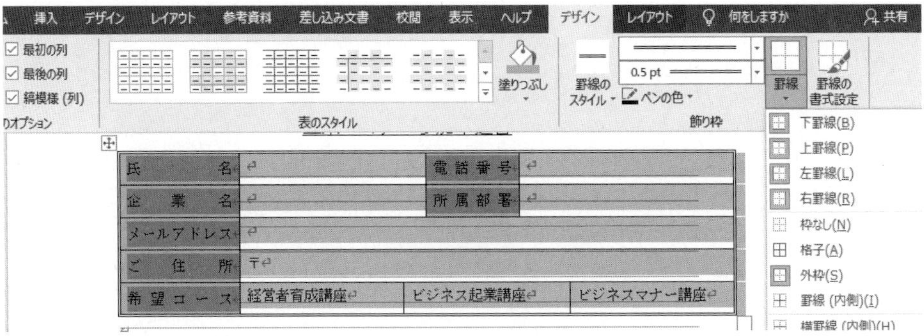

⑨「希望コース」の項目欄の、「講座」の文字を「コース」に置き換えること。

「ホーム」タブより「置換」をクリックし、「検索する文字列」に「講座」と入力してください。「検索後の文字列」に「コース」と入力してから、「すべて置換」をクリックしてください。

「OK」をクリックしてください。

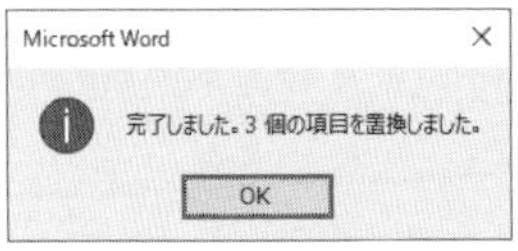

●完成見本

企業セミナー参加申込書

氏　　名		電話番号	
企業名		所属部署	
メールアドレス			
ご住所	〒		
希望コース	経営者育成コース	ビジネス起業コース	ビジネスマナーコース

3-4 図形

3-4-1 図形の練習　初級

フォルダー「4.図形」の中の「図形の練習問題【1】」を開いてください。

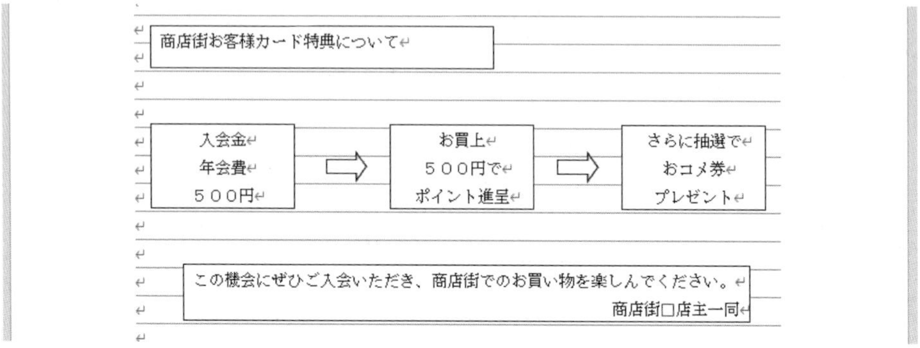

以下の指示に従って、文書を編集してください。

①標題の図形を、角丸四角形、線の種類を二重線に変更し、用紙の中央に配置すること。

②標題の文字を、MSゴシック・14ptとすること。なお、図形の大きさは、文字が表示されるサイズに変更すること。

③特典の内容と図形を以下のように変更すること。

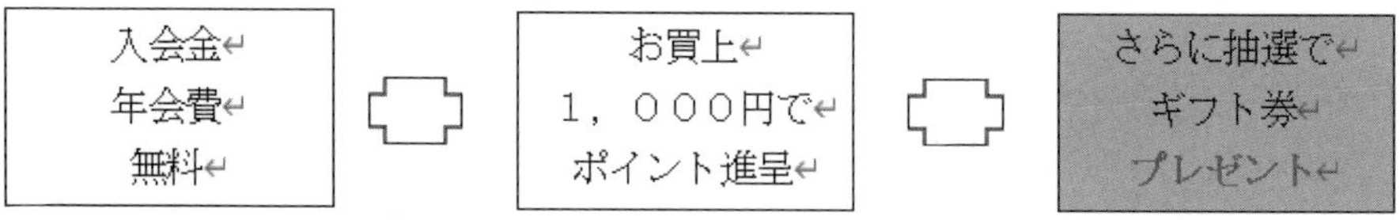

※「プレゼント」のフォントの色は「赤」、図形の塗りつぶしは「水色」です。

解説

①標題の図形を、角丸四角形、線の種類を二重線に変更し、用紙の中央に配置すること。

図形の変更をします。標題の図形を選択して、「描画ツール」の「書式」タブをクリックしてください。「図形の編集」ボタンから「図形の変更」を選び「角丸四角形」を選択します。

線の種類を「二重線」に変更します。
[1]「図形の書式設定」をクリックしてください。
[2]「線」を選択してください。
[3]幅を「3pt」に設定します。
[4]一重線/多重線は「二重線」を選択します。

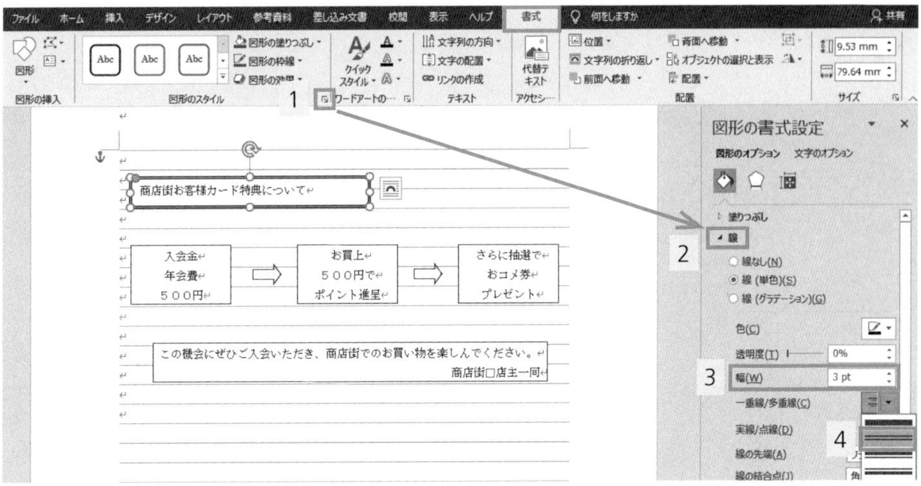

用紙の中央に配置します。「描画ツール」の「書式」タブ→「配置」→「左右中央揃え」をクリックしてください。

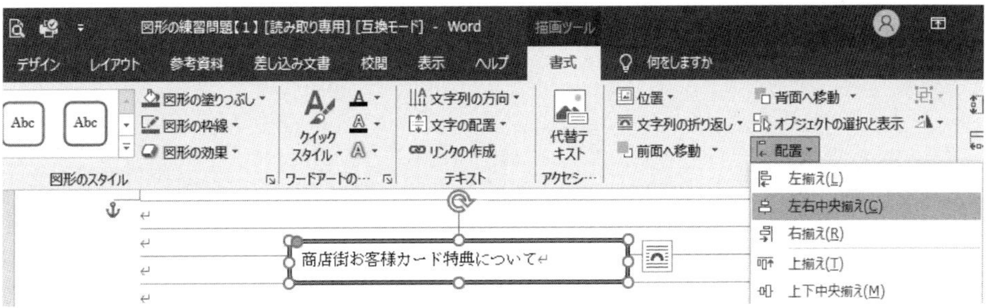

②標題の文字を、MSゴシック・14ptとすること。なお、図形の大きさは、文字が表示されるサイズに変更すること。

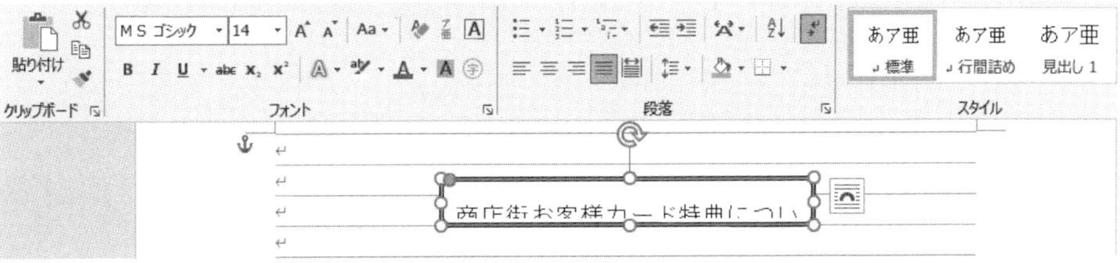

文字が表示されるように、上下左右に図形をドラッグして広げてください。

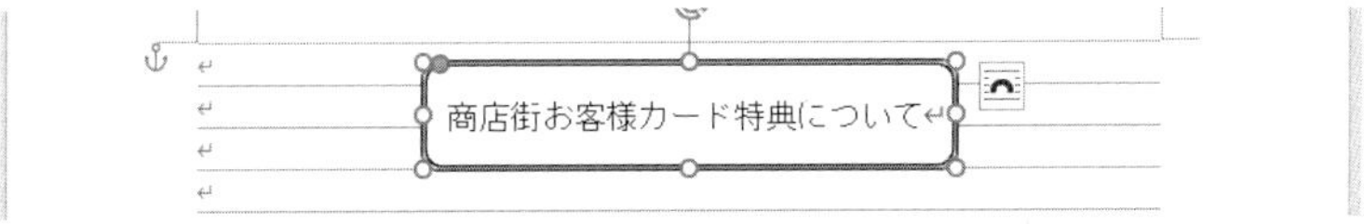

③特典の内容と図形を以下のように変更すること。

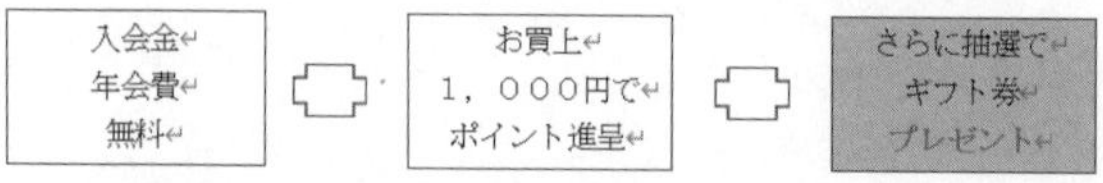

図形の変更をします。「ブロック矢印」を「十字形」に変更してください。

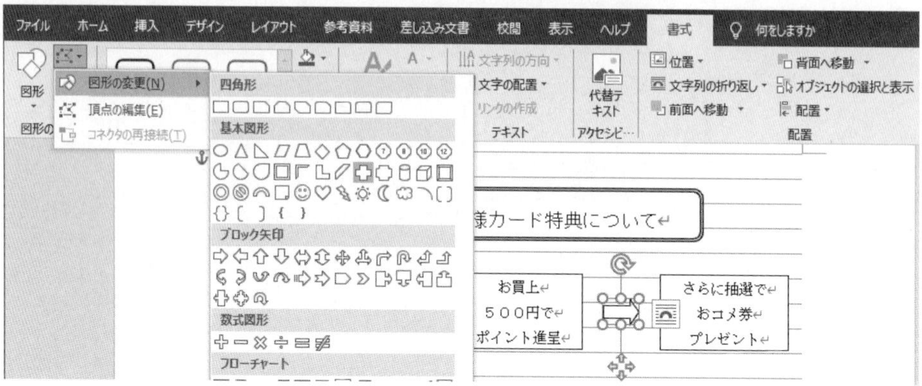

特典の内容を以下のように変更します。

「入会金年会費500円」 → 「入会金年会費無料」

「お買上500円」 → 「お買上1,000円」

「抽選でおコメ券」 → 「抽選でギフト券」

「プレゼント」のフォントの色を「赤」に変更し、「プレゼント」の図形の塗りつぶしを「水色」に変更します。

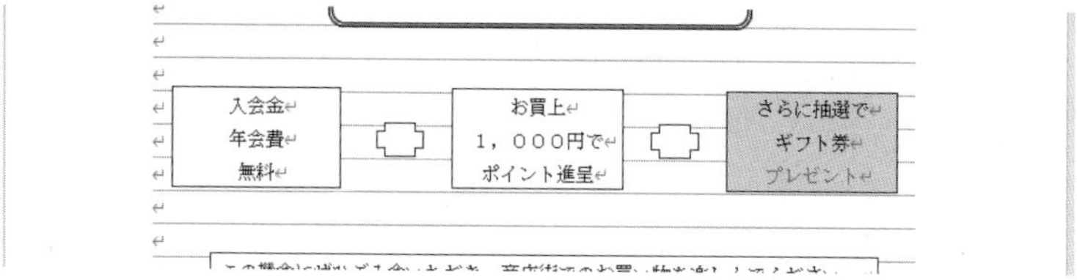

●完成見本

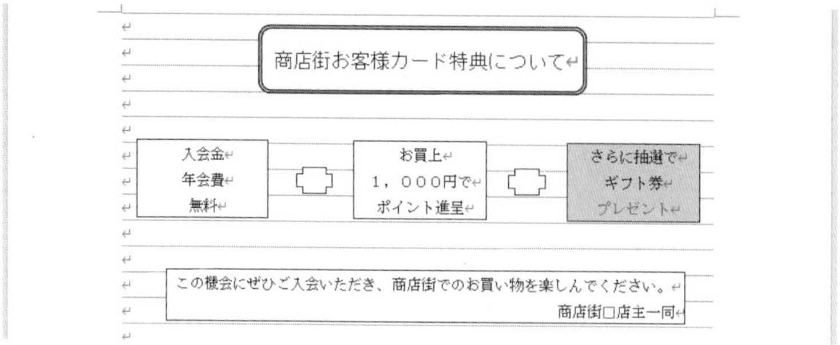

3-4-2 図形の練習　上級

フォルダー「4.図形」の中の「図形の練習問題【2】」を開いてください。

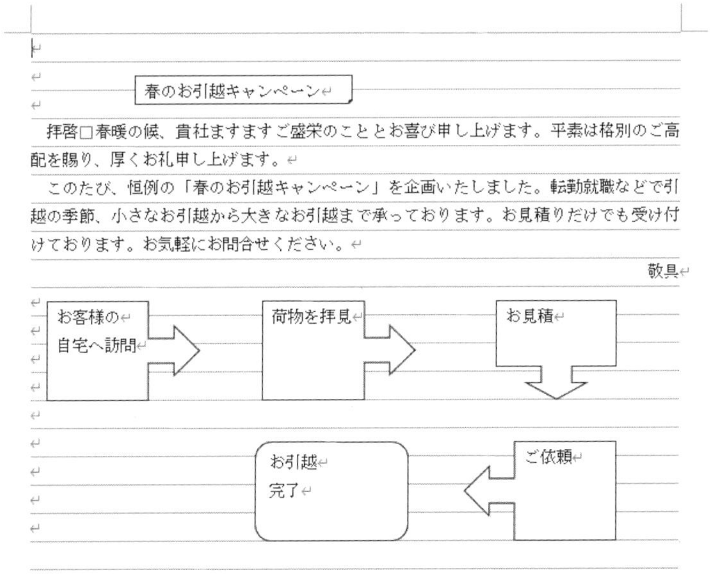
春のお引越キャンペーン

拝啓□春暖の候、貴社ますますご盛栄のこととお喜び申し上げます。平素は格別のご高配を賜り、厚くお礼申し上げます。

このたび、恒例の「春のお引越キャンペーン」を企画いたしました。転勤就職などで引越の季節、小さなお引越から大きなお引越まで承っております。お見積りだけでも受け付けております。お気軽にお問合せください。

敬具

以下の指示に従って、文書を編集してください。

①標題は、「MSゴシック」「14ポイント」「均等割り付け」に設定すること。 それに伴って図の大きさも変更し、用紙の中央に配置すること。

②「角丸四角形」を、図形の「星 ： 8pt」に変更し、文字は、「MSゴシック」「12ポイント ・ 太字」「均等割り付け」に変更すること。

③「お引越完了」の図形の左に、図形「星 ： 16pt」を入れること。 下の見本のように、文字と色を設定してください。

※色は赤です。

解説

①標題は、「MSゴシック」「14ポイント」「均等割り付け」に設定すること。 それに伴って図の大きさも変更し、用紙の中央に配置すること。

標題のフォント変更 ・ 均等割り付けをして、図形を拡大します。

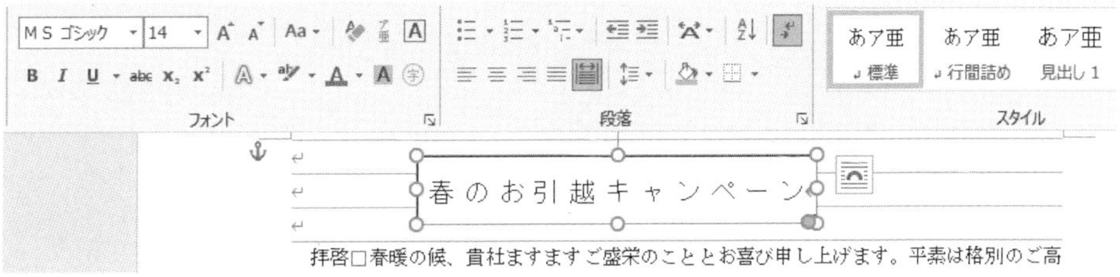

用紙の中央に配置します。

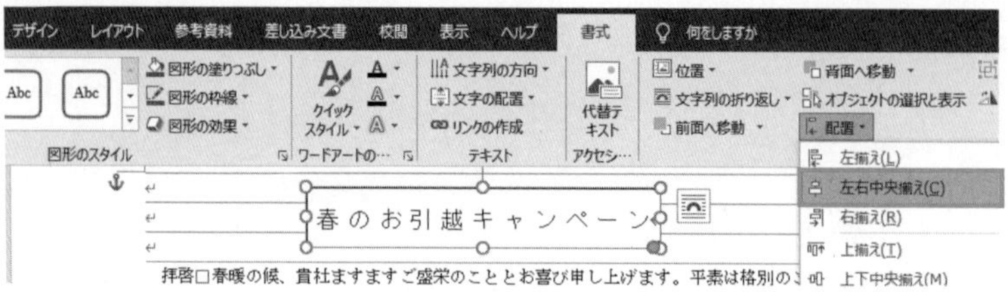

②「角丸四角形」を、図形の「星 ： 8pt」に変更し、文字は、「MSゴシック」「12ポイント ・ 太字」「均等割り付け」に変更すること。

図形の変更を行います。

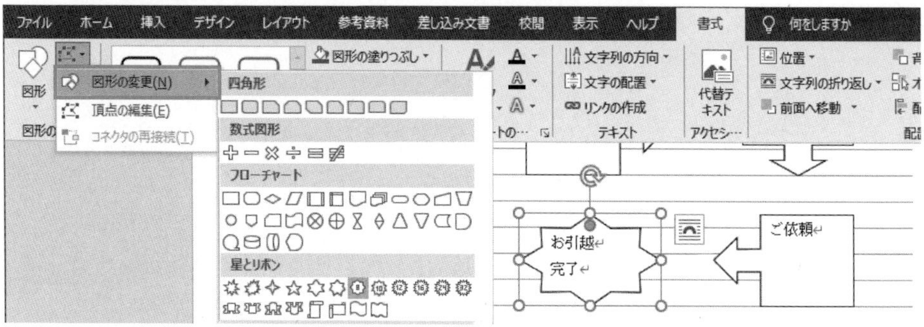

図形内の文字を変更します。

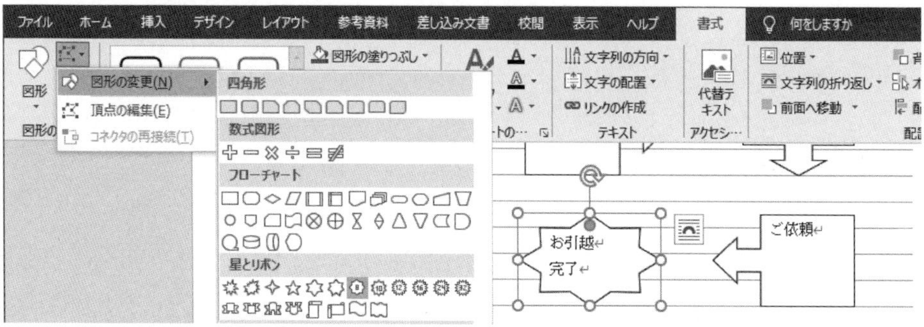

注意

必ず、図形内で均等割り付けするようにしてください。以下のように「文字数」が表示されるのは文字のみをドラッグしているからです。図形の枠線上をクリックして図形を選択するようにしてください。

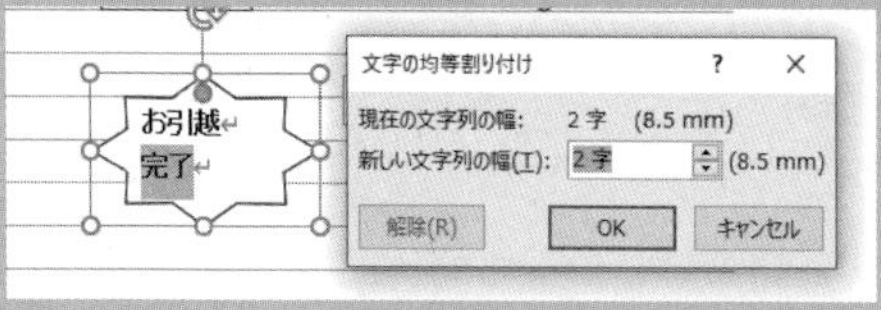

③「お引越完了」の図形の左に、図形「星 ： 16pt」を入れること。 下の見本のように、文字と色を設定してください。

図形を作成します。

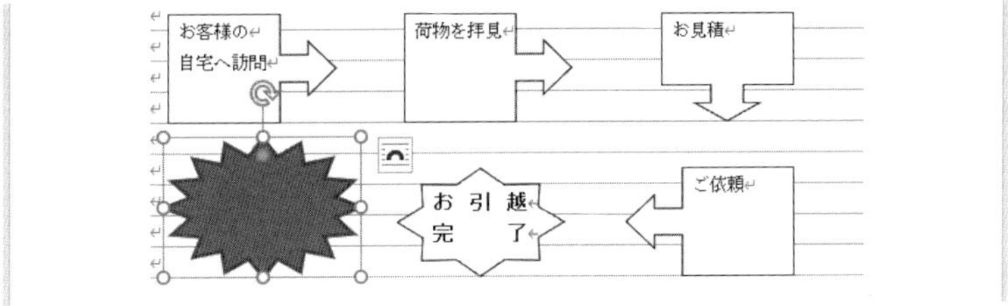

図形に文字を入力します。 図形を選択した状態で、直接キーボードで文字を入力してください。 カーソル位置に関係なく、図形の中に文字が入力されます。

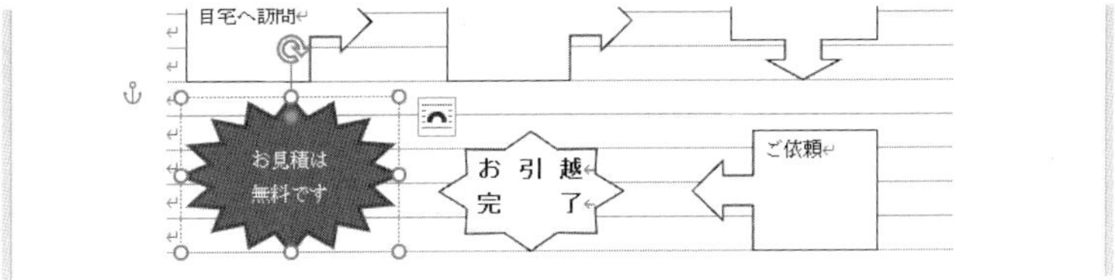

Word 2019では、青い図形、青い枠線、白い文字が規定になっています。

ポイント

もし、図形の中に直接文字の入力ができない場合は、図形の上で「右クリック」して、「テキストの追加」をクリックし、文字を入力するようにしてみてください。

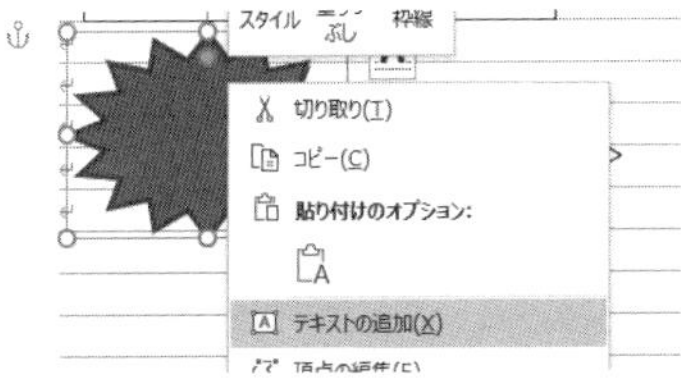

図形と文字の書式を設定します。図形の塗りつぶしは「白」、図形の枠線は「赤」、フォントの色は「赤」です。

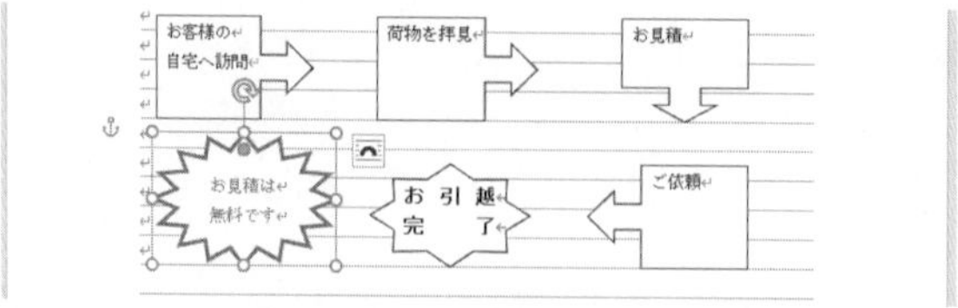

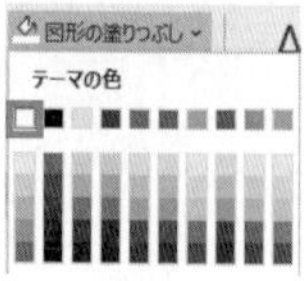

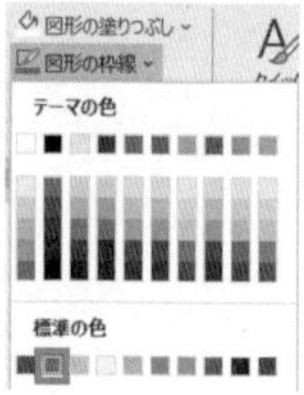

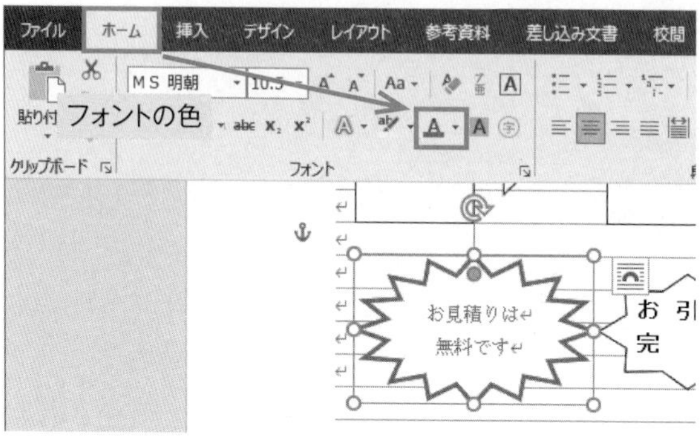

●完成見本

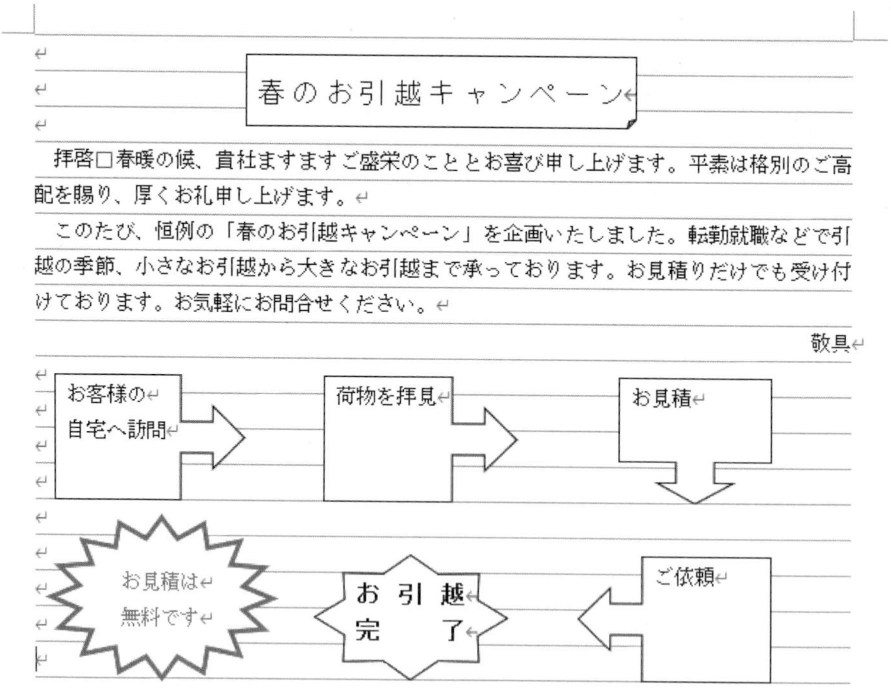
春のお引越キャンペーン

拝啓□春暖の候、貴社ますますご盛栄のこととお喜び申し上げます。平素は格別のご高配を賜り、厚くお礼申し上げます。

このたび、恒例の「春のお引越キャンペーン」を企画いたしました。転勤就職などで引越の季節、小さなお引越から大きなお引越まで承っております。お見積りだけでも受け付けております。お気軽にお問合せください。

敬具

3-5 スタイル

フォルダー「5.スタイル」の「スタイルの練習問題【1】」を開いてください。

令和０３年４月吉日
社員各位
福利厚生課□高井信二

社内診療所開設のご案内

このたび、当社に「みどり診療所」が開設しました。
当診療所は、社員の皆様の健康相談、食生活や体力のチェックなど、健康と生活を考える診療所です。
社員の皆様で健康に関心のある方は、どうぞご利用ください。
記
【診療時間】

時□□間	診療内容	医□師
午前□９：００～１２：００	内科・皮膚科	斉藤みどり

電話番号□内線□２３０７
メール□shinryoujo@****.jp
※□社員の方がご利用の際は、社員証をご提示ください。

以下の指示に従って、文書を編集してください。
①発信日と発信者名を適切な位置に配置してください。
②標題を「社内診療所開院のお知らせ」に変更し、拡大し、用紙中央に配置してください。
③本文の行頭を1文字分字下げしてください。
④本文「どうぞご利用ください。」と「記」の間を1行空けてください。
⑤表内の「時間」に「午後14 ： 00～17 ： 00」を追加してください。午前と午後の時間が、2行になるように適切な位置で改行してください。
⑥記書きの最終行に、「以上」と入力し、適切な位置に配置してください。

解説

①発信日と発信者名を適切な位置に配置してください。

発信日、発信者名ともに、「右揃え」が基本です。

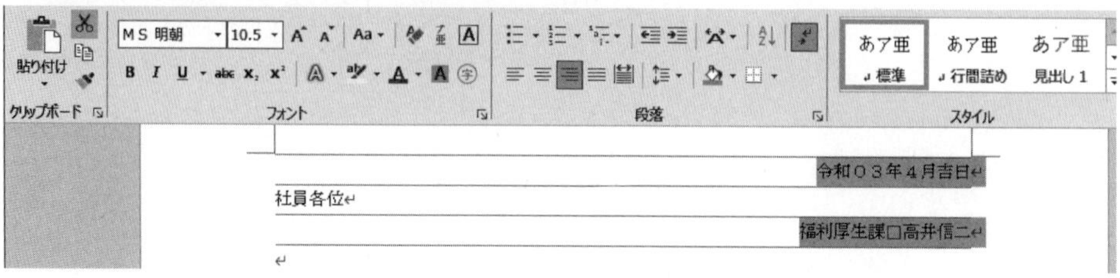

②標題を「社内診療所開院のお知らせ」に変更し、拡大し、用紙中央に配置してください。

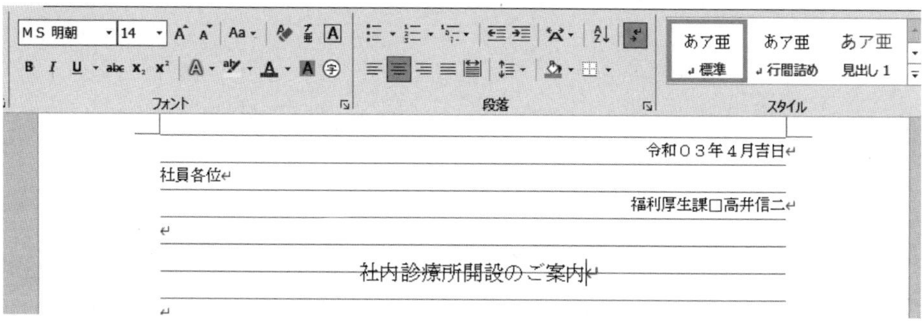

確　認

Wordでは、文字に設定された「フォントの種類」「フォントサイズ」「色」「中央揃え」など、各種の設定をまとめて「書式」といいます。

「発信日」と「発信者名」には「右揃えの書式」が設定されています。 標題には「フォントサイズ」と「中央揃え」の書式が設定されている、という意味になります。 この様々な「書式」を一括で管理するものを「スタイル」といいます。

文書作成３級の試験では「スタイル」を扱う問題は出題されませんが、「書式」の意味は覚えておきましょう。

③本文の行頭を1文字分字下げしてください。

文章の2行目以降も字下げにならないように、必ず「最初の行」を「字下げ」するようにしてください。

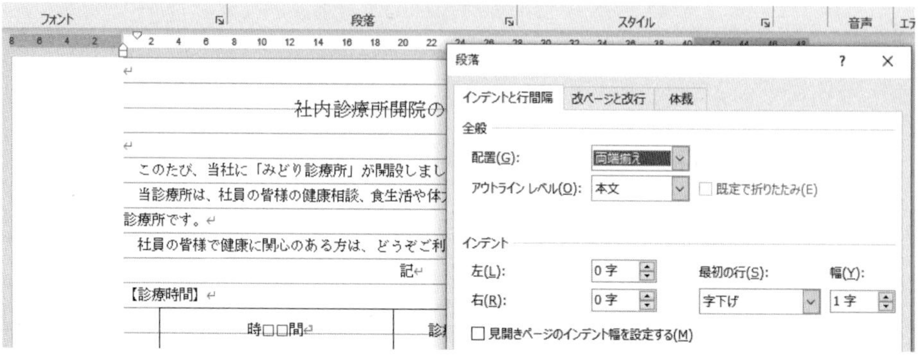

注　意

「インデント」ボタンを使って字下げすると、以下のように2行目以降も字下げになってしまいます。しっかりと区別するようにしてください。

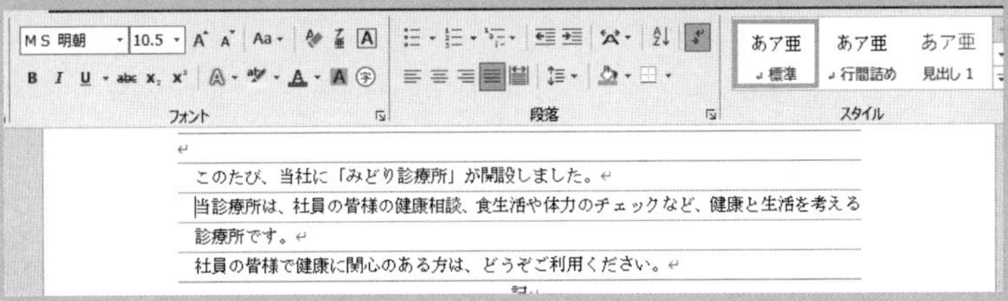
MS 明朝
10.5
フォント
段落
スタイル
あア亜
標準
行間詰め
見出し 1
このたび、当社に「みどり診療所」が開設しました。
当診療所は、社員の皆様の健康相談、食生活や体力のチェックなど、健康と生活を考える
診療所です。
社員の皆様で健康に関心のある方は、どうぞご利用ください。

「インデント」と「最初の行の字下げ」は、意味も操作結果も変わります。「書式」が「違う」と判断されますので、試験の際は避けてください。設定されている「書式」が違うと、採点に影響が出るケースがありますので、正しい「書式」を使うようにしましょう。

④本文「どうぞご利用ください。」と「記」の間を1行空けてください。

「どうぞご利用ください。」の文字の後ろにカーソルを置いて、改行します。

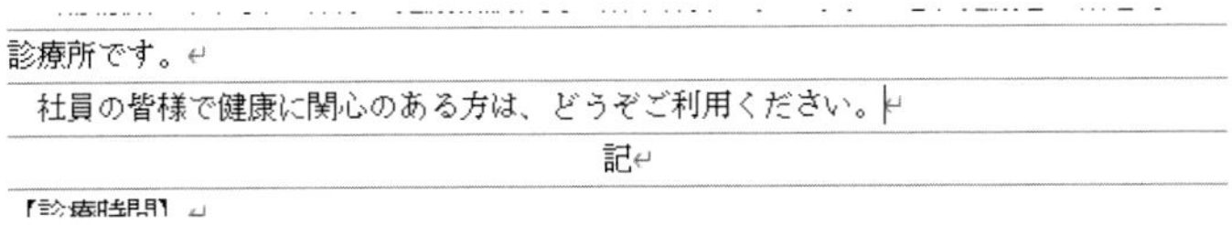
診療所です。
社員の皆様で健康に関心のある方は、どうぞご利用ください。
記

「記」の行が1行下がります。

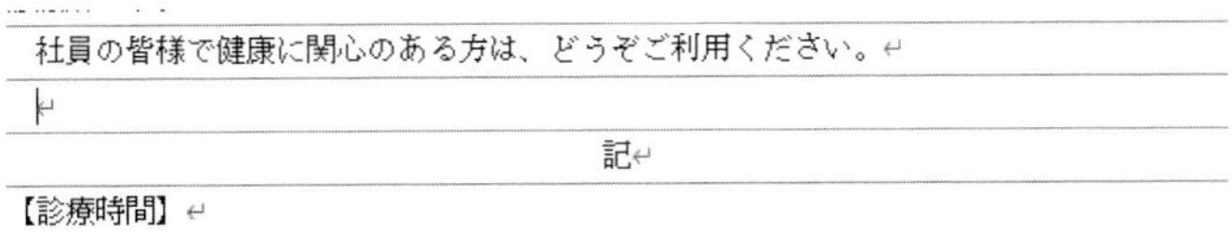
社員の皆様で健康に関心のある方は、どうぞご利用ください。
記
【診療時間】

注　意

このとき、「記」の前にカーソルを置いて、改行すると、「記」の上に1行できますが、「記」と同じスタイル（中央揃え）の行ができてしまいます。スタイルの違う「行」が挿入されたと判断されますので、試験ではこの方法は避けてください。

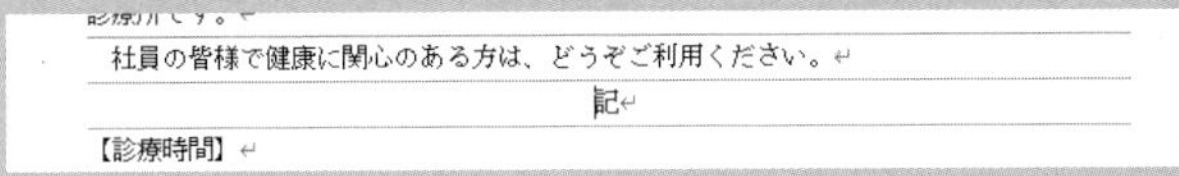
社員の皆様で健康に関心のある方は、どうぞご利用ください。
記
【診療時間】

どの位置にカーソルを置いて改行するか、によって、結果が異なります。標題のように、文字の大きさや各種書式設定をした行の終わりにカーソルを置いて改行すると、次の行にも同じ書式が設定されてしまいます（46ページ参照）。今回の問題も、「記」の前で改行するのは避けましょう。

⑤表内の「時間」に「午後14 ： 00～17 ： 00」を追加してください。 午前と午後の時間が、2行になるように適切な位置で改行してください。

「12 ： 00」の後ろにカーソルを置いて改行し入力します。

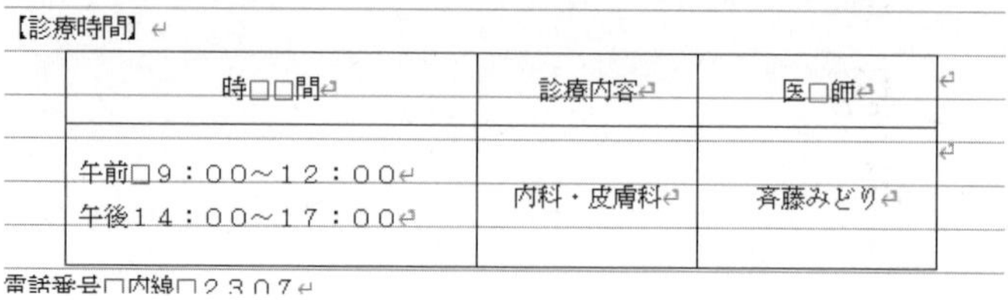

⑥記書きの最終行に、「以上」と入力し、適切な位置に配置してください。

「社員証をご提示ください。」の後ろにカーソルを置いて改行します。

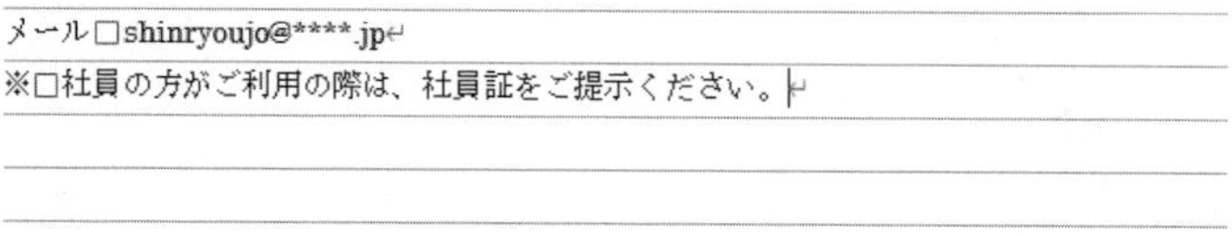

「ご提示ください。」の次に新しい行が1行できます。

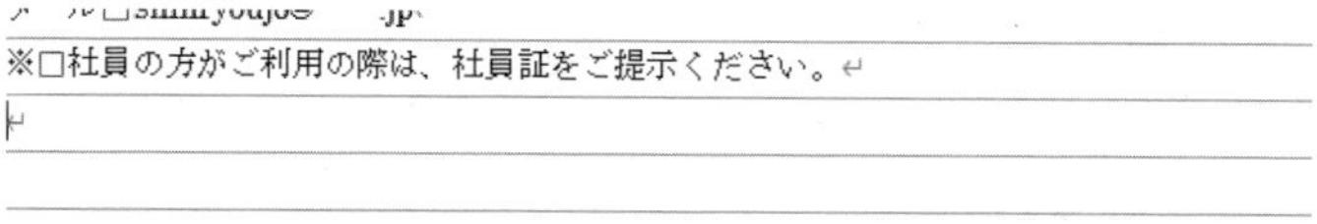

新しい行に「以上」と入力します。

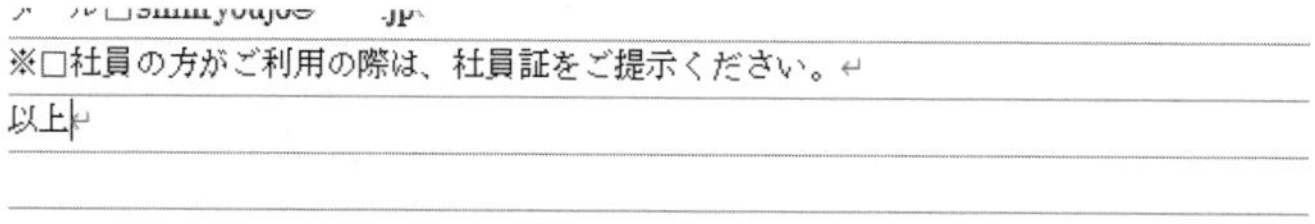

「以上」の文字を確定したら、そのままもう一度Enterキーを押します。

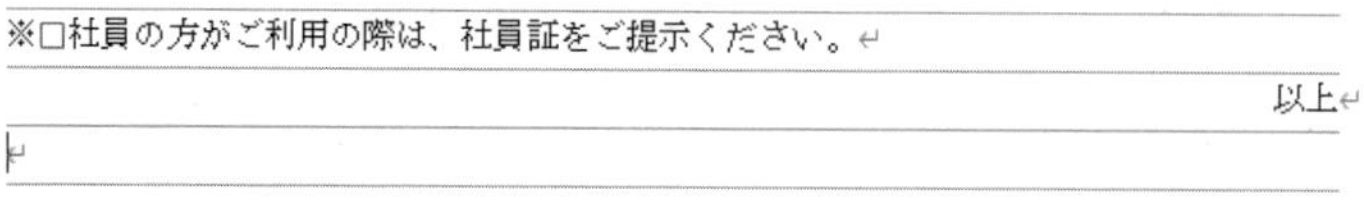

「以上」の文字は「結語スタイル」といって自動的に右端に移動になります。

ポイント

「結語スタイル」

「拝啓」に続く「敬具」や、「記」書きの最後の「以上」のような文字を「結語」といいます。画面では「右揃え」になっているように見えますが、実際の文字のスタイルは「結語」といって、右揃えとは異なります。
この問題でも、「以上」の行を選択して「右揃え」のボタンを使うのは間違いです。

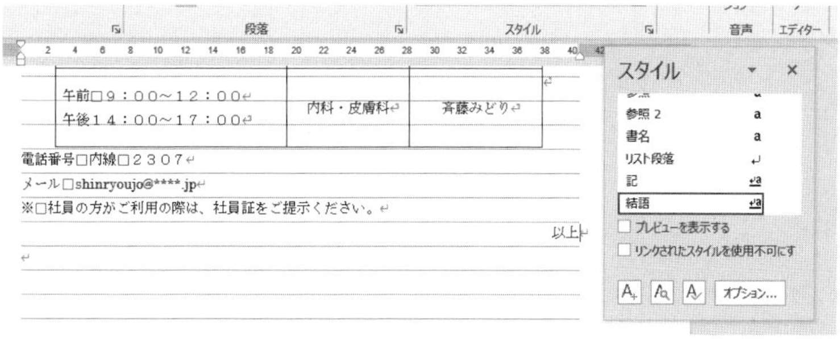

「以上」の行にカーソルを置いて「スタイル」ウィンドウを見ると、「結語」というスタイルになっていることが確認できます。「以上」の次には、自動的に新しい行が作成されます。「以上」の続きに文字を入力する時は、この新しい行を使います。

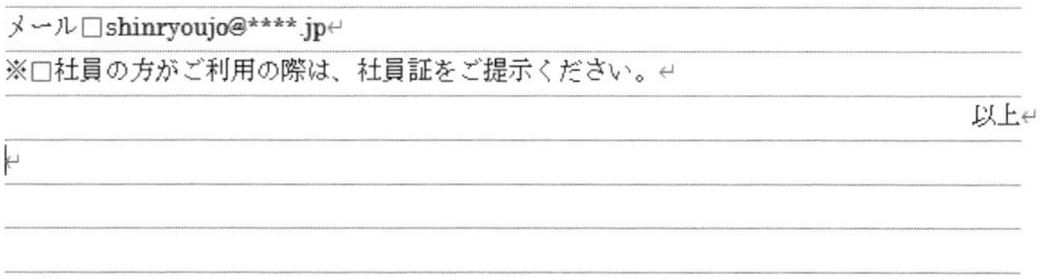

●完成見本

令和０３年４月吉日

社員各位

福利厚生課□高井信二

社内診療所開院のお知らせ

このたび、当社に「みどり診療所」が開設しました。

当診療所は、社員の皆様の健康相談、食生活や体力のチェックなど、健康と生活を考える診療所です。

社員の皆様で健康に関心のある方は、どうぞご利用ください。

記

【診療時間】

時□□間	診療内容	医□師
午前□９：００～１２：００ 午後１４：００～１７：００	内科・皮膚科	斉藤みどり

電話番号□内線□２３０７

メール□shinryoujo@****.jp

※□社員の方がご利用の際は、社員証をご提示ください。

以上

第4章 実技科目の練習

実際の試験問題に近い形式の練習問題を学習します。日商PC検定の試験問題は、問題文の画面とWordの画面を、左右に2つ並べて解答していきます。練習問題の学習から、Wordのウィンドウを3分の2くらいに縮小して練習するようにしてください。画面を縮小しているので、Wordのボタンが隠れてしまっている場合がありますが、普段からこの画面に慣れるようにしてください。

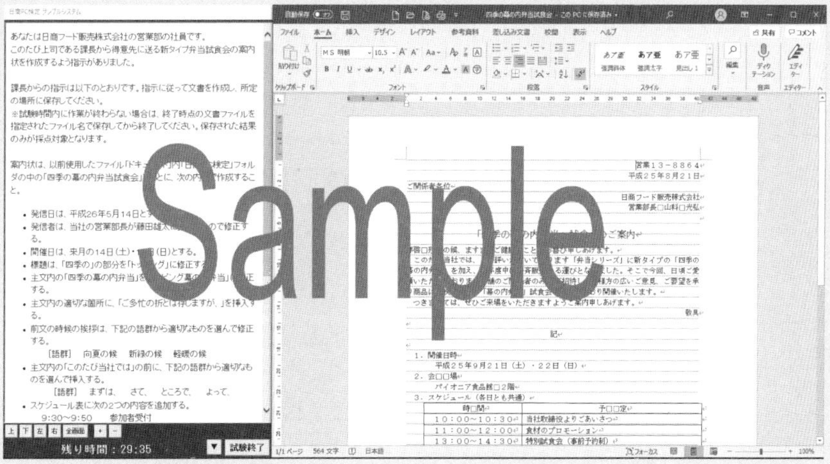

あなたは日商フード販売株式会社の営業部の社員です。
このたび上司である課長から得意先に送る新タイプ弁当試食会の案内状を作成するよう指示がありました。
課長からの指示は以下のとおりです。指示に従って文書を作成し、所定の場所に保存してください。
※試験時間内に作業が終わらない場合は、終了時点の文書ファイルを指定されたファイル名で保存してから終了してください。保存された結果のみが採点対象となります。
前文の時候の挨拶は、下記の語群から適切なものを選んで修正する。
［語群］　向夏の候　新緑の候　軽暖の候
主文内の「このたび当社では」の前に、下記の語群から適切なものを選んで挿入する。
［語群］　まずは、　さて、　ところで、　よって、
スケジュール表に次の2つの内容を追加する。
9:30～9:50　参加者受付
残り時間：29:35
試験終了
Sample
営業１３－８８６４
平成２５年８月２１日
日商フード販売株式会社
営業部長　山科　光弘
記
1．開催日時
平成２５年９月２１日（土）・２２日（日）
2．会　場
パイオニア食品館　２階
3．スケジュール（各日とも共通）
時　間
予　定
10：00～10：30
当社取締役よりごあいさつ
11：00～12：00
食材のプロモーション
13：00～14：30
特別試食会（事前予約制）

●ファイルを開く

「第4章　実技科目の練習」のフォルダーには、以下のWordファイルが入っています。問題ごとに、それぞれのWord文書をダブルクリックで開いて練習していきます。

- 1 教材送付
- 2 報告会開催のご案内
- 3 健康相談室開設のお知らせ
- 4 社員旅行案内
- 5 研修会について
- 6 発表会のご案内
- 7 健康診断の実施について
- 8 講座について
- 9 旅行アンケート調査結果
- 10 議事録

4-1 教材送付

「1 教材送付」を開いてください。

あなたは、株式会社スキルアップの社員です。上司からこのたび、お客様へあてた教材送付の案内状を作成するように指示されました。この案内状はあなたが下書きしたものですが、修正等があり未完成です。
上司からの指示は以下の通りです。指示に従って文書を作成し、保存をして下さい。
案内状は、以下の内容で完成させること。

- 上余白と下余白を「25mm」に変更すること。
- 文書番号「通教－２１０７１０」を適切な位置に記入すること。
- 発信日は「令和０３年７月１０日」とし、適切な位置に記入すること。
- あて先は「細川咲子氏」とし、適切な敬称をつけること。
- 発信者名を適切な位置に配置すること。
- 標題は「『行政書士講座』教材送付について」とし、拡大し中央に配置すること。
- 主文内の「このたびは、…」の段落を下記の内容に修正すること。
  　このたびは、『行政書士講座』にお申込みいただき、誠にありがとうございます。あなたが講座を修了されるまで、弊社の通信教育指導部がしっかりサポートさせていただきますので、ご質問などございましたらお気軽にご相談ください。
- 表を下記の内容に修正をすること。ただし、列数、行数などの表の形式は必要に応じて変更をしなさい。

教材の種類	チェック	教材の種類	チェック
学習ガイドブック		過去問題と解答・解説	
問題集2冊		添削問題集	
テキスト全7冊		添削提出用シール	
合格ハンドブック		受講費振込用紙	

- 表の外枠を1.5ptの太線にすること。
- 表内の「テキスト全７冊」と「問題集２冊」の文字列を入れ替えること。
- 記書きの「指導期限」と「注意事項」の行を入れ替えること。
- 箇条書きの「◆」を段落番号「1.2.3.…」に変更すること。
- 「教材セット内容」「指導期限」「注意事項」の内容文に、２文字分のインデントを設定すること。
- A4用紙1枚に出力できるようにレイアウトすること。
- 作成したファイルは「教材送付について」として保存すること。

解説

●上余白と下余白を「25mm」に変更すること。
「レイアウト」タブより「ページ設定」の矢印をクリックしてください。

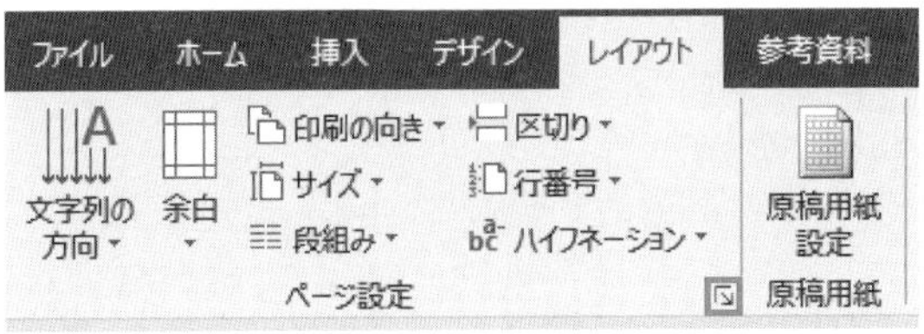

「余白」タブをクリックして、上余白と下余白の数字を「25mm」に設定し、「OK」ボタンをクリックします。

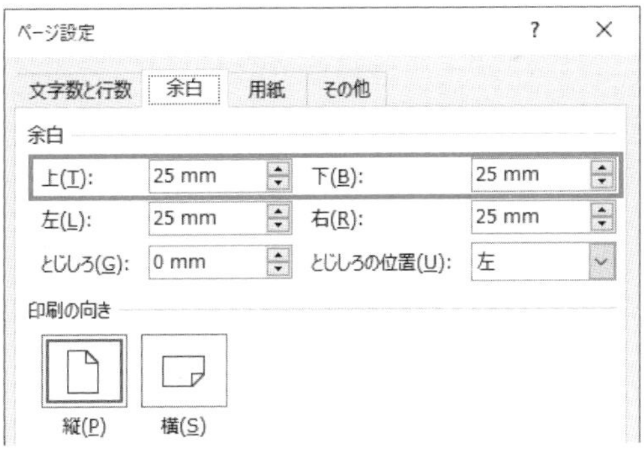

● 文書番号「通教－２１０７１０」を適切な位置に記入すること。
● 発信日は「令和０３年７月１０日」とし、適切な位置に記入すること。

文書番号、発信日ともに右揃えで記入しましょう。

● あて先は「細川咲子氏」とし、適切な敬称をつけること。

あて先を適切な位置に記入し、敬称をつけてください。

● 発信者名を適切な位置に配置すること。

発信者名を右揃えにしましょう。

● 標題は「『行政書士講座』教材送付について」とし、拡大し中央に配置すること。

標題の変更、フォントサイズの拡大、中央揃えを行ってください。

● 主文内の「このたびは、…」の段落を下記の内容に修正すること。

主文内の指定の段落の文章を修正します。

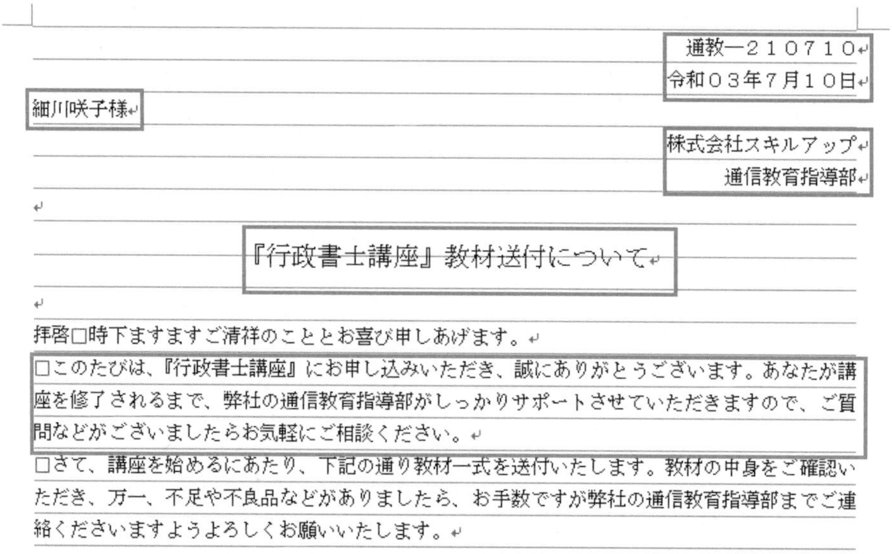

通教−２１０７１０
令和０３年７月１０日

細川咲子様

株式会社スキルアップ
通信教育指導部

『行政書士講座』教材送付について

拝啓□時下ますますご清祥のこととお喜び申しあげます。

□このたびは、『行政書士講座』にお申し込みいただき、誠にありがとうございます。あなたが講座を修了されるまで、弊社の通信教育指導部がしっかりサポートさせていただきますので、ご質問などがございましたらお気軽にご相談ください。

□さて、講座を始めるにあたり、下記の通り教材一式を送付いたします。教材の中身をご確認いただき、万一、不足や不良品などがありましたら、お手数ですが弊社の通信教育指導部までご連絡くださいますようよろしくお願いいたします。

! 注意

文章を入力する際は、誤字脱字・数字の全角/半角に気をつけましょう。
・０３年 ⇔ 03年
・申し込み ⇔ 申込
・ください ⇔ 下さい
また、人名の漢字も正しく入力するようにしましょう。

表内の修正をします。まず、「問題集２冊」のセル内をクリックし、「下に行を挿入」をクリックします。

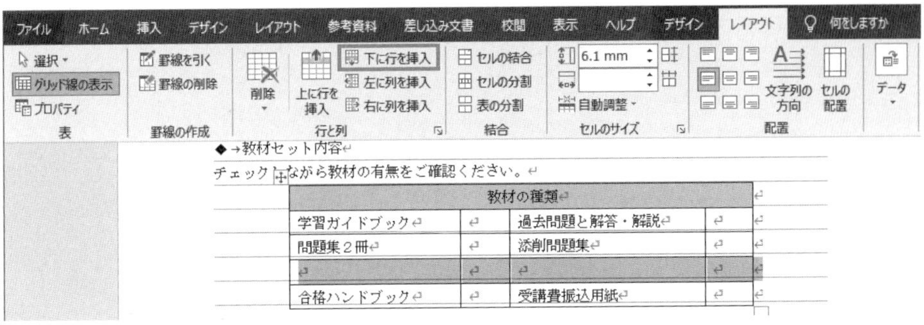

文字を入力します。

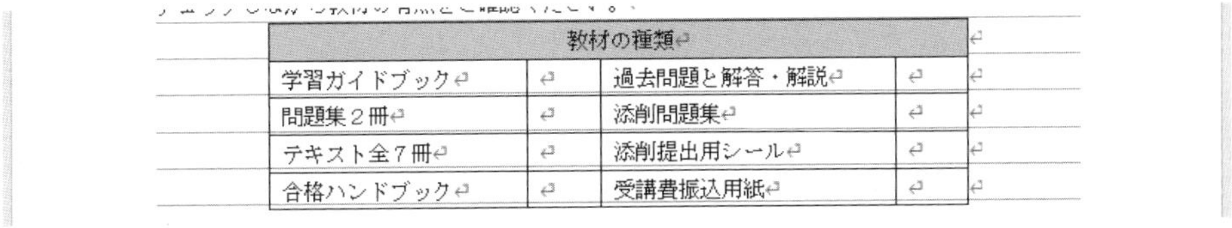

1行目は、「セルの分割」で「4列」に分割します。

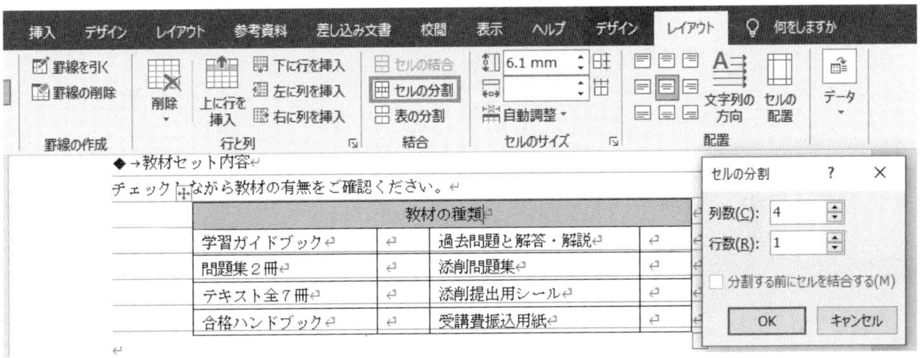

セルの分割後は以下のようになります。

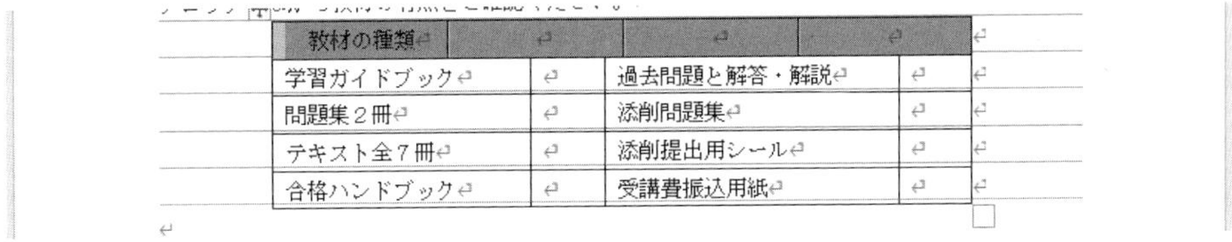

列幅を調整し、文字を入力します。

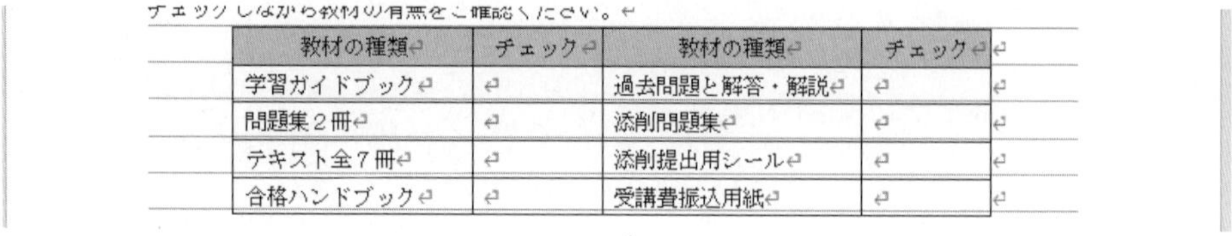

チェックしながら教材の有無をご確認ください。

教材の種類	チェック	教材の種類	チェック
学習ガイドブック		過去問題と解答・解説	
問題集２冊		添削問題集	
テキスト全７冊		添削提出用シール	
合格ハンドブック		受講費振込用紙	

ポイント

列幅を調整する際にAltキーを押しながら ⟛ をドラッグすることで、列幅を微調整することができます。

表の外枠を「1.5pt」の太線に設定します。

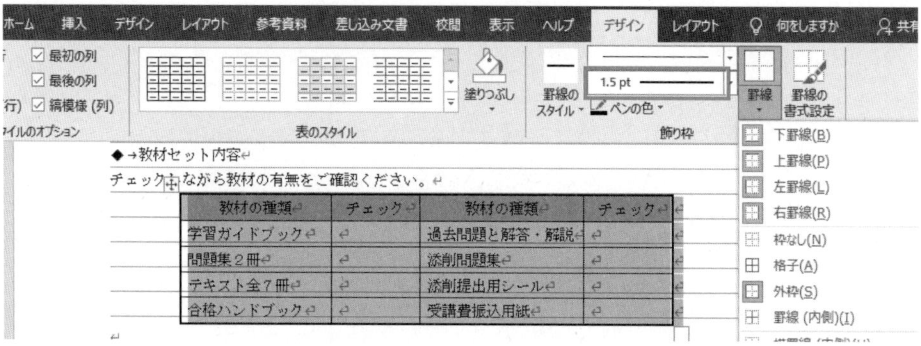

教材の種類	チェック	教材の種類	チェック
学習ガイドブック		過去問題と解答・解説	
問題集２冊		添削問題集	
テキスト全７冊		添削提出用シール	
合格ハンドブック		受講費振込用紙	

表内の「テキスト全７冊」と「問題集２冊」の文字列を入れ替えます。

[1]「テキスト全７冊」の文字のみをドラッグして「切り取り」ます。

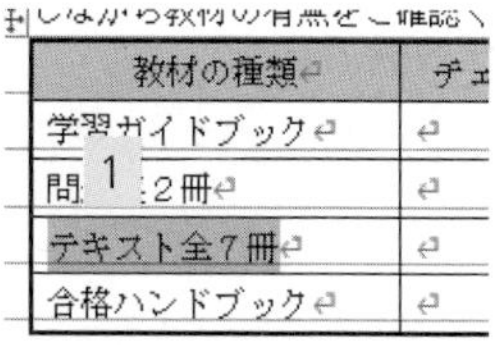

[2]「問題集２冊」の文字の後ろをクリックして「貼り付け」ます。

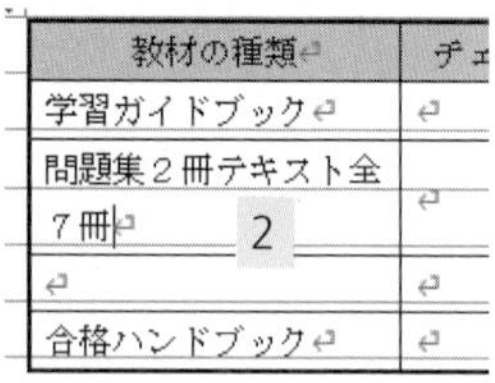

[3]「問題集２冊」の文字のみをドラッグして「切り取り」ます。

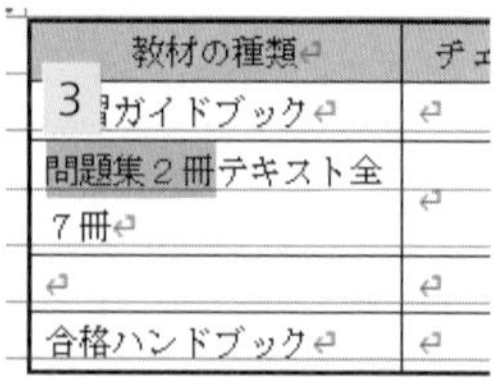

[4]「テキスト全７冊」の下のセルに「貼り付け」ます。

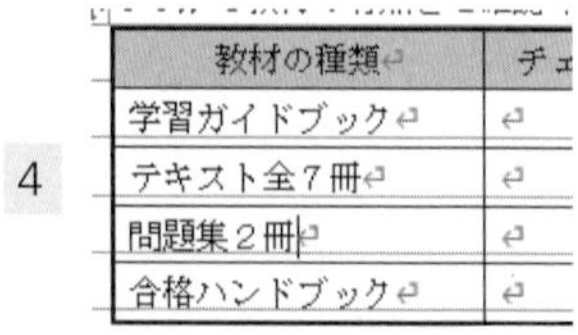

表の完成見本は以下の通りです。

◆→教材セット内容

チェックしながら教材の有無をご確認ください。

教材の種類	チェック	教材の種類	チェック
学習ガイドブック		過去問題と解答・解説	
テキスト全７冊		添削問題集	
問題集２冊		添削提出用シール	
合格ハンドブック		受講費振込用紙	

記書きの「指導期限」と「注意事項」の行を入れ替えます。「◆指導期限」の行から3行ドラッグして「切り取り」をクリックします。

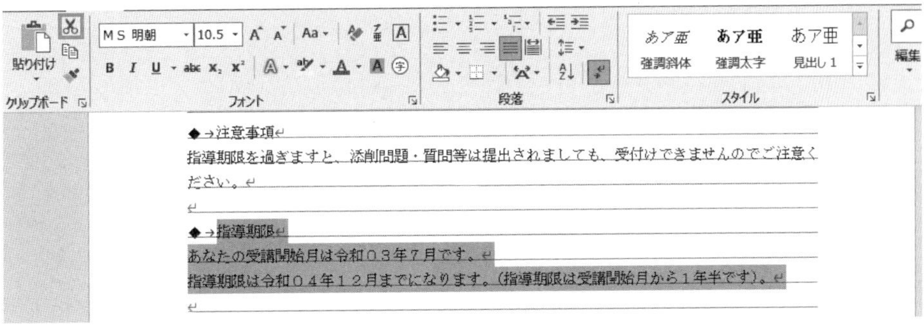
貼り付け
クリップボード
MS 明朝
10.5
フォント
段落
あア亜
強調斜体
強調太字
見出し 1
スタイル
編集
◆→注意事項
指導期限を過ぎますと、添削問題・質問等は提出されましても、受付けできませんのでご注意ください。
◆→指導期限
あなたの受講開始月は令和０３年７月です。
指導期限は令和０４年１２月までになります。（指導期限は受講開始月から１年半です）。

「◆注意事項」の上に1行改行して「貼り付け」をクリックします。

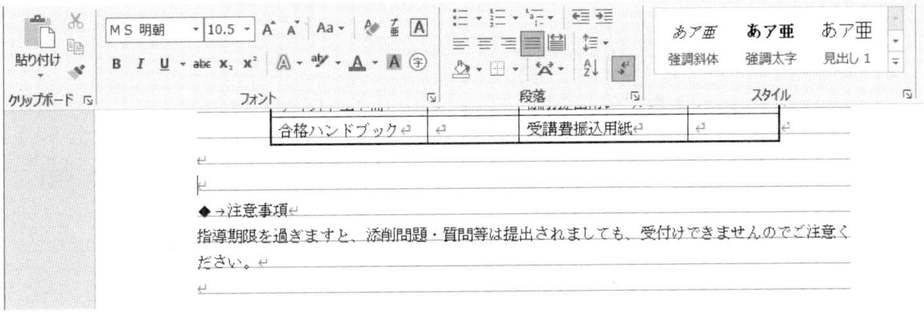
貼り付け
クリップボード
MS 明朝
10.5
フォント
段落
あア亜
強調斜体
強調太字
見出し 1
スタイル
合格ハンドブック
受講費振込用紙
◆→注意事項
指導期限を過ぎますと、添削問題・質問等は提出されましても、受付けできませんのでご注意ください。

この部分は以下のようになります。「注意事項」の説明文と「以上」の間が2行空いてしまうので、余分な1行は削除し、空白の行は1行だけにしてください。

◆→指導期限

あなたの受講開始月は令和０３年７月です。

指導期限は令和０４年１２月までになります。（指導期限は受講開始月から１年半です）。

◆→注意事項

指導期限を過ぎますと、添削問題・質問等は提出されましても、受付けできませんのでご注意ください。

以上

箇条書き記号を変更します。

[1]「◆」の箇条書きが設定されている行を選択します（2行目以降は、Ctrlキーを押しながら選択）。

[2]「ホーム」タブの「段落番号」の右側の「▼」をクリックし、「1.」から始まるものを選択してください。

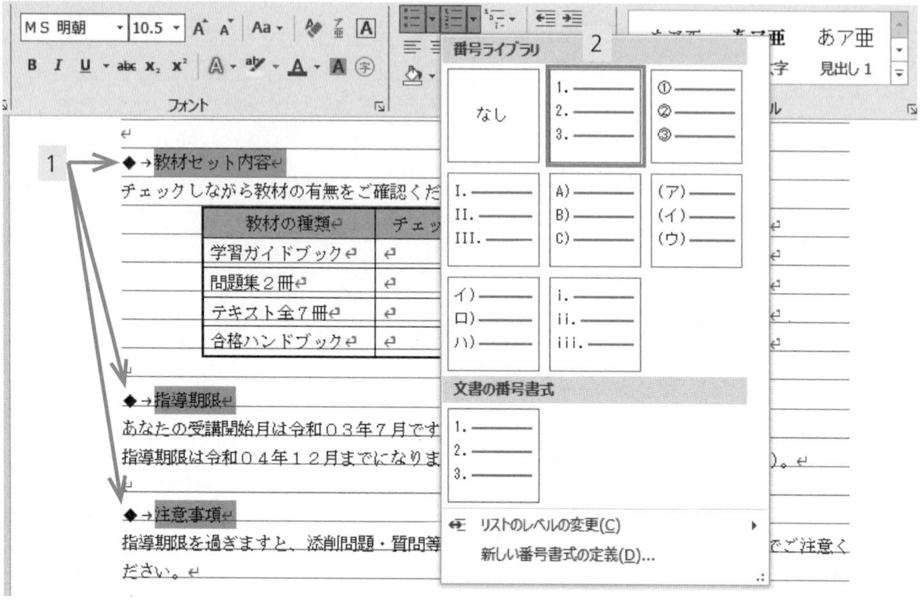

説明文を2文字インデントします。

[1]インデントを設定する行を選択して、「段落」の矢印をクリックしてください。

[2]「インデント」の「左」を「2字」に設定して「OK」をクリックしてください。

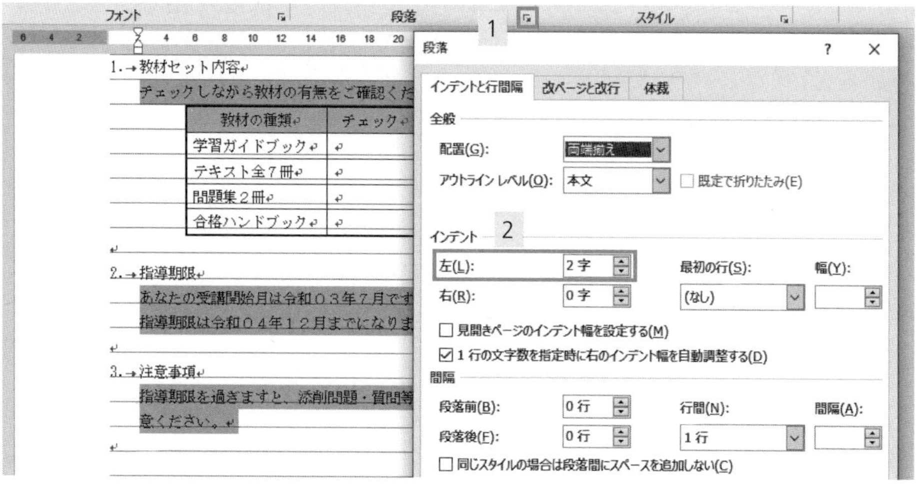

A4 用紙1枚になっているかを確認してから、以下の操作を行いましょう。

[1]「ファイル」をクリックします。

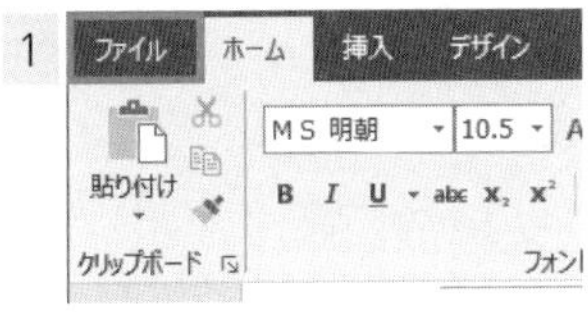

[2]「名前を付けて保存」を選択してから「参照」ボタンをクリックし、練習問題のファイルが入っている現在のフォルダーが選択されていることを確認してください。

[3]ファイル名に「教材送付について」と入力して「保存」をクリックします。

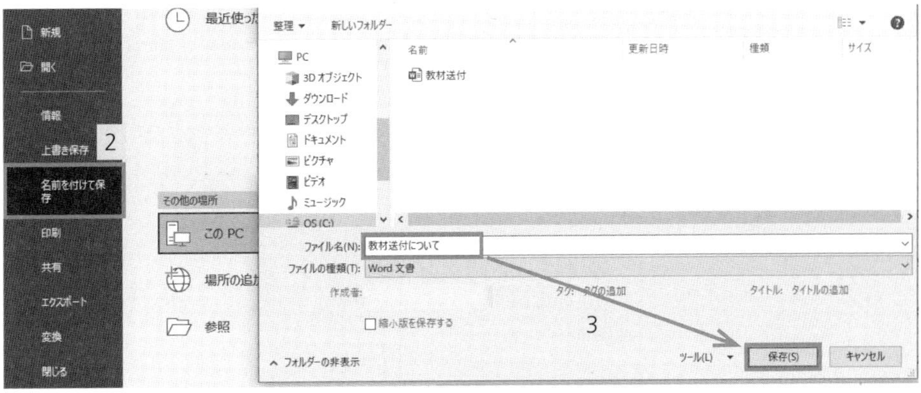

注　意

練習問題の際は、保存場所は練習問題の入っているフォルダーを選択してください。 実際の試験の場合は、「ドキュメント」内に「日商ＰＣ検定」というフォルダーがあります。 本番はこの「日商ＰＣ検定」のフォルダーの中に保存します。

●解答見本

通教ー２１０７１０

令和０３年７月１０日

細川咲子様

株式会社スキルアップ

通信教育指導部

『行政書士講座』教材送付について

拝啓□時下ますますご清祥のこととお喜び申しあげます。

□このたびは、『行政書士講座』にお申し込みいただき、誠にありがとうございます。あなたが講座を修了されるまで、弊社の通信教育指導部がしっかりサポートさせていただきますので、ご質問などがございましたらお気軽にご相談ください。

□さて、講座を始めるにあたり、下記の通り教材一式を送付いたします。教材の中身をご確認いただき、万一、不足や不良品などがありましたら、お手数ですが弊社の通信教育指導部までご連絡くださいますようよろしくお願いいたします。

敬具

記

1.教材セット内容

チェックしながら教材の有無をご確認ください。

教材の種類	チェック	教材の種類	チェック
学習ガイドブック		過去問題と解答・解説	
テキスト全７冊		添削問題集	
問題集２冊		添削提出用シール	
合格ハンドブック		受講費振込用紙	

2.指導期限

あなたの受講開始月は令和０３年７月です。

指導期限は令和０４年１２月までになります。（指導期限は受講開始月から１年半です）。

3.注意事項

指導期限を過ぎますと、添削問題・質問等は提出されましても、受付けできませんのでご注意ください。

以上

4-2 報告会開催のご案内

「2 報告会開催のご案内」を開いてください。

あなたは、株式会社星光インテリアの社員です。上司からこのたび、取引先へあてた案内状を作成するように指示されました。案内状は以前作成して保存されている文書ファイルがあります。
上司からの指示は以下の通りです。指示に従って文書を作成し保存して下さい。
案内状は、以下の内容で完成させること。

- 文書番号「営発１８１」を適切な位置に記入すること。
- 発信日は「令和０３年４月１０日」とすること。
- あて先は「桜庭家具販売株式会社」とし、適切な敬称をつけること。
- 標題は「新人プランナー基礎研修報告会開催のご案内」とし、太字にし、斜体にすること。
- 主文の時候の挨拶は、発信日付を元に下記の語群から適切なものを選び、適切な位置に挿入すること。
  【語群】早春の候、　春暖の候、　初春の候、
- あいさつ文の「貴社ますます…お喜び申しあげます。」の後に、次の文章を入力すること。
  平素より格別のご高配を賜り、厚くお礼申し上げます。
- 主文内の「新人プランナーの基礎研修が…」の前に、下記の語群から適切なものを選んで挿入すること。
  【語群】さて、　なお、　しかしながら、
- 主文の冒頭、相手の発展を喜ぶ内容の「ご繁栄」の部分を、下記の語群から適切なものを選んで企業向けに修正すること。
  【語群】ご隆盛　ご活躍　ご清栄
- 主文内の「つきましては、」の前で改行すること。
- 記書きの「日時」「場所」「内容」「その他」の文字を、「４文字」に均等割り付けすること。
- 表を下記の内容に修正すること。ただし、列数、行数などの表の形式は必要に応じて変更すること。

報告会内容	時　間
研修進行状況の説明	１３：３０～
受講参観	１４：００～
当社プランナーとの面談	１４：３０～
意見交換会	１５：１５～

- 表の外枠を二重線にすること。
- 表の「報告会内容」の列と「時間」の列を入れ替えること。
- 記書きの「その他」の、「野々宮研修センター」と「吉村研修センター」の文字数が同じになるように均等割り付けすること。
- A4用紙1枚に出力できるようにレイアウトすること。
- 作成したファイルは「基礎研修報告会開催のご案内」として保存すること。

解説

[1]文書番号を入力します。
[2]発信日を訂正します（記書きの日時も変更する）。
[3]あて先の変更・適切な敬称を付けます。
[4]標題の修正、太字・斜体の設定をします。
[5]時候の挨拶は「4」月の挨拶を選択します（時候に合わせた挨拶の選択は次ページ参照）。
[6]あいさつ文の追加を行います。
[7]主文内に適切な語句を挿入します。
[8]主文内の「ご繁栄」を、企業向けの言葉に変更します（企業向けには「ご隆盛」を選択、「ご活躍」「ご清栄」は個人向けにも使う）。
[9]「つきましては、」の前で改行します。

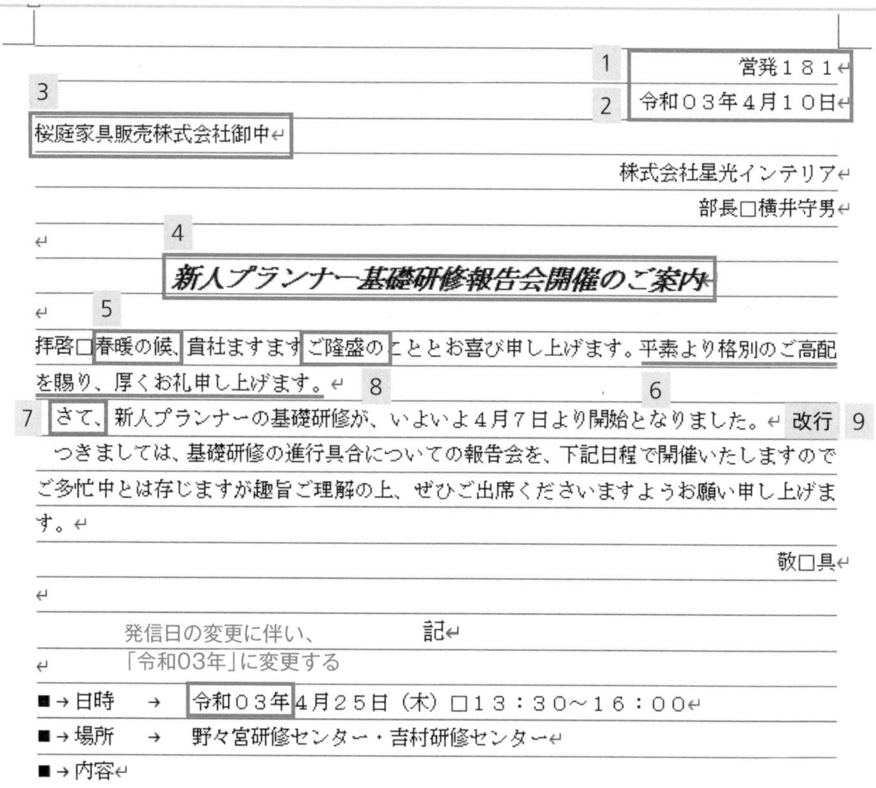

1 営発181
2 令和03年4月10日
3
桜庭家具販売株式会社御中
株式会社星光インテリア
部長□横井守男
4
新人プランナー基礎研修報告会開催のご案内
5
拝啓□春暖の候、貴社ますますご隆盛のこととお喜び申し上げます。平素より格別のご高配を賜り、厚くお礼申し上げます。 8 6
7 さて、新人プランナーの基礎研修が、いよいよ4月7日より開始となりました。 改行 9
つきましては、基礎研修の進行具合についての報告会を、下記日程で開催いたしますのでご多忙中とは存じますが趣旨ご理解の上、ぜひご出席くださいますようお願い申し上げます。
敬□具
記
発信日の変更に伴い、
「令和03年」に変更する
■→日時 → 令和03年4月25日（木）□13：30～16：00
■→場所 → 野々宮研修センター・吉村研修センター
■→内容

時候に合わせた挨拶を選択します。「挿入」タブをクリックし、「あいさつ文」より「あいさつ文の挿入」を選択してください。

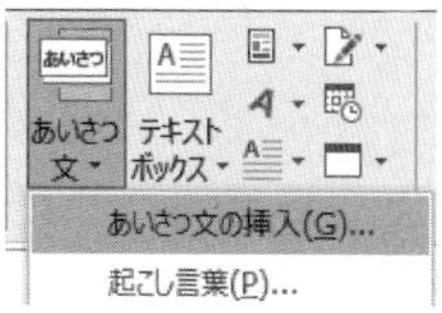

「月のあいさつ」で「4」を選択し、問題文の選択肢に合う語句を選択します。
・方法1　「安否のあいさつ」と「感謝のあいさつ」を削除して「OK」をクリック
・方法2　この画面は「×」で閉じて「春暖の候、」という語句を直接入力

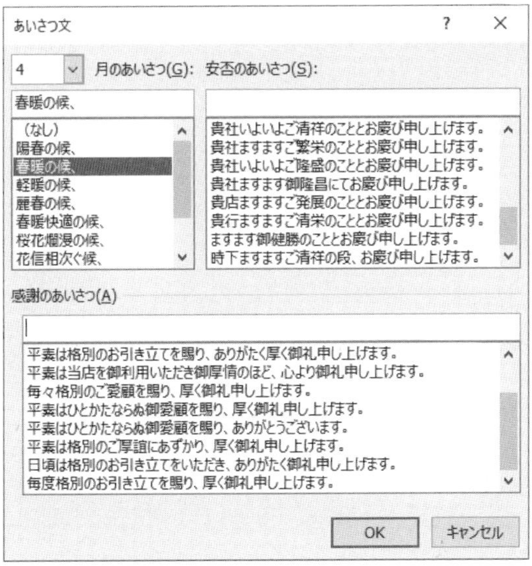

記書きの項目名を「４文字」に均等割り付けします。このとき、「内容」の行の改行の矢印はドラッグしないようにしましょう。

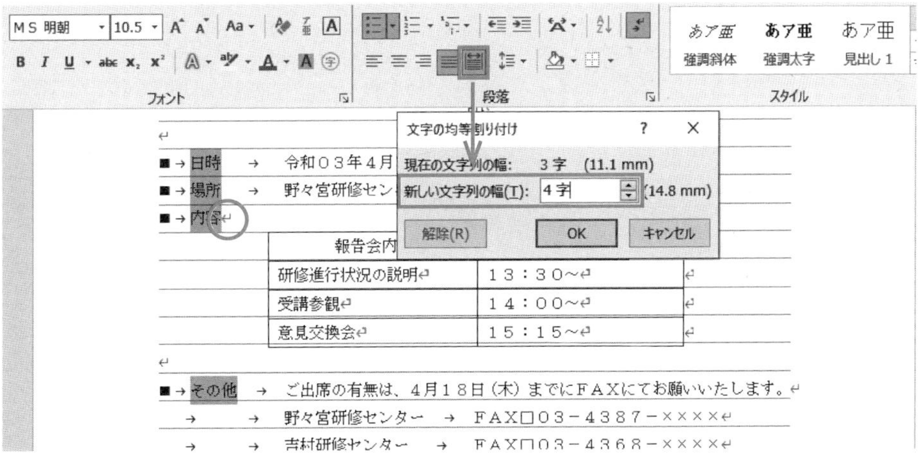

以下のようになります。

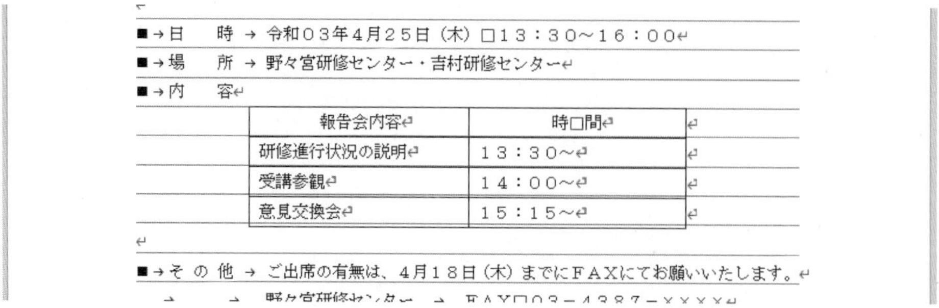

注意

「内容」の行の改行の矢印までドラッグしてしまうと、文字が行全体に広がってしまうので、注意しましょう。

次に、表の編集をします。「下に行を挿入」をクリックして、「受講参観」の下に1行挿入してください。

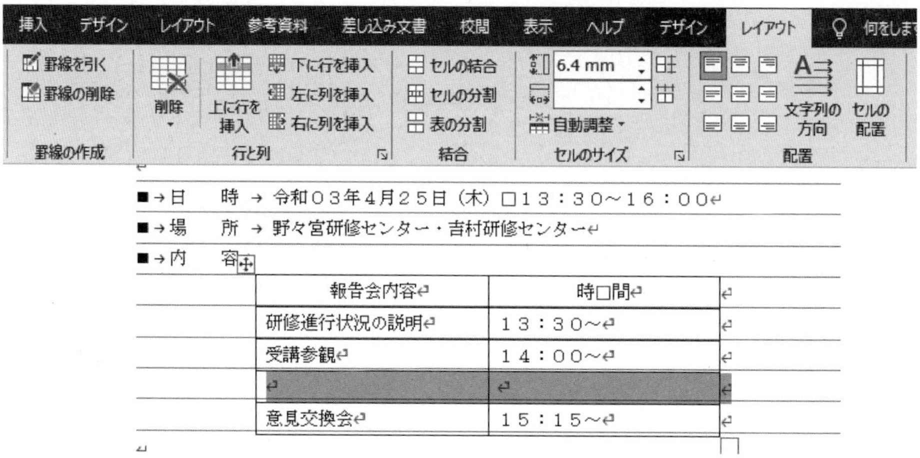

文字を入力します。

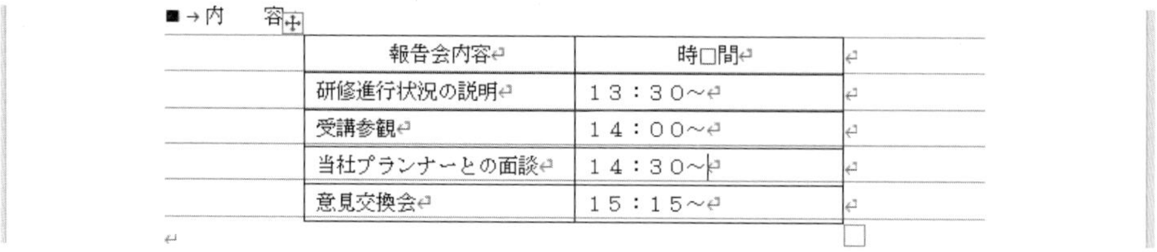

続いて、表の外枠を二重線に設定します。

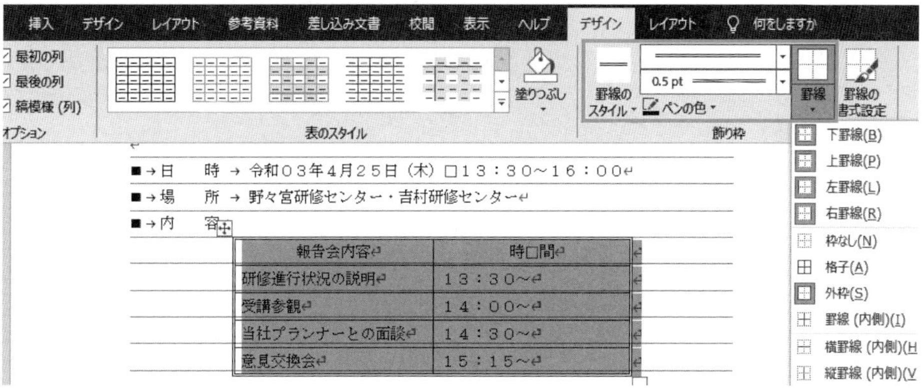

表の「報告会内容」と「時間」の列を入れ替えます。「時間」の列をドラッグして、「切り取り」をクリックします。

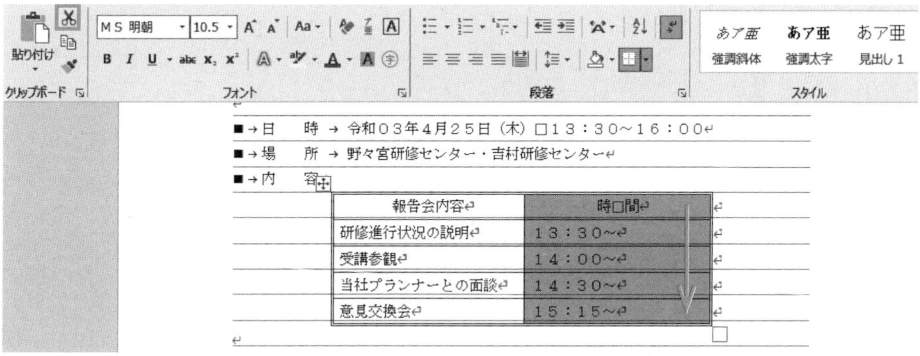

「報告会内容」のセル内をクリックして、「貼り付け」をクリックします。

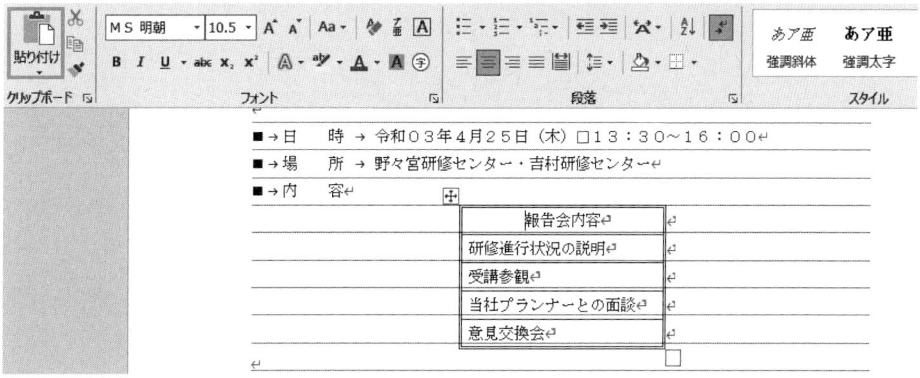

表は以下のようになります。

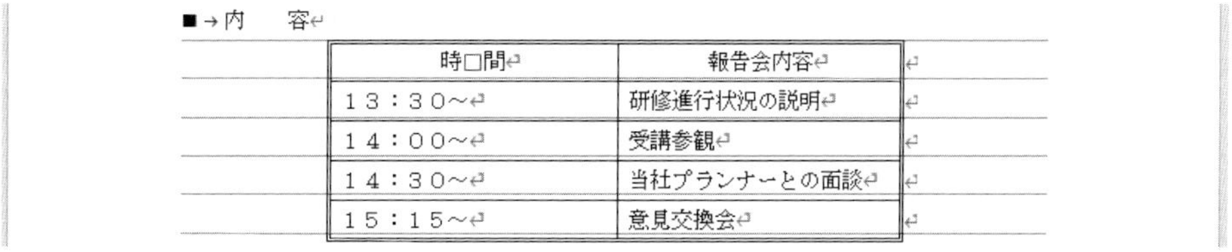
■→内　容

時□間	報告会内容
１３：３０～	研修進行状況の説明
１４：００～	受講参観
１４：３０～	当社プランナーとの面談
１５：１５～	意見交換会

「その他」の「野々宮研修センター」と「吉村研修センター」の文字列を均等割り付けします。長い方の文字数に合わせて「9字」に設定してください。

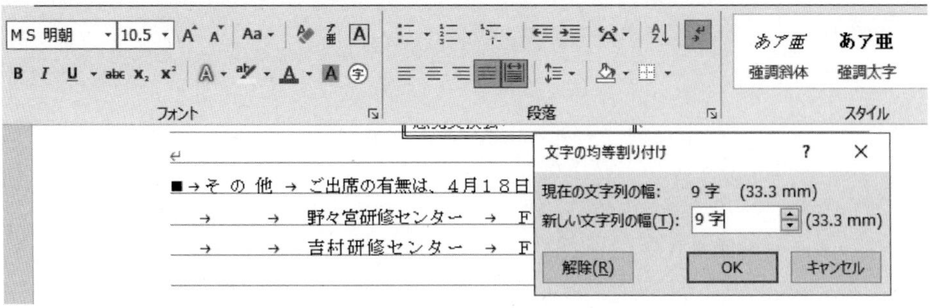

A4用紙1枚になっていることを確認し、名前を付けて保存してください。

●解答見本

営発１８１
令和０３年４月１０日

桜庭家具販売株式会社御中

株式会社星光インテリア
部長□横井守男

新人プランナー基礎研修報告会開催のご案内

拝啓□春暖の候、貴社ますますご隆盛のこととお喜び申し上げます。平素より格別のご高配を賜り、厚くお礼申し上げます。

　さて、新人プランナーの基礎研修が、いよいよ４月７日より開始となりました。

　つきましては、基礎研修の進行具合についての報告会を、下記日程で開催いたしますのでご多忙中とは存じますが趣旨ご理解の上、ぜひご出席くださいますようお願い申し上げます。

敬□具

記

■→日　　時 → 令和０３年４月２５日（木）□１３：３０～１６：００

■→場　　所 → 野々宮研修センター・吉村研修センター

■→内　　容

時□間	報告会内容
１３：３０～	研修進行状況の説明
１４：００～	受講参観
１４：３０～	当社プランナーとの面談
１５：１５～	意見交換会

■→そ の 他 → ご出席の有無は、４月１８日（木）までにＦＡＸにてお願いいたします。

→ → 野々宮研修センター → ＦＡＸ□０３－４３８７－××××

→ → 吉村研修センター → ＦＡＸ□０３－４３６８－××××

以□上

4-3 健康相談室開設のお知らせ

「3 健康相談室開設のお知らせ」を開いてください。

あなたは、総務部の社員です。このたび社員あてに福利厚生の案内を作成するよう指示されました。案内は以前作成して保存されている文書ファイルがあります。
上司からの指示は以下の通りです。指示に従って文書を作成し、保存して下さい。
案内は、以下の内容で完成させること。

- 発信日は「令和０３年８月２５日」とし、適切な位置に記入すること。
- あて先の「社員」に、適切な敬称をつけること。
- 発信者は「総務部長　安藤陽一」とすること。
- 標題は「すこやかコーナー開設のお知らせ」とし、文字の拡大150%にし、文字の網掛けをつけること。
- 標題の変更に伴って、文書内の必要な箇所を修正すること。
- 主文内の「ヨウイン」を適切な漢字に修正すること。
- 主文内の適切な箇所に、下記の文章を追加すること。
  日程確認のうえ、健康づくりに関心のある方は、どうぞご利用ください。
- 主文内に、間違った漢字が使われている箇所が1箇所あるので、それを正しい漢字に修正すること。
- 記書きの申込受付担当窓口を、「福利厚生課　石橋」とすること。
- 表の最終行に１行追加して、以下の内容を入力すること。入力する文字のレイアウトは、元の表に合わせること。さらに、日程の「９月～１２月」のセルは、追加した下のセルと結合すること。

曜日・時間	内　容
第2・第4木曜日 17：00～19：00	健康づくりのための食生活 （実習のため実費がかかります）

- 表の外枠を1.5ptの太線にすること。
- 記書きの項目に、段落番号「1.2.3.…」を設定すること。
- 表の項目名に、セルの網かけをすること。
- 記書きの「その他」の行を、表の下の行に、１行空けて移動すること。
- 表内の体力チェックの曜日が「第１・第３木曜日」に変わったので、必要な箇所を修正すること。
- A4用紙1枚に出力できるようにレイアウトすること。
- 作成したファイルは「すこやかコーナー開設のお知らせ」として保存すること。

解説

[1]発信日を記入し、右揃えにします。
[2]あて先に適切な敬称を記入します。
[3]発信者を修正します。
[4]標題の変更、文字の拡大150%、文字の網かけを行います。
[5]標題の変更に伴い、「健康相談室」を「すこやかコーナー」に変更します（全部で2ヶ所あります）。
[6]主文内の「ヨウイン」を適切な漢字（「要因」）に変換します。
[7]主文内の文章に追加します。
[8]主文内の間違った漢字を正しく修正します（「支店」を「視点」に変更）。
[9]記書きの申込受付担当窓口を変更します。

1 令和０３年８月２５日

2 社員各位

3 総務部□安藤陽一

4 すこやかコーナー開設のお知らせ

　このたび、当社３階の福利厚生課内に社員のための『すこやかコーナー』を新設いたします。 5

　健康は、栄養・運動 6 養のバランスのとれた毎日の積み重ねから生まれますが、それ以外にも健康に影響を与える要因がいろいろあります。8 コーナーでは、健康相談の他に体力や食生活のチェック、運動方法などいろいろな視点から健康を考えます。日程確認のうえ、健康づくりに関心のある方は、どうぞご利用ください。 7

記

定員 9 月１０名（先着順）
申込：福利厚生課□石橋まで、直接申し込んでくだ 5 い。
その他：１月以降の日程は、『すこやかコーナー』掲示板をご覧ください。

表を修正します。行を追加し、「９月～１２月」のセルは下のセルと結合します。

日□程	曜日・時間	内□□容
９月～１２月	第１・第３水曜日 １２：００～１３：００	体力チェック□□個別指導 健康づくりのための体操・体力測定
	第２・４木曜日 １７：００～１９：００	健康づくりのための食生活 （実習のため実費がかかります）

続いて、表の外枠を、「1.5pt」の太線に設定します。

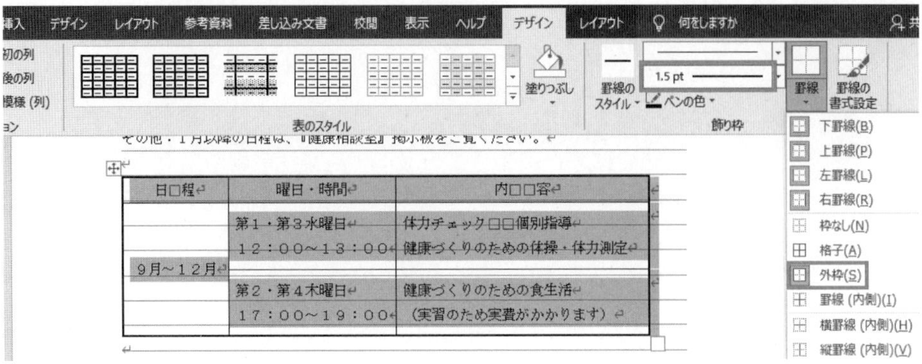

段落番号を設定します。

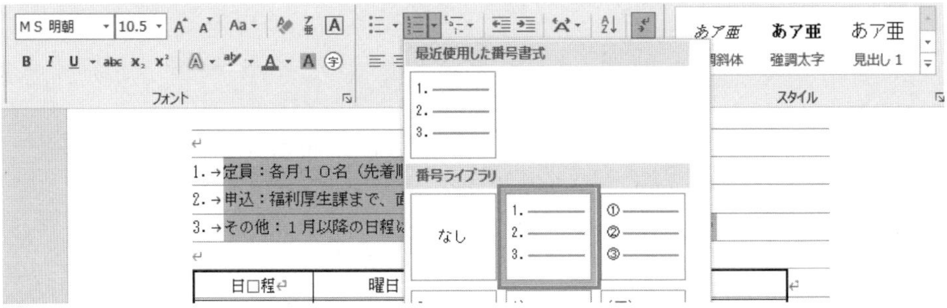

表の項目名（1行目）に、セルの網かけをします。

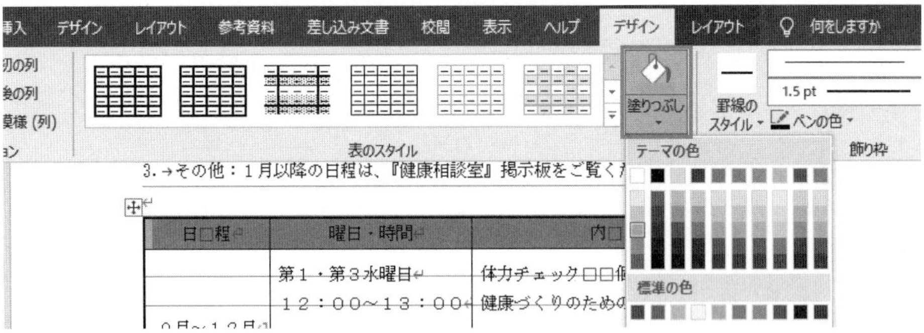

記書きの「その他」の行を移動します。「その他」の行を選択して「切り取り」をクリックします。

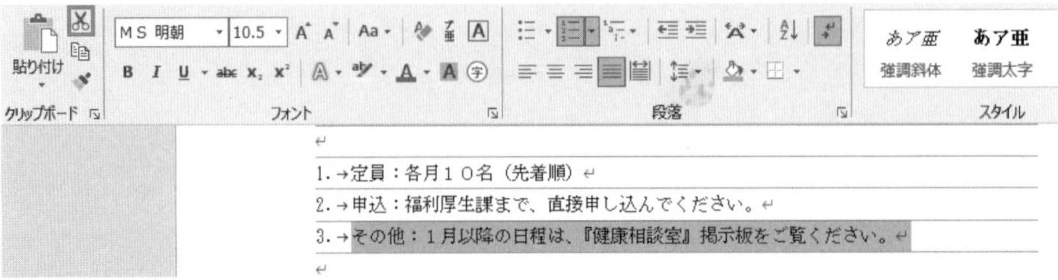

表の下に、1行改行してから「貼り付け」をクリックして、行を移動させましょう。

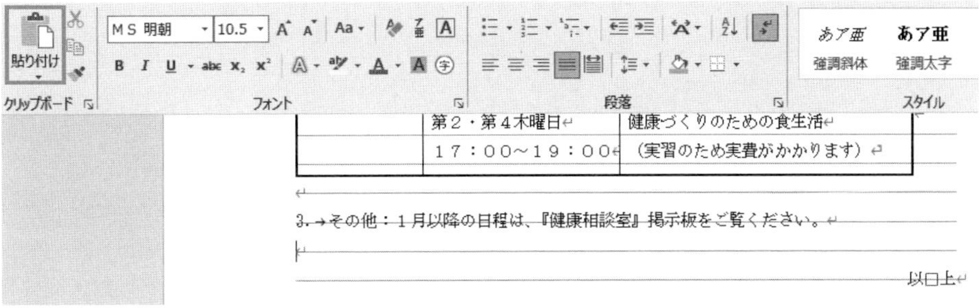

表内を修正します。

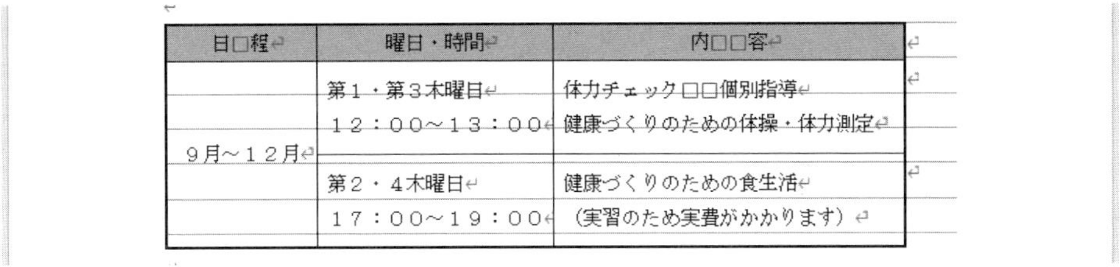

日□程	曜日・時間	内□□容
9月～12月	第1・第3木曜日 12：00～13：00	体力チェック□□個別指導 健康づくりのための体操・体力測定
	第2・4木曜日 17：00～19：00	健康づくりのための食生活 （実習のため実費がかかります）

最後にA4用紙1枚になっていることを確認し、名前を付けて保存してください。

●解答見本

令和０３年８月２５日

社員各位

総務部□安藤陽一

すこやかコーナー開設のお知らせ

　このたび、当社３階の福利厚生課内に社員のための『すこやかコーナー』を新設いたします。

　健康は、栄養・運動・休養のバランスのとれた毎日の積み重ねから生まれますが、それ以外にも健康に影響を与える要因がいろいろあります。当コーナーでは、健康相談の他に体力や食生活のチェック、運動方法などいろいろな視点から健康を考えます。日程確認のうえ、健康づくりに関心のある方は、どうぞご利用ください。

記

1.→定員：各月１０名（先着順）

2.→申込：福利厚生課□石橋まで、直接申し込んでください。

日□程	曜日・時間	内□□容
９月～１２月	第１・第３木曜日 １２：００～１３：００	体力チェック□□個別指導 健康づくりのための体操・体力測定
	第２・４木曜日 １７：００～１９：００	健康づくりのための食生活 （実習のため実費がかかります）

3.→その他：１月以降の日程は、『すこやかコーナー』掲示板をご覧ください。

以□上

4-4 社員旅行案内

「4 社員旅行案内」を開いてください。

あなたは、音羽電子販売株式会社の社員です。このたび０３年度の社員旅行のお知らせを作成するように指示されました。
上司からの指示は以下の通りです。指示に従って文書を作成し、保存をして下さい。
お知らせは、以下の内容で完成させること。

- 文書番号「総発２１１３０」を適切な位置に記入すること。
- 発信日は「令和０３年７月２３日」とすること。
- 標題は「令和０３年度社員旅行のお知らせ」とし、網かけを削除し、ゴシック体、斜体にし、囲み線をつけること。
- さらに標題にあうように、主文の必要な箇所を修正すること。
- 主文内の「９月１８日（金）」を「９月１９日（金）」に修正すること。
- 「総務部　池田」の下線を削除すること。
- 社員旅行の担当者が池田から杉山に変わったので、必要な箇所を修正すること。なお、杉山のメールアドレスは、「t-sugiyama@otooto.com」である。
- 主文内の適切な箇所に、次の文章を独立した段落として追加すること。
  　さて、行き先は、先日行ったアンケート調査で希望の多かった京都に決まりました。京都の秋を存分にお楽しみください。
- 記書きの内容を下記の通り修正すること。
  日時　令和０３年１０月１１日（土）～１２日（日）（1泊2日）
  宿泊　ホテルはんなり紅葉　京都市左京区天竜寺４５６－１２
  電話　０７５－２３４－９８７６
  集合　１０月１１日（土）午前９時（時間厳守）　ＪＲ東京駅八重洲口前
- さらに記書きの文章に合うように、主文内の必要な箇所を修正すること。
- 表のフォーマットはそのままに、行程表を下記の内容に修正をすること。ただし、列数・行数・列幅など、表の形式は必要に応じて変更をすること。

日　程	行　程	
11日	東京駅　→　京都　→　金閣・銀閣寺散策　→　京都泊	
12日	A　清水寺散策コース	→　京都駅　東京駅解散
	B　太秦映画村コース	

- 表の外枠を太線にし、表内の項目の文字は中央揃えにすること。
- 表の項目行以外の行の高さを揃えること。
- 社内文書として不要な箇所があるので、削除すること。
- 記書きの内容の「日時」から「集合」までを、4文字分インデントすること。
- A4用紙1枚に出力できるようにレイアウトすること。
- 作成したファイルは「Ｒ０３社員旅行のお知らせ」として保存すること。

解説

[1]文書番号を記入し、発信日を修正します。
[2]標題の修正、網かけの削除、ゴシック体・斜体に変更、囲み線の設定を行います。
[3]標題の変更に伴い、主文内の必要箇所を修正します。
[4]主文内の日付を「９月１９日（金）」に修正してください。
[5]「総務部　池田」の下線を削除します。

1 総発２１１３０
令和０３年７月２３日

社員各位

音羽電子販売株式会社
総務部

2 ***令和０３年度社員旅行のお知らせ***

3
令和０３年度の社員旅行の日程が下記の通り決まりました。今年度は３日間の旅行となりました。
4 5
なお、不参加の方は９月１９日（金）までに、総務部□池田までご連絡をお願いします。

担当者および、メールアドレスを変更します。担当者名の変更は2ヶ所あるので見落とさないようにしましょう。

令和０３年度の社員旅行の日程が下記の通り決まりました。今年度は３日間の旅行となりました。
なお、不参加の方は９月１９日（金）までに、総務部□杉山までご連絡をお願いします。

担□当：総務部□杉山（内線□８１１）
t-sugiyama@otooto.com

主文内に、文章を独立した段落として追加します。「独立した段落として」との指示があったら、改行して新しい行に入力するようにしましょう。

令和０３年度の社員旅行の日程が下記の通り決まりました。今年度は３日間の旅行となりました。
さて、行き先は先日行ったアンケート調査で希望の多かった京都に決まりました。京都の秋を存分にお楽しみください。
なお、不参加の方は９月１９日（金）までに、総務部□杉山までご連絡をお願いします。

記書きの内容を修正します。日程に合わせて、「3日間」を「2日間」に変更するのを忘れないでください。

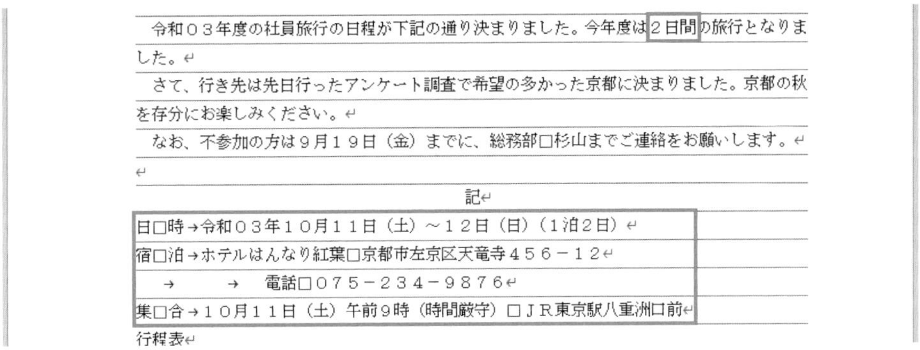

表の内容を修正します。1行削除し、１２日の行程欄のセルを点線で分割します。セルを分割する方法は、以下の通りです。

[1]「テーブルデザイン」タブを選択します。
[2]「ペンのスタイル」を点線に設定します。
[3]「罫線」の下の「∨」をクリックし、「罫線を引く」を選択します。
[4]該当するセルに罫線を引きます。

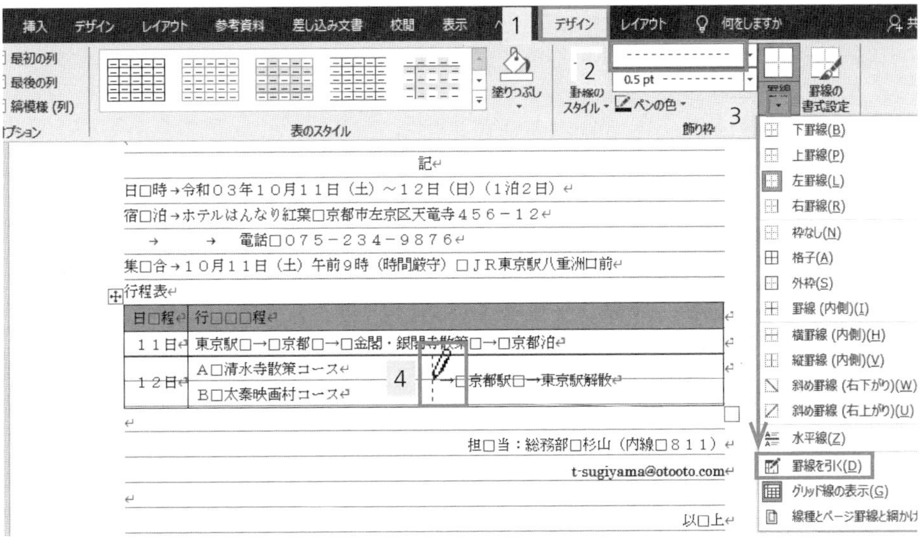

表の外枠を太線に設定し、表内の項目を中央揃えにします。 また、表の項目行以外の行の高さは揃えるようにしましょう。

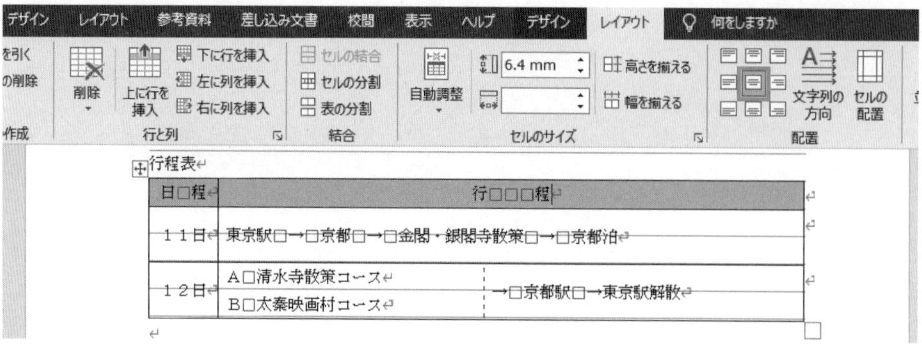

「音羽電子販売株式会社」を削除します。 社内文書なので会社名は不要です。

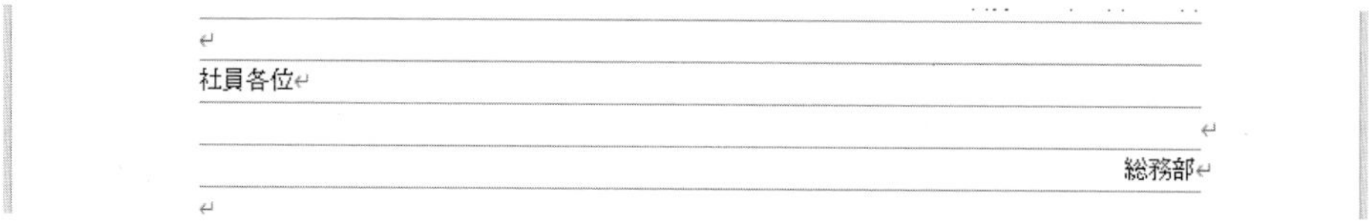

記書きの内容の「日時」から「集合」を、行頭から4文字分インデントします。 項目の「日時」から「集合」まで4行ドラッグし、段落の横にある矢印をクリックしてください。 インデントの項目から「左」を「4字」にして「OK」をクリックします。

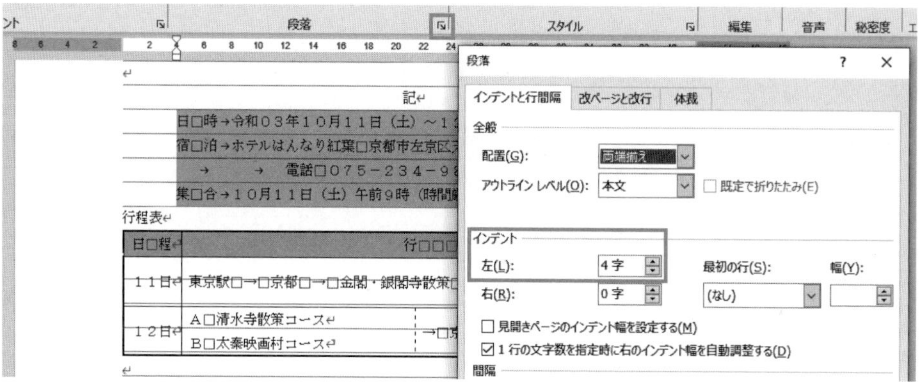

最後にA4用紙1枚になっていることを確認し、名前を付けて保存してください。

●解答見本

総発２１１３０

令和０３年7月２３日

社員各位

総務部

令和０３年度社員旅行のお知らせ

令和０３年度の社員旅行の日程が下記の通り決まりました。今年度は２日間の旅行となりました。

さて、行き先は先日行ったアンケート調査で希望の多かった京都に決まりました。京都の秋を存分にお楽しみください。

なお、不参加の方は９月１９日（金）までに、総務部□杉山までご連絡をお願いします。

記

日□時→令和０３年１０月１１日（土）～１２日（日）（1泊2日）

宿□泊→ホテルはんなり紅葉□京都市左京区天竜寺４５６－１２

→　→　電話□０７５－２３４－９８７６

集□合→１０月１１日（土）午前９時（時間厳守）□ＪＲ東京駅八重洲口前

行程表

日□程	行□□□程	
１１日	東京駅□→□京都□→□金閣・銀閣寺散策□→□京都泊	
１２日	A□清水寺散策コース B□太秦映画村コース	→□京都駅□→東京駅解散

担□当：総務部□杉山（内線□８１１）

t-sugiyama@otooto.com

以□上

4-5 研修会

「5 研修会について」を開いてください。

あなたは、株式会社ＡＢＣカンパニーの社員です。上司からこのたび、社員あてにお知らせを作成するように指示されました。
上司からの指示は以下の通りです。指示に従って文書を作成し、保存をして下さい。
お知らせは、以下の内容で完成させること。

- 発信日は「令和０３年１０月１５日」とし、適切な位置に記入すること。
- 標題は「研修会開催のお知らせ」とし、16pt、太字、一重下線をつけ、中央揃えにすること。
- 標題に、下記の語群から適切なものを選んで適切な位置に挿入すること。
  【語群】（ご案内）　（通知）　（原本）
- 「なお、申し込みは全回出席を前提としますのでご注意ください。」の文章を、記書きの「以上」の上の行に移動し、文字の網掛けを設定し、中央に配置すること。また、不要な文字は削除しておくこと。
- 記書きの「日時」から「内容」までに、箇条書き「■」を設定すること。
- 講師は「Ｗｅｂ診断士　池山章弘氏」とすること。
- 記書きの「日時」から「内容」までの項目名を、「3文字」に均等割り付けすること。
- 記書きの「内容」に、以下の項目を追加すること。また、項目「②～⑤」の行を3文字分のインデントを設定すること。
  ④ホームページの作成
  ⑤ホームページの公開と更新
- 申込書の表内の、「氏名」と「社員番号」の文字を入れ替えること。
- 申込書の表内の項目名に、セルの網掛け、中央揃えを設定し、セル内で均等割り付けすること。
- 申込書の表の外枠を、二重線にすること。
- 申込書提出期限は、研修会初日の１週間前とする。適切な箇所を修正すること。
- 文書内にある、「ホームページ」の文字列を、「Ｗｅｂページ」にすべて変更すること。
- A4用紙1枚に出力できるようにレイアウトすること。
- 作成したファイルは「研修会開催のお知らせ」として保存すること。

解説

[1]発信日を記入します。
[2]標題を変更し、16pt、太字、一重下線、中央揃えに設定します。
[3]標題に語句を追加します。お知らせ文なので「（通知）」を選択してください。

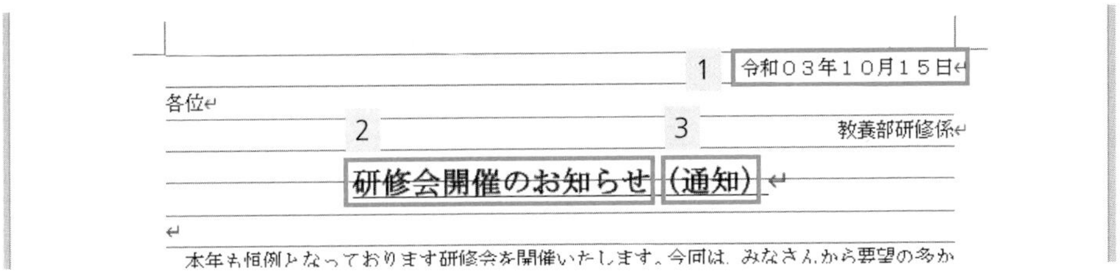
1
令和０３年１０月１５日
各位
2
3
教養部研修係
研修会開催のお知らせ
（通知）
本年も恒例となっております研修会を開催いたします。今回は、みなさんから要望の多か

「なお、…ご注意ください。」の文章を、「以上」の上の行に移動します。「なお、…ご注意ください。」の文章を「切り取り」、「貼り付け」てください。文字の網かけ、中央揃えを設定し、不要な文字「なお、」を削除します。

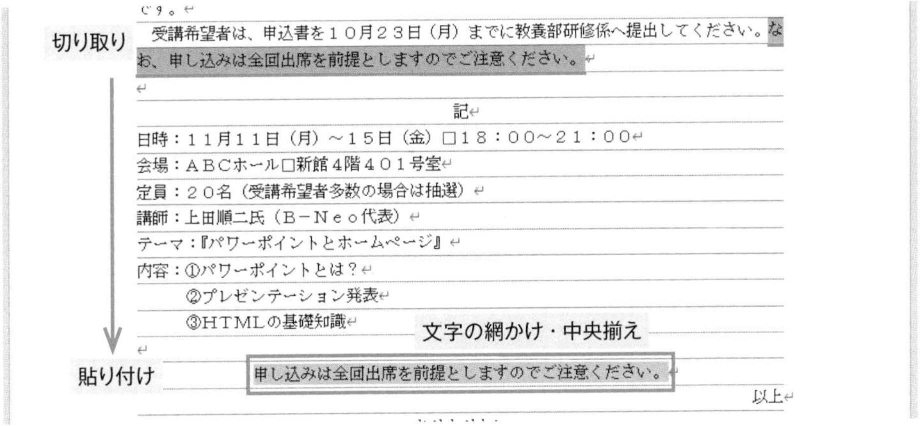
切り取り
受講希望者は、申込書を１０月２３日（月）までに教養部研修係へ提出してください。なお、申し込みは全回出席を前提としますのでご注意ください。
記
日時：１１月１１日（月）～１５日（金）□１８：００～２１：００
会場：ＡＢＣホール□新館４階４０１号室
定員：２０名（受講希望者多数の場合は抽選）
講師：上田順二氏（Ｂ－Ｎｅｏ代表）
テーマ：『パワーポイントとホームページ』
内容：①パワーポイントとは？
②プレゼンテーション発表
③ＨＴＭＬの基礎知識
文字の網かけ・中央揃え
貼り付け
申し込みは全回出席を前提としますのでご注意ください。
以上

記書きに箇条書き「■」を設定します。また、講師名も変更しましょう。

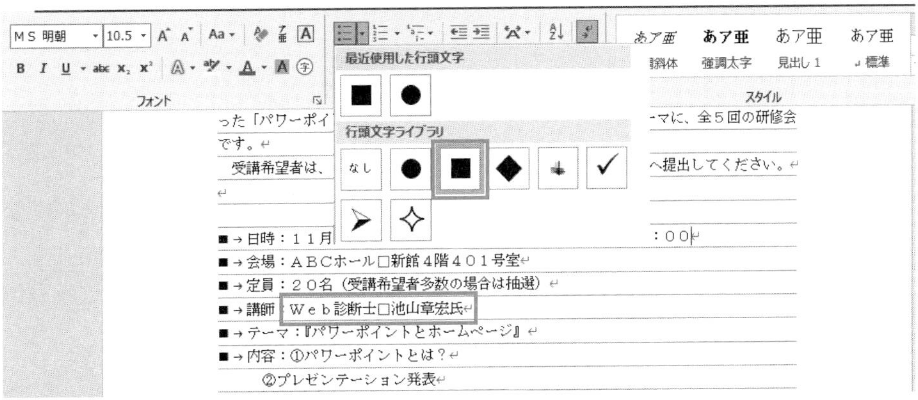
ＭＳ 明朝
10.5
フォント
最近使用した行頭文字
行頭文字ライブラリ
なし
スタイル
見出し１
標準
強調太字
■→日時：１１月
■→会場：ＡＢＣホール□新館４階４０１号室
■→定員：２０名（受講希望者多数の場合は抽選）
■→講師：Ｗｅｂ診断士□池山章宏氏
■→テーマ：『パワーポイントとホームページ』
■→内容：①パワーポイントとは？
②プレゼンテーション発表

記書きの「日時」から「内容」までに、「3字の均等割り付け」を設定します。

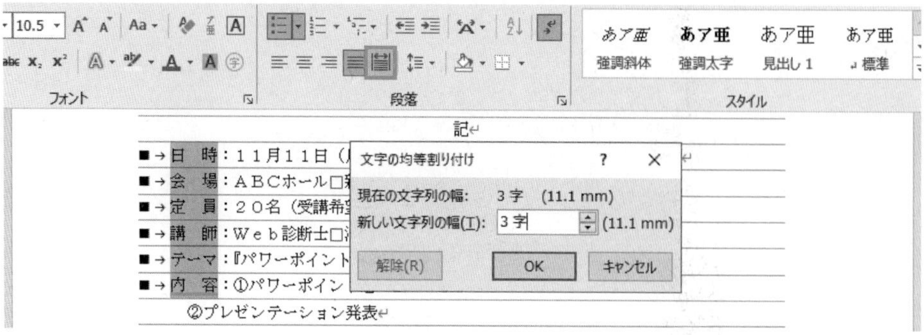

記書きの修正をします。 記書きの内容に項目④⑤を追加します。

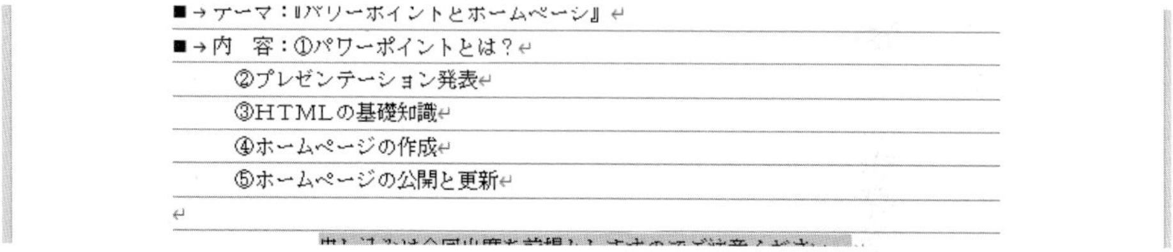

項目②～⑤に3文字分のインデントを設定します。

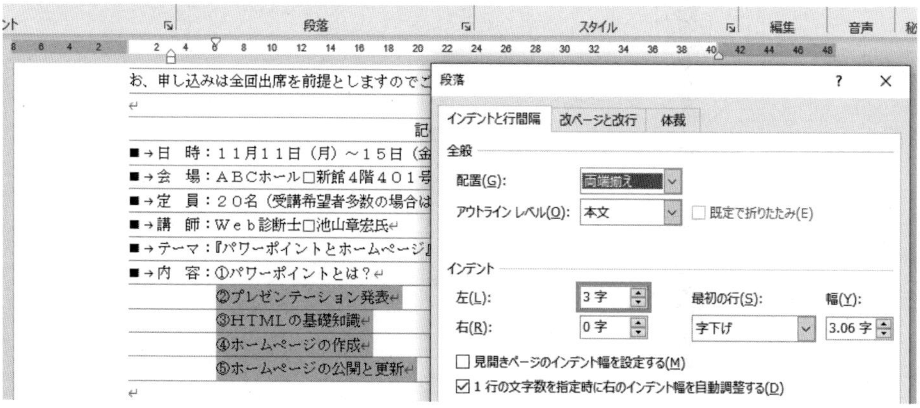

表内の文字の入れ替えます。「氏名」の文字列をドラッグして「切り取り」、「社員番号」セルに「貼り付け」ます。 続いて「社員番号」の文字列をドラッグして「切り取り」、「氏名」があったセルに「貼り付け」ます。 削除してから直接それぞれの文字を入力してもかまいません。

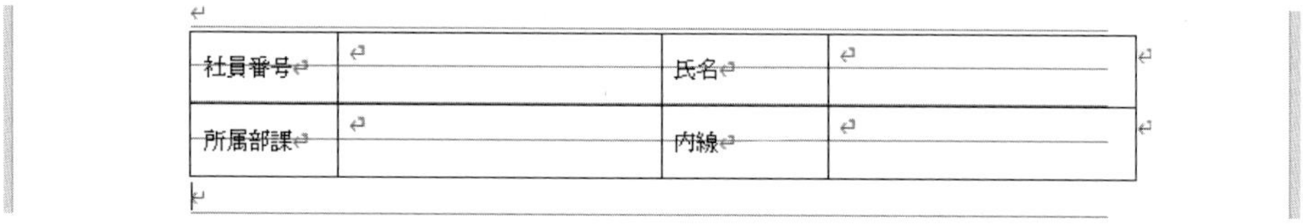

表内の項目に、セルの網かけ、中央揃え、均等割り付けを行い、外枠を二重線を設定します。 セルの網かけは「デザイン」タブより「塗りつぶし」を選択することでできます。

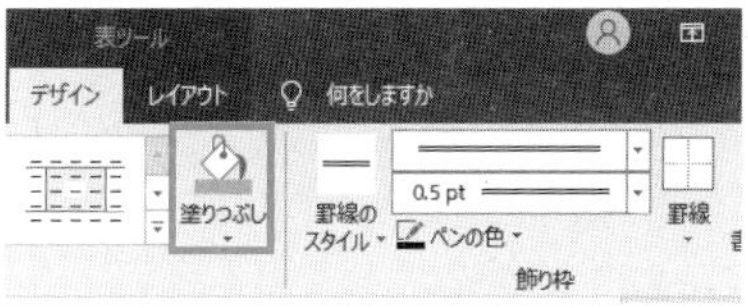

「レイアウト」タブから「中央揃え」を選択し、セル内の文字を中央揃えします。

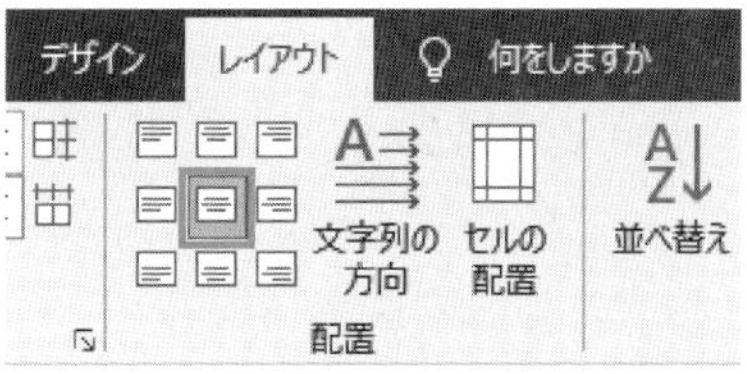

「ホーム」タブから「均等割り付け」を選択し、セル内で均等割り付けをします。

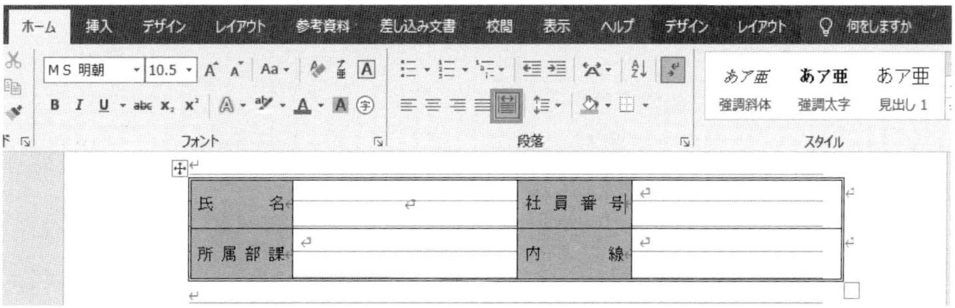

! 注　意

表内の均等割り付けは、必ずセル全体を選択して行ってください。 改行の矢印までドラッグしていないと、以下の画面が出てきます。 この画面が出てくるのは、間違いです。

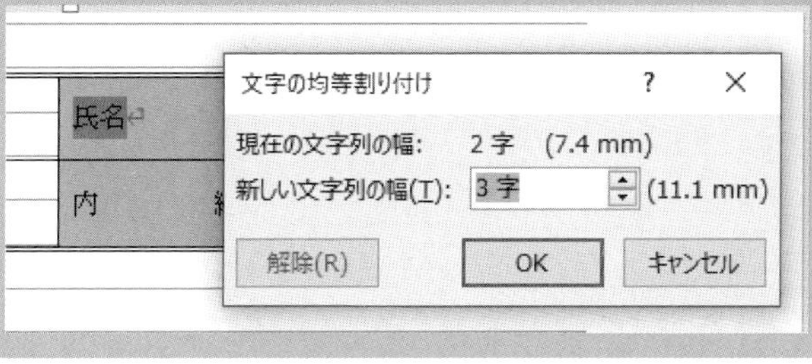

申込提出期限を修正します（1週間前なので「１１日」から「7」を引き、曜日は変えない）。

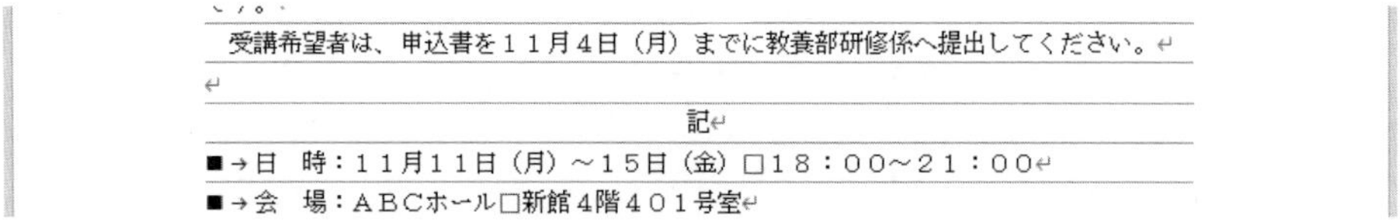
受講希望者は、申込書を１１月４日（月）までに教養部研修係へ提出してください。
記
■→日　時：１１月１１日（月）～１５日（金）□１８：００～２１：００
■→会　場：ＡＢＣホール□新館４階４０１号室

文書内の「ホームページ」を「Ｗｅｂページ」に変更します。「置換」機能を使います。

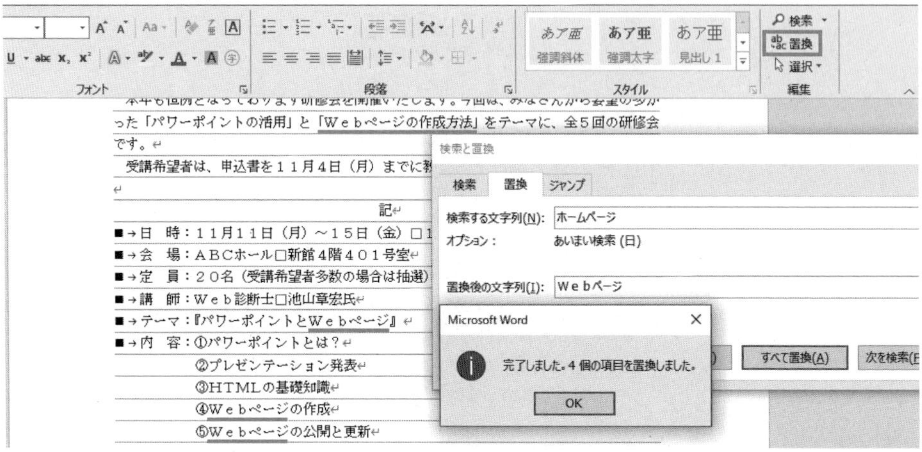
フォント
段落
あア亜
強調斜体
あア亜
強調太字
あア亜
見出し 1
スタイル
検索
置換
選択
編集
った「パワーポイントの活用」と「Ｗｅｂページの作成方法」をテーマに、全５回の研修会
です。
受講希望者は、申込書を１１月４日（月）までに
記
■→日　時：１１月１１日（月）～１５日（金）
■→会　場：ＡＢＣホール□新館４階４０１号室
■→定　員：２０名（受講希望者多数の場合は抽選）
■→講　師：Ｗｅｂ診断士□池山章宏氏
■→テーマ：『パワーポイントとＷｅｂページ』
■→内　容：①パワーポイントとは？
②プレゼンテーション発表
③ＨＴＭＬの基礎知識
④Ｗｅｂページの作成
⑤Ｗｅｂページの公開と更新
検索と置換
検索
置換
ジャンプ
検索する文字列(N):
ホームページ
オプション：
あいまい検索 (日)
置換後の文字列(I):
Ｗｅｂページ
Microsoft Word
完了しました。4 個の項目を置換しました。
OK
すべて置換(A)

最後にA4用紙1枚になっていることを確認し、名前を付けて保存してください。

●解答見本

令和０３年１０月１５日

各位

教養部研修係

研修会開催のお知らせ（通知）

　本年も恒例となっております研修会を開催いたします。今回は、みなさんから要望の多かった「パワーポイントの活用」と「Ｗｅｂページの作成方法」をテーマに、全５回の研修会です。

　受講希望者は、申込書を１１月４日（月）までに教養部研修係へ提出してください。

記

■　日　時：１１月１１日（月）～１５日（金）　１８：００～２１：００

■　会　場：ＡＢＣホール　新館４階４０１号室

■　定　員：２０名（受講希望者多数の場合は抽選）

■　講　師：Ｗｅｂ診断士　池山章宏氏

■　テーマ：『パワーポイントとＷｅｂページ』

■　内　容：①パワーポイントとは？

　　　　　②プレゼンテーション発表

　　　　　③ＨＴＭＬの基礎知識

　　　　　④Ｗｅｂページの作成

　　　　　⑤Ｗｅｂページの公開と更新

申し込みは全回出席を前提としますのでご注意ください。

以上

キリトリセン

- -

研修会申込書

社員番号		氏　名	
所属部課		内　線	

4-6 発表会のご案内

「6 発表会のご案内」を開いてください。

あなたは、幸島設備株式会社の社員です。このたび取引先あてに新型システムキッチン発表会の案内状を作成するよう指示されました。案内状は以前作成して保存されている文書ファイルがあります。
上司からの指示は以下の通りです。指示に従って文書を作成し、保存をして下さい。
案内状は、以下の内容で完成させること。

- 発信日は「令和０３年６月１０日」とすること。
- あて先は「株式会社田村井商事　営業部」とし、適切な敬称をつけること。
- 標題は「新型システムキッチン発表会のご案内」とし、下線をつけること。
- 発信日に合わせた適切な時候の挨拶を、次の中から選んで、主文内の適切な箇所に挿入すること。
  【語群】陽春の候、　初夏の候、　炎暑の候、
- 主文内の適切な箇所に「平素は格別のご高配を賜り、厚くお礼申し上げます。」を追加入力すること。
- 主文内の適切な箇所に「ご多忙中誠に恐縮ではございますが、なにとぞ、ご来場くださいますよう、お願い申し上げます。」を追加すること。
- 主文内の「弊社では、」の前に、下記の語群から適切なものを選んで挿入すること。
  【語群】ところで、　つきましては、　さて、
- 今回の製品のテーマは「ライフスタイルの尊重」とする。該当する箇所を訂正すること。
- 「スケジュール」の内容の適切な箇所に、下記の項目を追加すること。
  １０：３０～　新製品のプレゼンテーション
- 「スケジュール」の「意見交換会」の時間を、「１４：００～」に修正すること。
- 発表会の開催日は、「６月３０日（金）」とすること。
- 表の外枠を、1.5ptの太線にすること。
- 図形を作成して、「ご出欠の有無は…」と「ＦＡＸ番号」の行を、下記のように変更すること。図形の作成場所は、「以上」の行の下とし、図形は用紙の中央に配置すること。

> ご出欠の有無は、５月２０日（金）までに、
> ＦＡＸにてお願いいたします。
> ＦＡＸ番号　０３－３３３３－××××

- 図形内の文字は、MSゴシック・12pt・太字とすること。
- 担当者が「松崎　憲和」に変わったので、必要な箇所を修正すること。

- 図形を「角丸四角形」に変更し、枠線を1.5ptの太さの実線とし、影を付けること。
- 出欠の有無を確認するFAXの締切日は、発表会当日の1週間前とする。正しい日付に変更すること。
- A4用紙1枚に出力できるようにレイアウトすること。
- 作成したファイルは「新型システムキッチン発表会のご案内」として保存すること。

解説

[1]発信日を記入します。
[2]あて先、敬称の修正を行います。
[3]標題を修正し、下線を設定します。
[4]適切な時候の挨拶を挿入します（6月なので「初夏の候、」）。
[5]主文内に「平素は…」の文章を追加します。
[6]主文内に「ご多忙中誠に恐縮ではございますが…」の文章を追加します。
[7]主文内の「カウンターキッチン」を「システムキッチン」に修正（置換）します（問題文に指示はないが、修正箇所は3ヶ所ある）。
[8]主文内の「弊社では…」の前に適切な語句を挿入します。
[9]今回のテーマを訂正します。
[10]担当者の修正を行います。

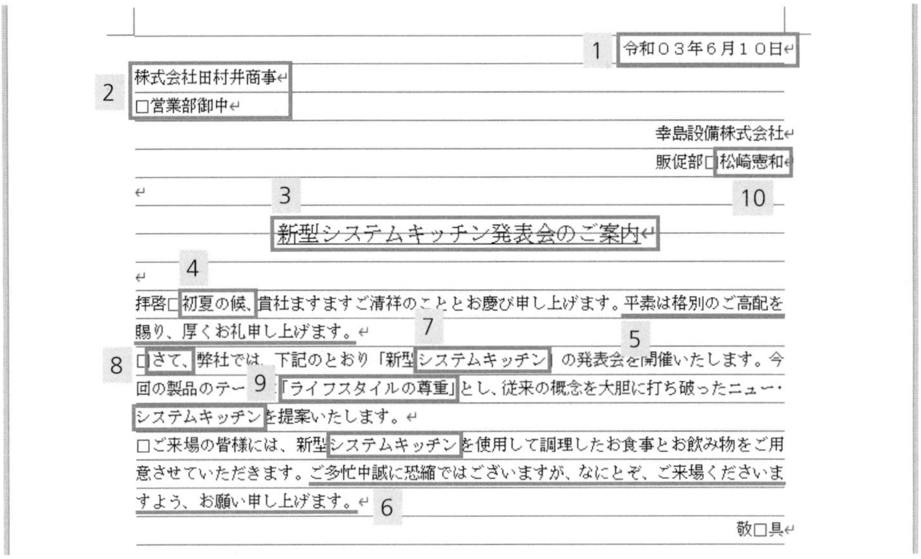
令和０３年６月１０日

株式会社田村井商事
□営業部御中

幸島設備株式会社
販促部□松崎憲和

新型システムキッチン発表会のご案内

拝啓□初夏の候、貴社ますますご清祥のこととお慶び申し上げます。平素は格別のご高配を賜り、厚くお礼申し上げます。
□さて、弊社では、下記のとおり「新型システムキッチン」の発表会を開催いたします。今回の製品のテー「ライフスタイルの尊重」とし、従来の概念を大胆に打ち破ったニュー・システムキッチンを提案いたします。
□ご来場の皆様には、新型システムキッチンを使用して調理したお食事とお飲み物をご用意させていただきます。ご多忙中誠に恐縮ではございますが、なにとぞ、ご来場くださいますよう、お願い申し上げます。

敬□具

表を修正します。まず、スケジュールの2行目に行を挿入しましょう。

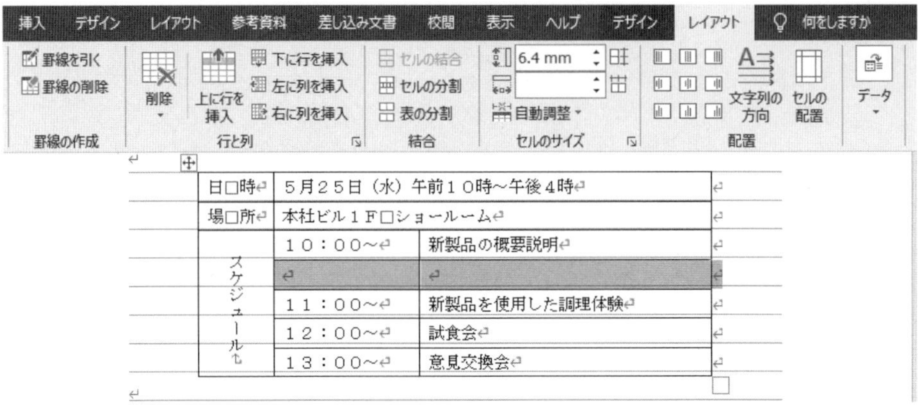

日□時	５月２５日（水）午前１０時～午後４時	
場□所	本社ビル１Ｆ□ショールーム	
スケジュール	１０：００～	新製品の概要説明
	１１：００～	新製品を使用した調理体験
	１２：００～	試食会
	１３：００～	意見交換会

文字を追加し、時間、開催日を修正します。

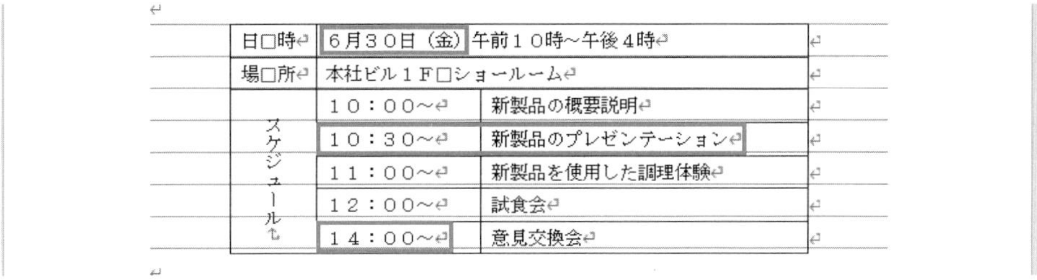

表の外枠を、1.5ptの太線に設定します。

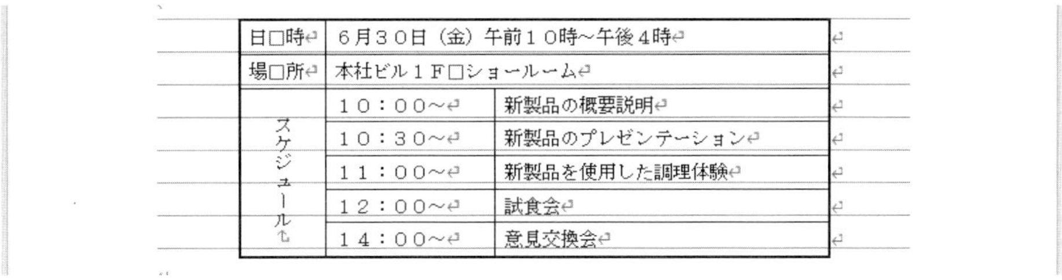

続いて、図形の作成、文字の切り取り・貼り付けを行います。「ご出欠の有無は…」から「ＦＡＸ番号」の行を選択して、「切り取り」ます。

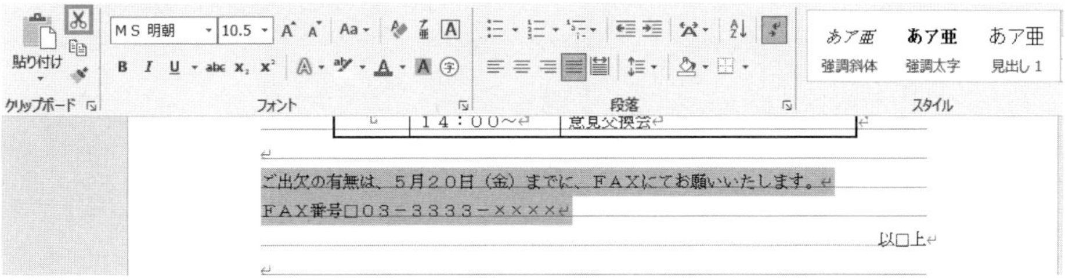

「以上」の行の下に、「挿入」タブから「図形」をクリックし、基本図形「メモ」を作成します。

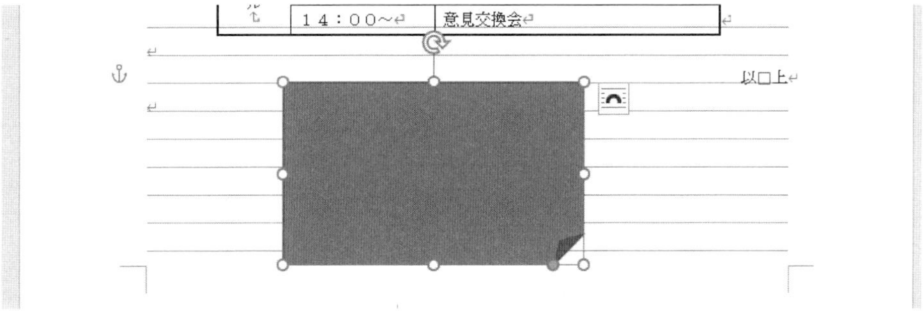

図形の上で右クリックして、「テキストの追加」をクリックします。

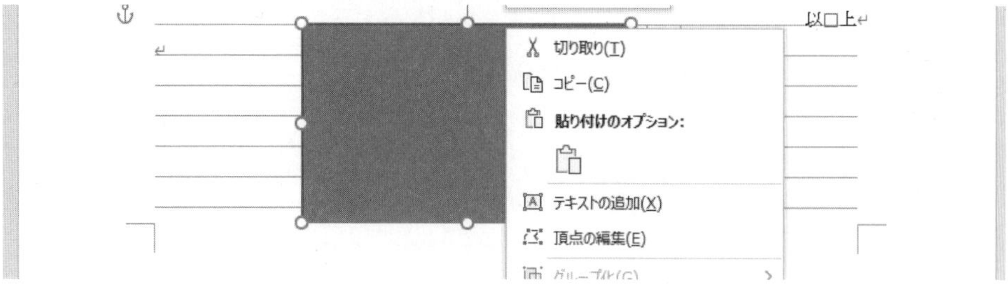

図形の中に切り取った文字を「貼り付け」ます。「貼り付け」の下の「∨」をクリックして「テキストのみ保持」をクリックしてください。

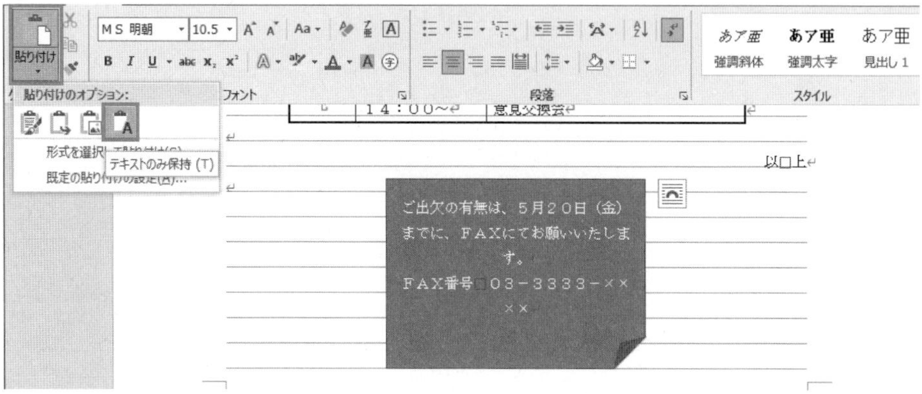

図形の塗りつぶしは「白」、図形の枠線は「黒」に設定しましょう。

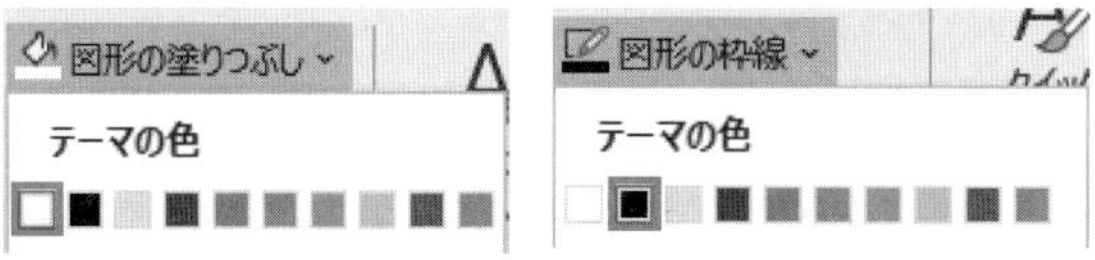

図形の中に入力した文字は、「白」が規定となっています。「ホーム」タブから設定するフォントの色は「自動」ではなくて、「黒」を選択するようにしてください。「自動」は「既定の色」のことなので、「白」になってしまいます。

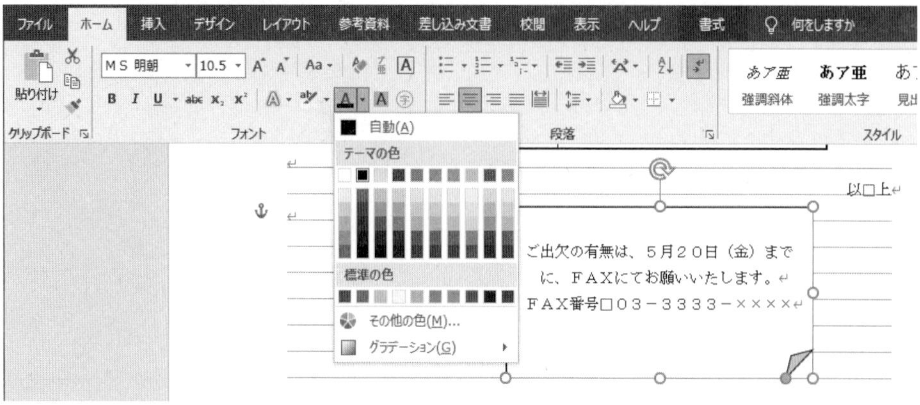

図形内の文字を、MSゴシック、12pt、太字に設定します。「…までに、」が1行に収まるように、図形の横幅を広げ、後ろにカーソルを置いて、Enterキーで改行します。

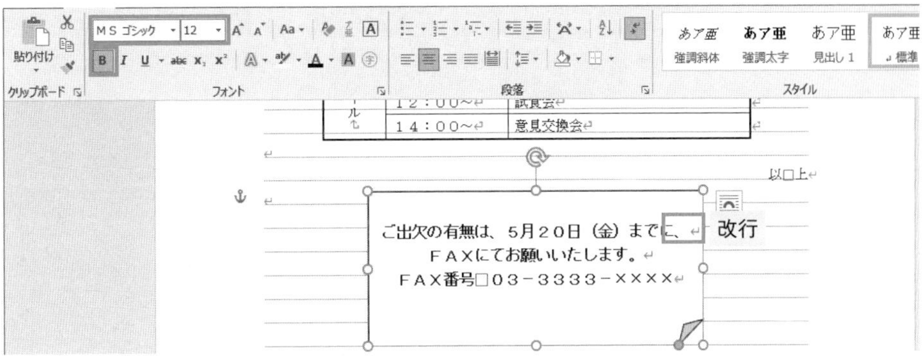

担当者名を変更します。

図形を変更します。 まず、図形を角丸四角形に変更します。

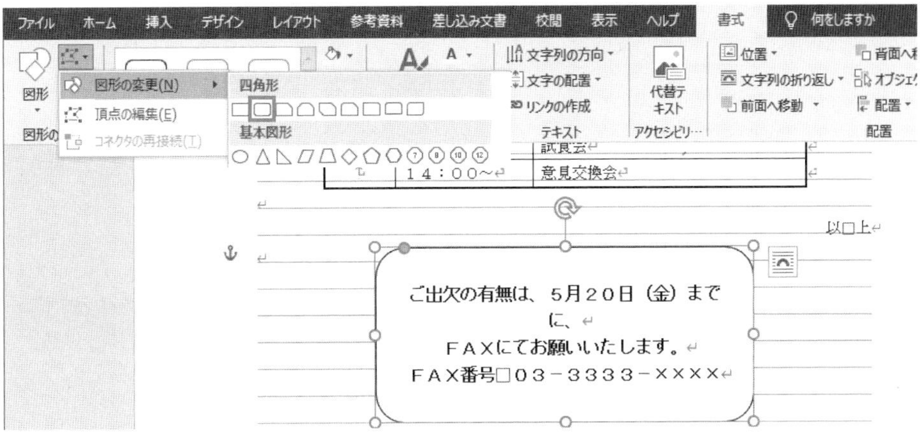

1.5ptの実線に変更します。

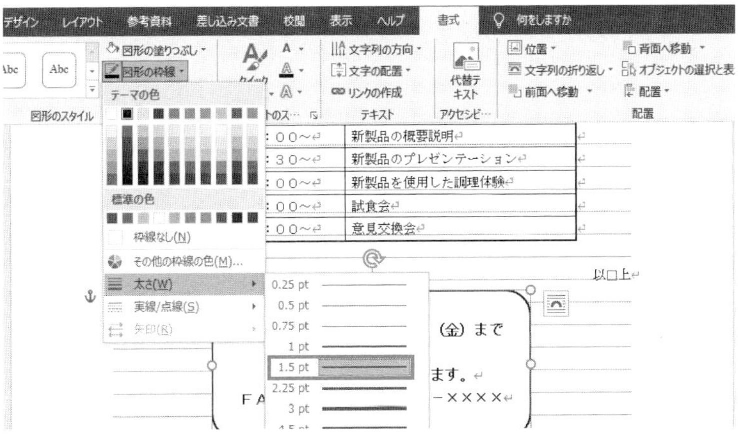

図形に影を付けます。 このとき、「図形の効果」と「文字の効果」を間違えないように気をつけてください。

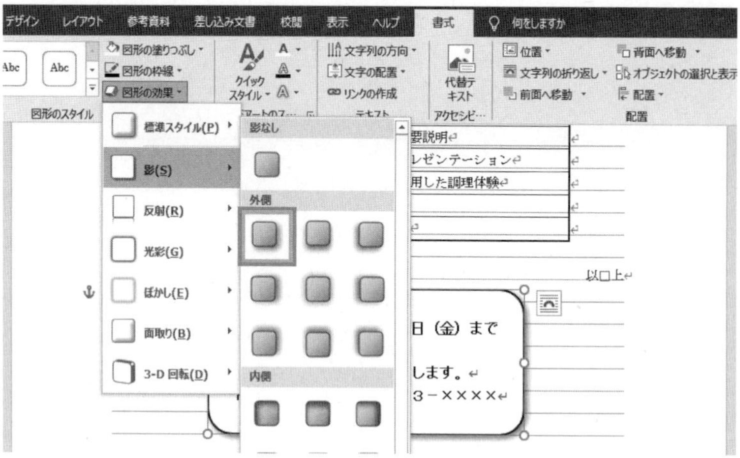

FAXの締切日を修正します。 １週間前なので、発表会当日「６月３０日（金）」から「7」を引き、曜日は変えません。

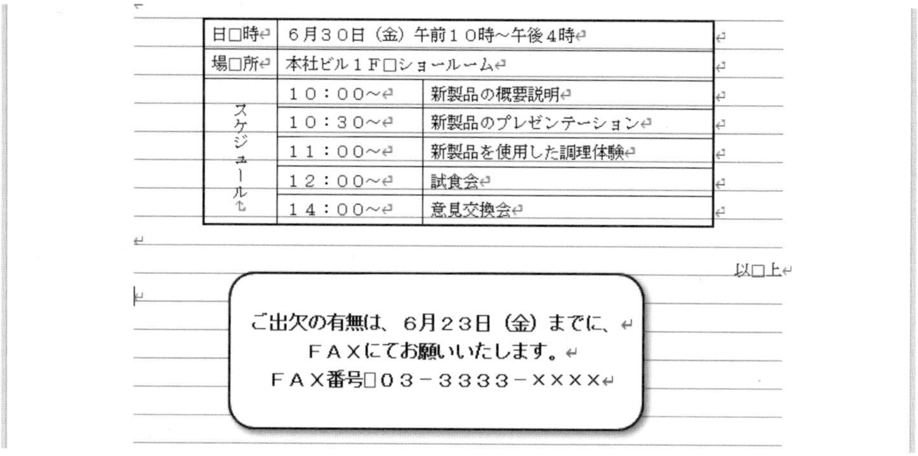

日□時	６月３０日（金）午前１０時～午後４時	
場□所	本社ビル１Ｆ□ショールーム	
スケジュール	１０：００～	新製品の概要説明
	１０：３０～	新製品のプレゼンテーション
	１１：００～	新製品を使用した調理体験
	１２：００～	試食会
	１４：００～	意見交換会

以□上

ご出欠の有無は、６月２３日（金）までに、
ＦＡＸにてお願いいたします。
ＦＡＸ番号□０３－３３３３－ＸＸＸＸ

最後にA4用紙1枚になっていることを確認し、名前を付けて保存してください。

●解答見本

令和０３年６月１０日

株式会社田村井商事
□営業部御中

幸島設備株式会社
販促部□松崎憲和

新型システムキッチン発表会のご案内

拝啓□初夏の候、貴社ますますご清祥のこととお慶び申し上げます。平素は格別のご高配を賜り、厚くお礼申し上げます。
□さて、弊社では、下記のとおり「新型システムキッチン」の発表会を開催いたします。今回の製品のテーマは「ライフスタイルの尊重」とし、従来の概念を大胆に打ち破ったニュー・システムキッチンを提案いたします。
□ご来場の皆様には、新型システムキッチンを使用して調理したお食事とお飲み物をご用意させていただきます。ご多忙中誠に恐縮ではございますが、なにとぞ、ご来場くださいますよう、お願い申し上げます。

敬□具

記

日□時	６月３０日（金）午前１０時～午後４時	
場□所	本社ビル１Ｆ□ショールーム	
スケジュール	１０：００～	新製品の概要説明
	１０：３０～	新製品のプレゼンテーション
	１１：００～	新製品を使用した調理体験
	１２：００～	試食会
	１４：００～	意見交換会

以□上

ご出欠の有無は、６月２３日（金）までに、
ＦＡＸにてお願いいたします。
ＦＡＸ番号□０３－３３３３－ＸＸＸＸ

4-7 健康診断の実施

「7 健康診断の実施について」を開いてください。

あなたは、サントール株式会社の社員です。上司からこのたび、各社員あてに案内文を作成するように指示されました。
上司からの指示は以下の通りです。指示に従って文書を作成し、保存をして下さい。
案内状は、以下の内容で完成させること。

- 発信日は「令和０３年４月１８日」とすること。
- あて先は「社員各位」に変更すること。
- 標題は「春季健康診断のご案内」とし、斜体・下線を解除し、囲み線、網かけをつけること。
- あて先の変更に伴って、主文内の必要な箇所を修正すること。
- 主文内の「…必ず受診してください。」の文章の後に、以下の文章を新しい段落として追加入力してください。
  「健康診断申込書」は、４月２５日（月）までに、総務課あてに提出してください。
- 記書きの項目名を太字にすること。
- 記書きの「実施日程」の表の右端に、1列追加して下記の内容を入力すること。

6月15日
通常検診
成人病検診
レディースドッグ

- 表の変更に伴い、1箇所訂正しなければならない箇所がある。正しく修正すること。
- 記書きの「実施日程」を「日程と検診内容」に変更すること。
- 記書きの項目名に、「9文字」の均等割り付けを設定し、箇条書き「◆」をつけること。
- 「実施日程」の、「③」の行を「①」の上に移動すること。なお、番号は①から順番になるよう振り直すこと。また、表の罫線（列幅）がずれる場合は、調節すること。
- 「検診会場案内図」の中の、「城東健診センター」の図形を「楕円」に変更し、文字を横書きに設定すること。なお、図形の大きさは、文字が表示されるよう調節すること。
- 総務課長が「佐藤隆」に変わったので、必要な箇所を変更すること。
- 「実施日程」の表の外枠を、1.5ptの太線にすること。
- 「検診会場案内図」の地図の外枠の四角形の枠線を、1.5ptの点線（丸）にすること。
- 「申し込み方法」の「ＦＡＸ番号」の行を、「MSゴシック・12pt・太字」にし、囲み線、中央揃えを設定すること。
- A4用紙1枚に出力できるようにレイアウトすること。
- 作成したファイルは「春季健康診断のご案内」として保存すること。

解説

[1]発信日を記入します。
[2]あて先を修正します。
[3]標題を修正し、斜体・下線を解除、囲み線・網かけの設定をします。
[4]あて先の変更に伴い、主文内の必要箇所を修正します。「職員」を「社員」に変更します。
[5]主文内に、指示された文章を新しい段落として追加します。

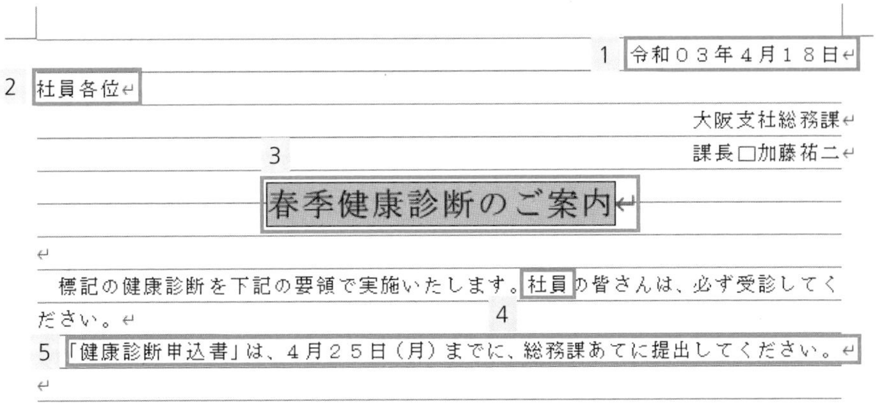

記書きの項目名を太字に設定します。

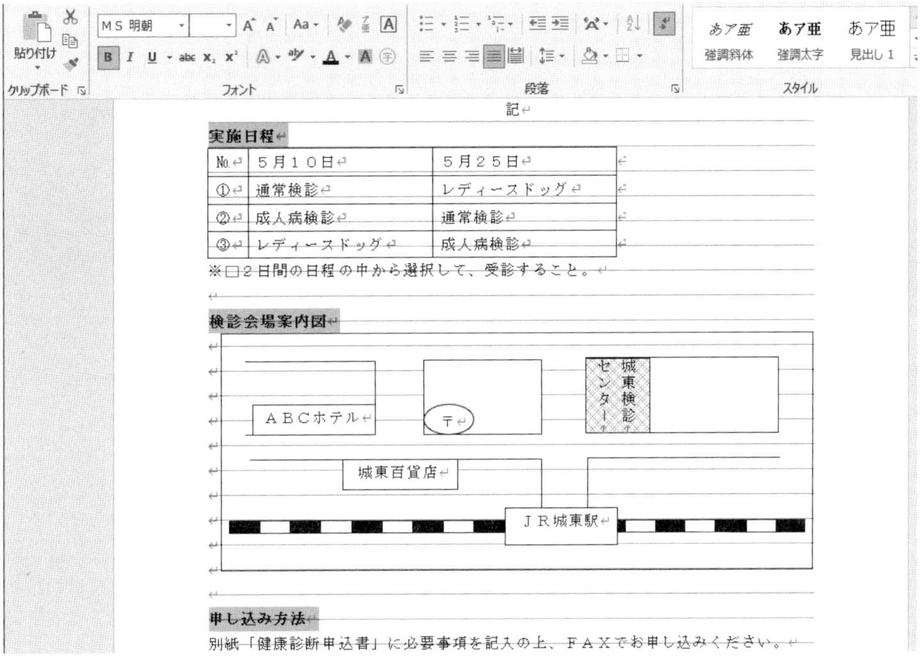

記書きの表に列を追加します。

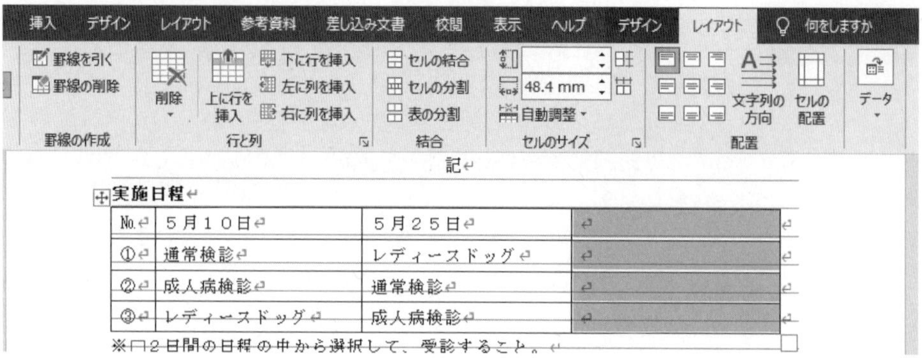

続いて、表内に文字を入力します。 表の変更に伴い、「2日間の日程」を「3日間の日程」に、「実施日程」を「日程と検診内容」に変更します。

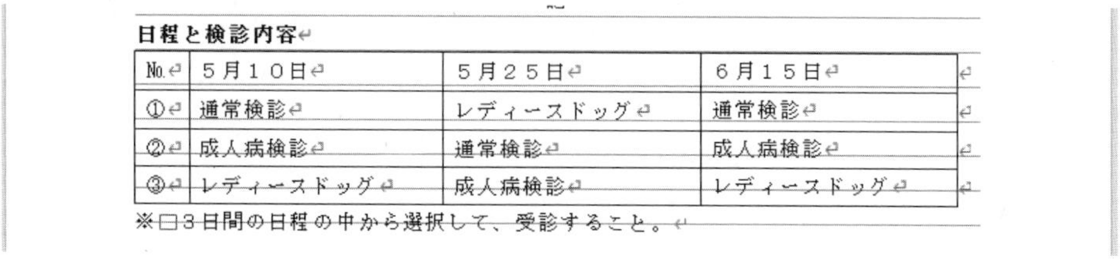

記書きの項目に、均等割り付けと箇条書きを設定します。 記書きの項目に、「9文字」の均等割り付けを設定します。 文字をドラッグするときは、「改行」マークは含めないように、文字だけをドラッグするよう気をつけてください。

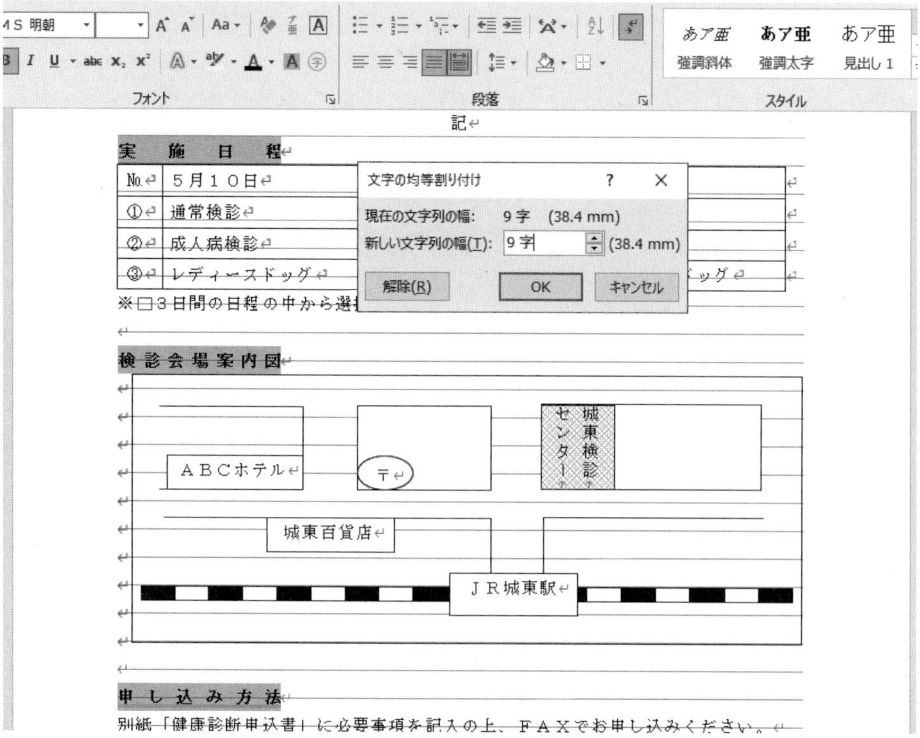

箇条書きを「◆」に設定します。

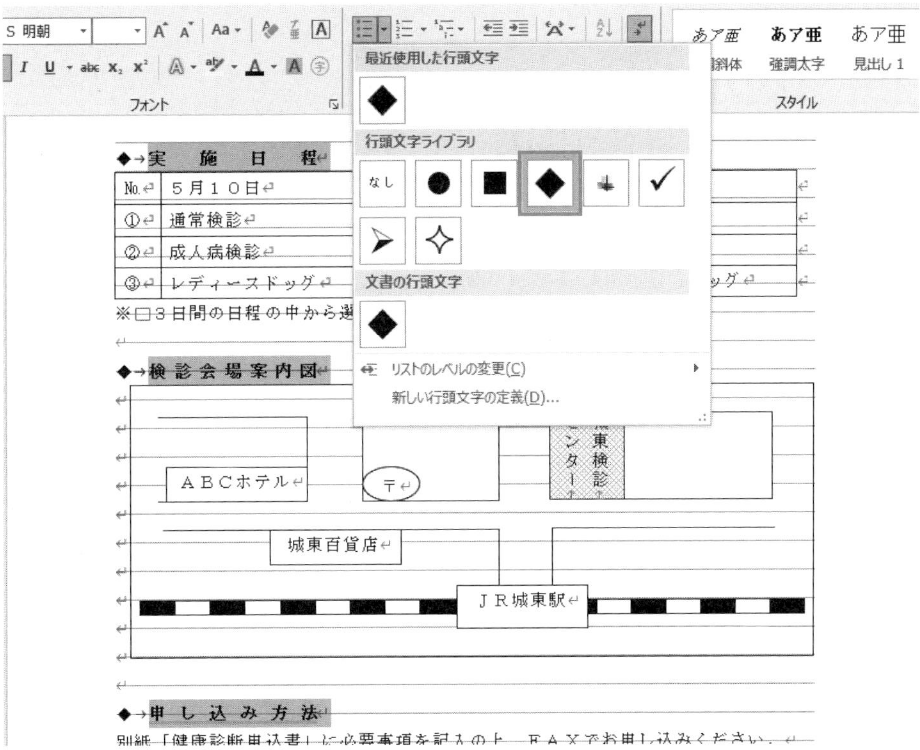

日程の「③」の行を「①」の上に移動します。「③」の行を選択して「切り取り」ます。

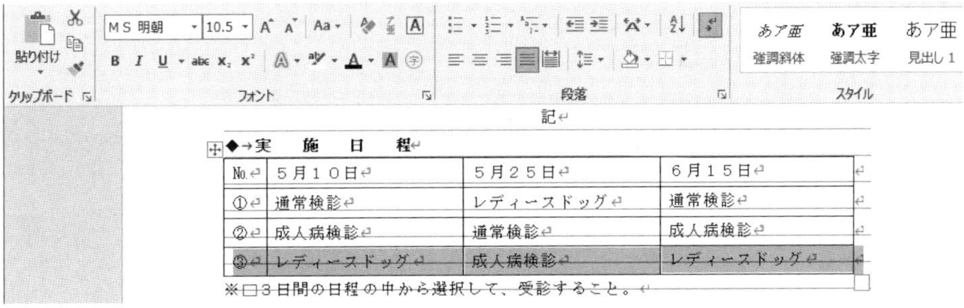

「①」のセル内をクリックして、「貼り付け」ます。

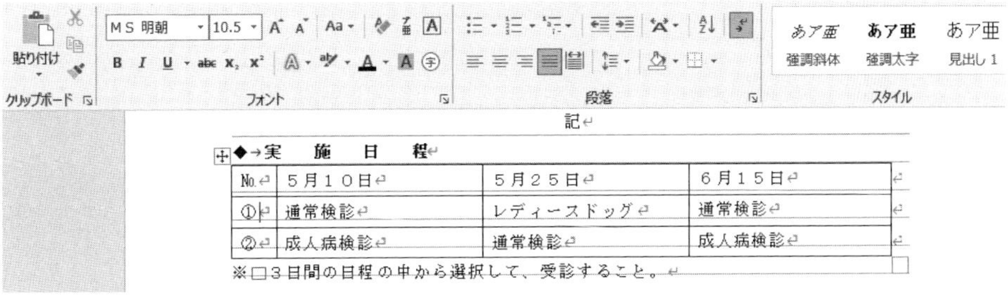

番号を「①」から順になるように入力しなおします。①・②・③の番号は、段落番号を使わずに手入力してください。

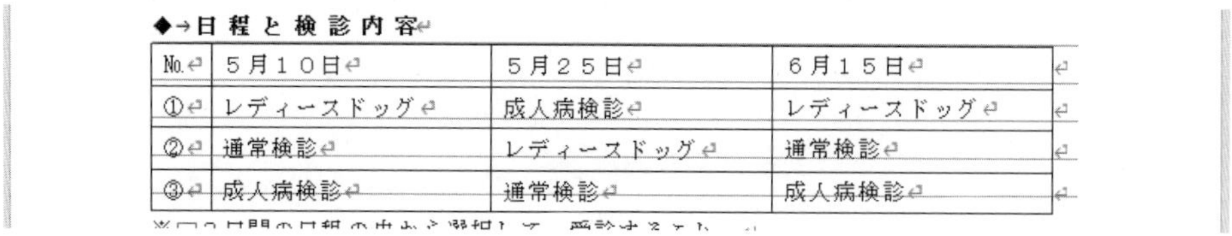

図形を変更します。「図形の変更」より「円／楕円」をクリックし、「文字列の方向」をクリックして、文字を横書きに設定します。文字が表示できるように、楕円のサイズを横に広げて調整します。

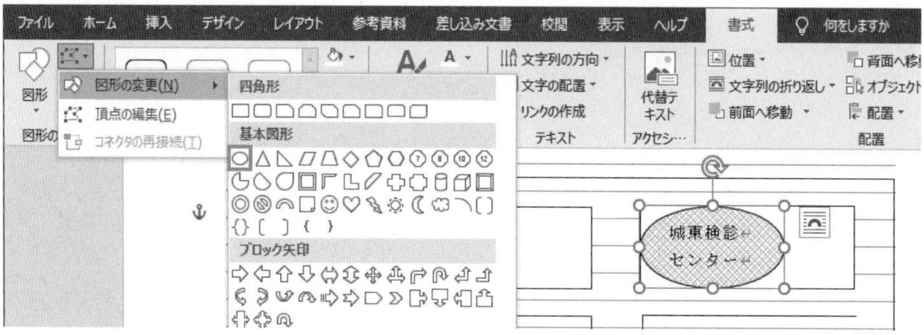

総務課長の名前を変更します。

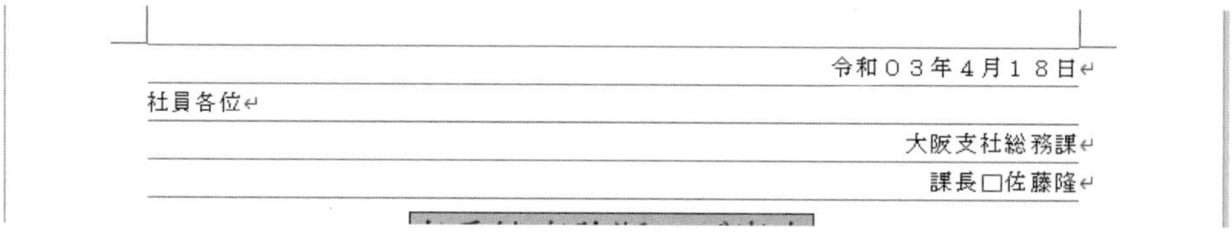

表の外枠を太線にします。

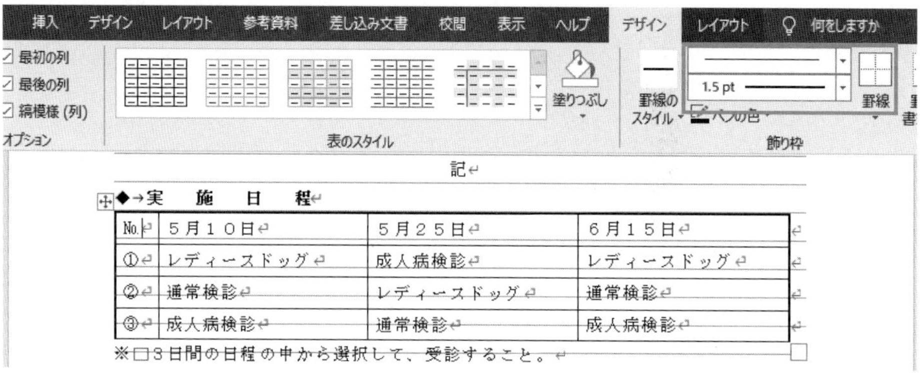

地図の外枠の四角形の枠線を、1.5ptの太さの点線（丸）に設定します。

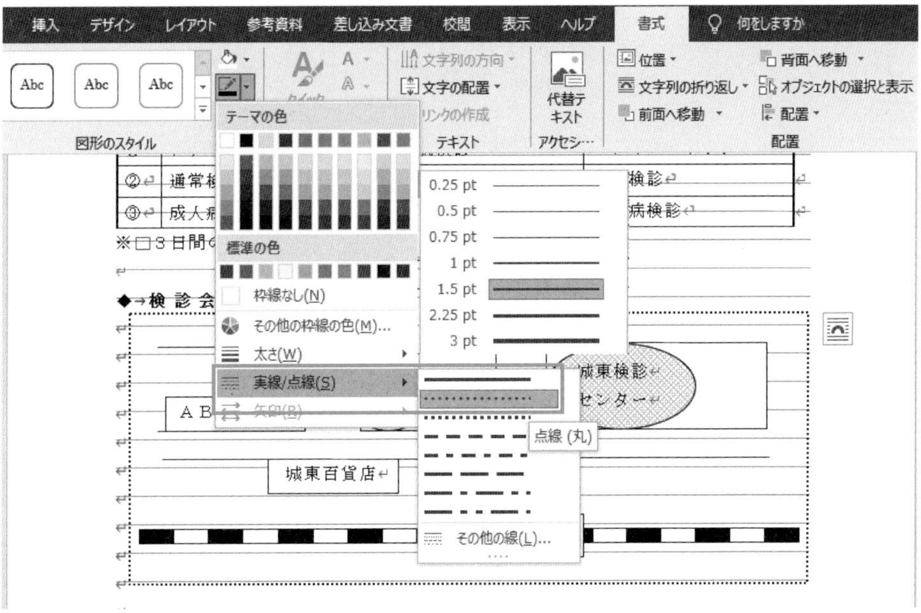

「ＦＡＸ番号」の行を「MSゴシック・12pt・太字・囲み線・中央揃え」に設定します。

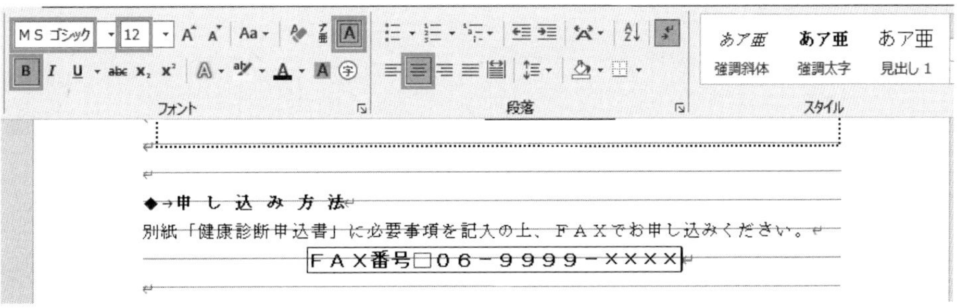

最後にA4用紙1枚になっていることを確認し、名前を付けて保存してください。

●解答見本

令和０３年４月１８日

社員各位

大阪支社総務課

課長□佐藤隆

春季健康診断のご案内

標記の健康診断を下記の要領で実施いたします。社員の皆さんは、必ず受診してください。

「健康診断申込書」は、４月２５日（月）までに、総務課あてに提出してください。

記

◆→日程と検診内容

No.	５月１０日	５月２５日	６月１５日
①	レディースドッグ	成人病検診	レディースドッグ
②	通常検診	レディースドッグ	通常検診
③	成人病検診	通常検診	成人病検診

※□３日間の日程の中から選択して、受診すること。

◆→検診会場案内図

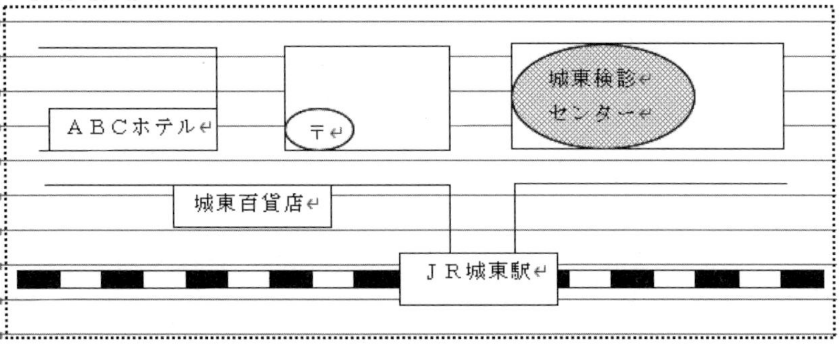

◆→申し込み方法

別紙「健康診断申込書」に必要事項を記入の上、ＦＡＸでお申し込みください。

ＦＡＸ番号□０６－９９９９－ＸＸＸＸ

以□上

4-8 講座についてのご案内

「8 講座について21年度」を開いてください。

あなたは、市民センター教養課の職員です。このたび上司から会員に向けた講座案内状を作成するよう指示されました。案内状には基本となる文書ファイルがあります。
上司からの指示は以下の通りです。指示に従って文書を作成し、保存をして下さい。
案内状は、以下の内容で完成させること。

- 発信日は「令和０３年４月８日」とすること。
- あて先に、正しい敬称をつけること。
- 標題には、下記の語群から適切なものを選んでつけ加えること。
  【語群】（参考）　（案内）　（質問）
- 本文内の「定員制です。」の前に、「先着順の」を挿入すること。
- 記書きの「3.定員」の項目の後に、「4.受講料　８，０００円（教材費・税込み）」を追加すること。文字のレイアウトは、他の記書きの項目と揃えること。
- 文書番号「研修０３－０４０８」を、適切な位置に挿入すること。
- 講座の日程は、今年度から1日増えて3日間となり、５月８日（金）から毎週金曜日に行うこととなった。適切な日付を入力すること。
- 発信者は、教養課の安田恵利子とする。
- 本文内に、間違った漢字が使われている箇所が１箇所あるので、正しい漢字に修正すること。
- 今年度の日程に合わせて、次のように日程表を修正すること。
  - 昨年度の２日目の内容は、３日目に移行する。
  - ２日目には、新たに「アロマテラピーの効果」「アロマテラピーによるストレス管理」「マッサージの効果」の３つの項目を追加する。
  - 昨年度初日に行った「精油の抽出方法・種類・概要」と「アロマテラピーの手軽な楽しみ方」は、今年度は、順番を入れ替えて実施する。
- 日程表の外枠を、二重線にすること。
- 今年度より開催場所が「市民会館　憩いの間」に変更になった。適切な箇所を修正すること。
- A4用紙1枚に出力できるようにレイアウトすること。
- 作成したファイルは「令和０３年度講座について」として保存すること。

解説

[1]発信日を修正します。この変更に伴い、2ヶ所を訂正します。
[2]あて先に適切な敬称を記入します。
[3]標題に適切な語句を追加します。講座についての案内文なので「（案内）」を選択してください。
[4]「定員制です。」の前に、「先着順の」の文字を追加します。

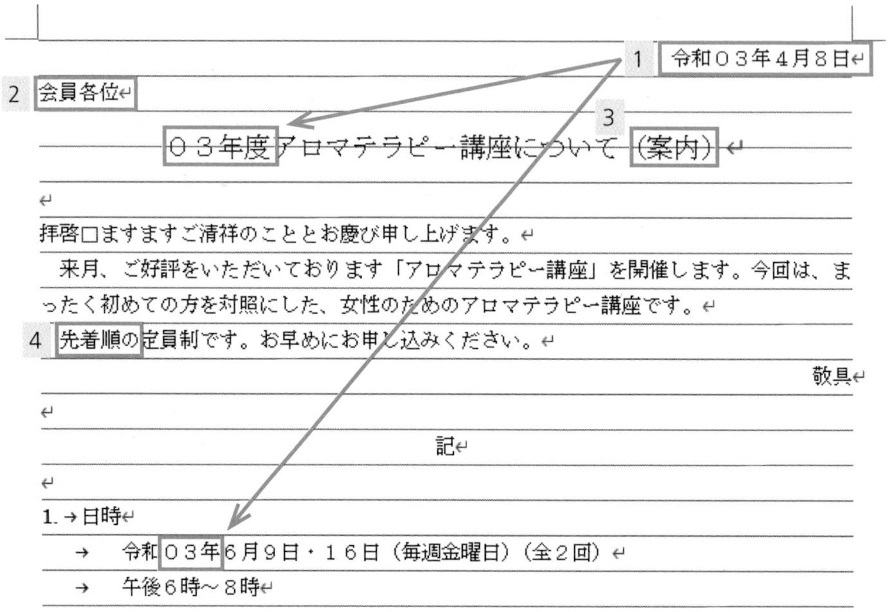
1 令和０３年４月８日
2 会員各位
3
０３年度アロマテラピー講座について（案内）

拝啓□ますますご清祥のこととお慶び申し上げます。
来月、ご好評をいただいております「アロマテラピー講座」を開催します。今回は、まったく初めての方を対照にした、女性のためのアロマテラピー講座です。
4 先着順の定員制です。お早めにお申し込みください。
敬具

記

1. 日時
令和０３年６月９日・１６日（毎週金曜日）（全２回）
午後６時～８時

記書きに「4. 受講料　８，０００円（教材費・税込み）」を追加します。「日程」の「日」の前にカーソルを置いて、Enterキーで改行してください。

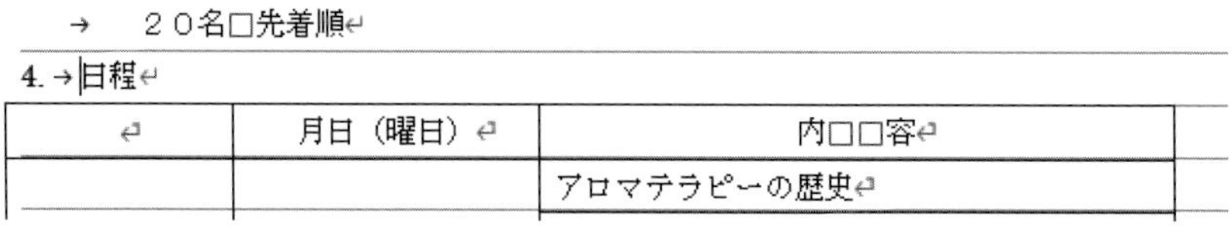
２０名□先着順
4. 日程

	月日（曜日）	内□□容
		アロマテラピーの歴史

「日程」の文字が次の行になり、自動的に「5. 日程」となります。

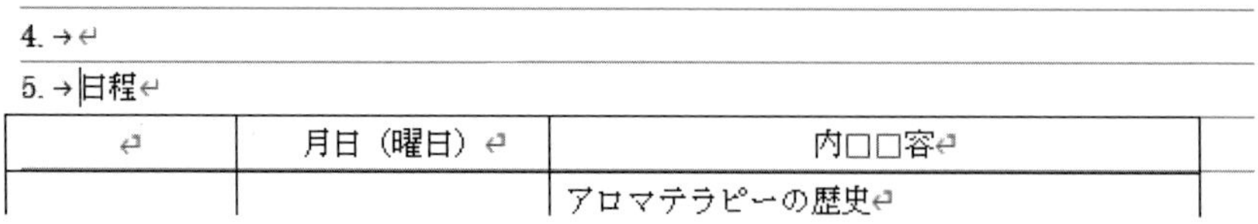
4.
5. 日程

	月日（曜日）	内□□容
		アロマテラピーの歴史

「4. 」の行に、「受講料」と入力し、Enterキーで改行すると、次の行に自動的に「5. 」が入力されます。

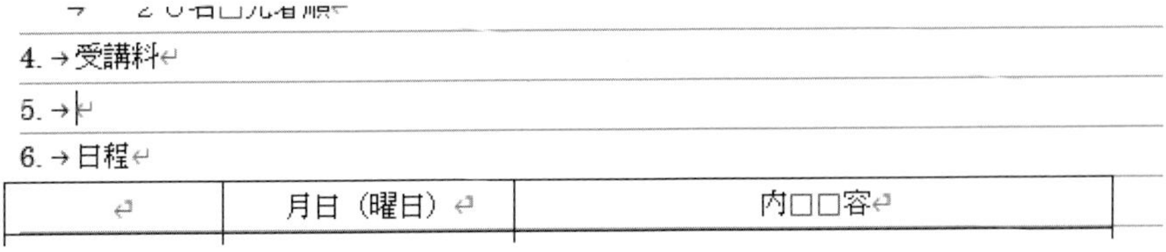

Backspaceキーを押すと段落番号が削除されます。

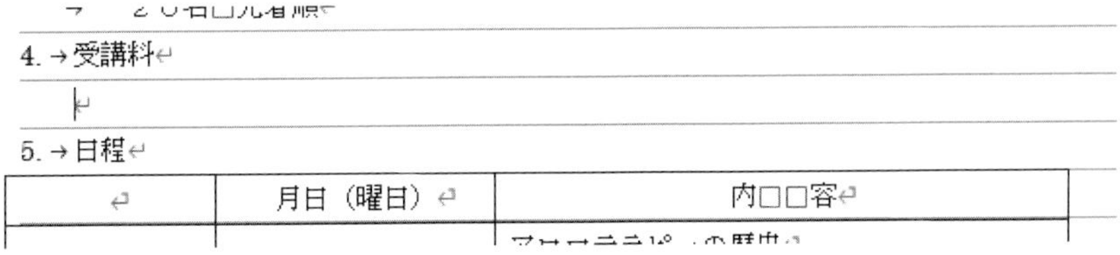

Tabキーを１回押すと、カーソルが「定員」の「２０名」の最初の文字の位置と揃います。

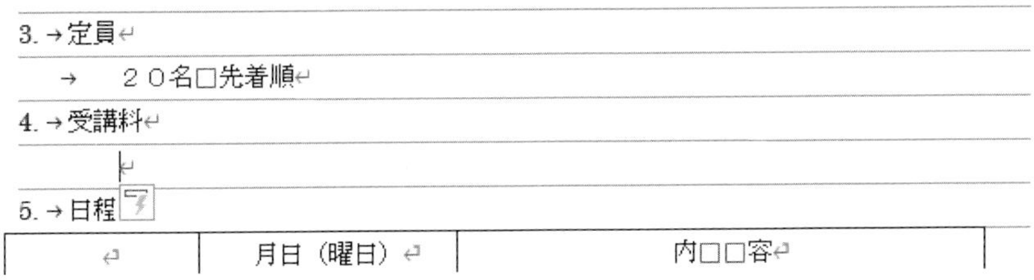

「8，０００円（教材費・税込み）」と入力します。

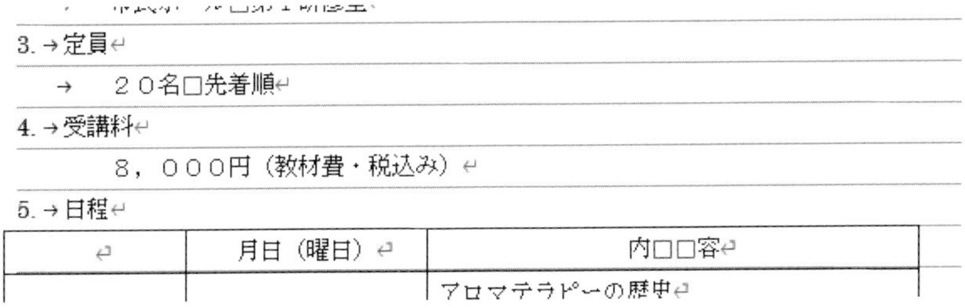

文書番号を入力します（文書番号は１行目に入力）。

講座の日程を修正します。５月８日から毎週金曜日に全3日間、開催されるので「8日・１５日・２２日」「全３回」と入力してください。

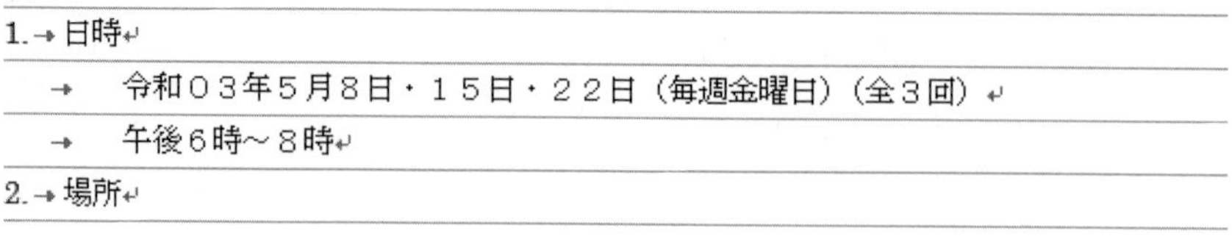
1.→日時↵

→　令和０３年5月8日・１５日・２２日（毎週金曜日）（全３回）↵

→　午後６時～８時↵

2.→場所↵

発信者を入力します（あて先の次の行、右揃え）。

研修０３－０４０８↵

令和０３年4月８日↵

会員各位↵

教養課□安田恵利子↵

本文内の間違った漢字を訂正します。「対照」を「対象」に訂正します。

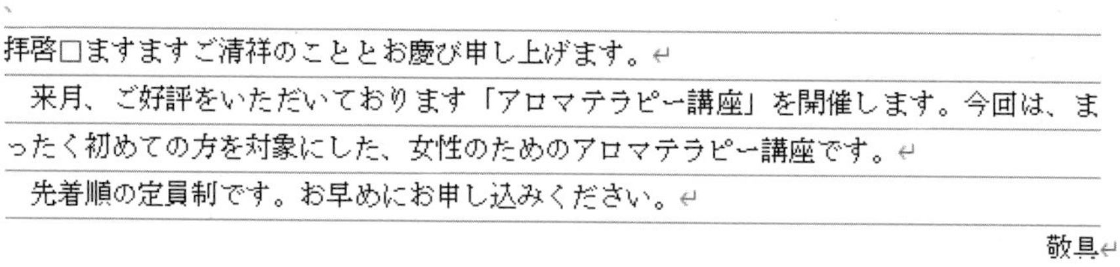
拝啓□ますますご清祥のこととお慶び申し上げます。↵

来月、ご好評をいただいております「アロマテラピー講座」を開催します。今回は、まったく初めての方を対象にした、女性のためのアロマテラピー講座です。↵

先着順の定員制です。お早めにお申し込みください。↵

敬具↵

日程表の修正を行います。まず、2日目の行を3行ともドラッグ選択してから「下に行を挿入」をクリックします。

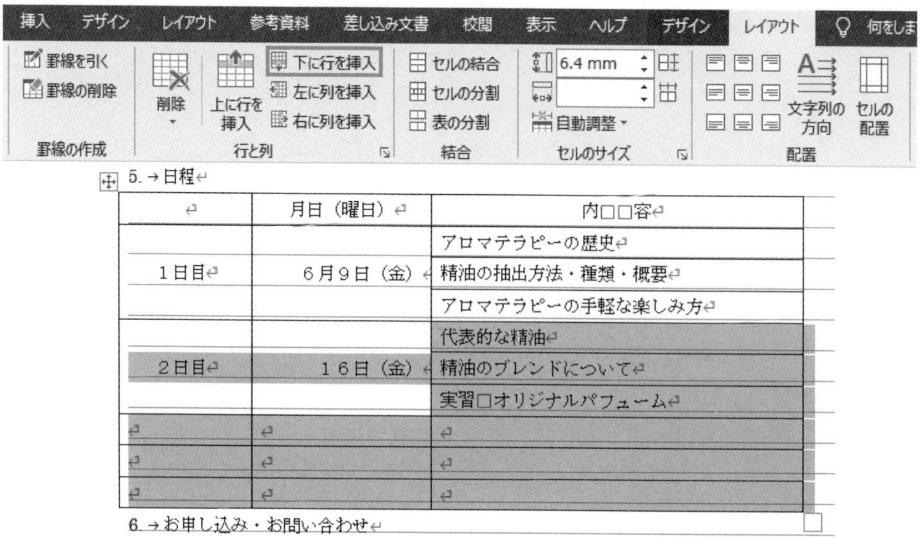

5.→日程↵

↵	月日（曜日）↵	内□□容↵
		アロマテラピーの歴史↵
１日目↵	６月９日（金）↵	精油の抽出方法・種類・概要↵
		アロマテラピーの手軽な楽しみ方↵
		代表的な精油↵
２日目↵	１６日（金）↵	精油のブレンドについて↵
		実習□オリジナルパフューム↵
↵	↵	↵
↵	↵	↵
↵	↵	↵

6.→お申し込み・お問い合わせ↵

表の左側2列は、それぞれ「セルの結合」をします。

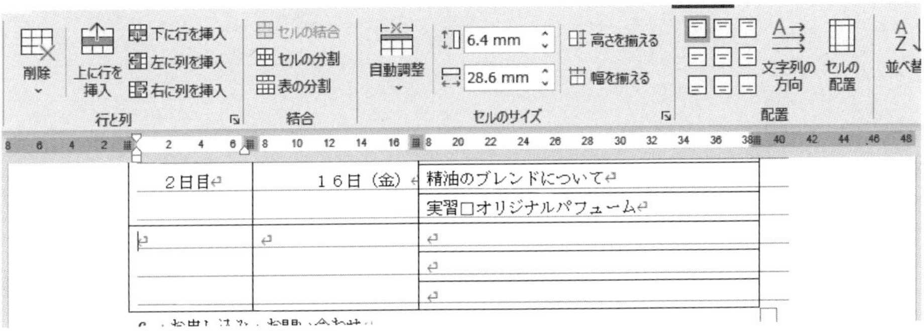

「3日目」と入力します（元ファイルに合わせて文字は「中央揃え」）。

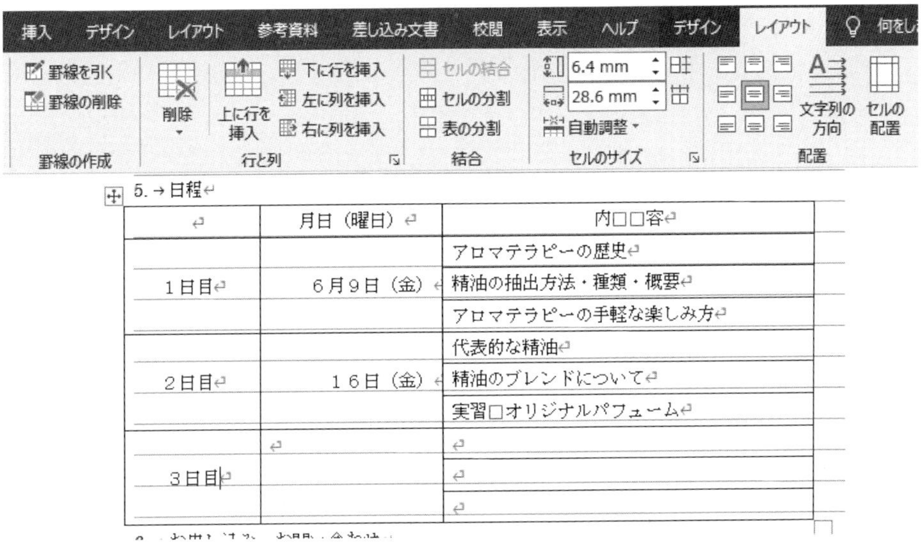

「月日」を記書きの日時に合わせて修正します（月日の部分は「右揃え」）。

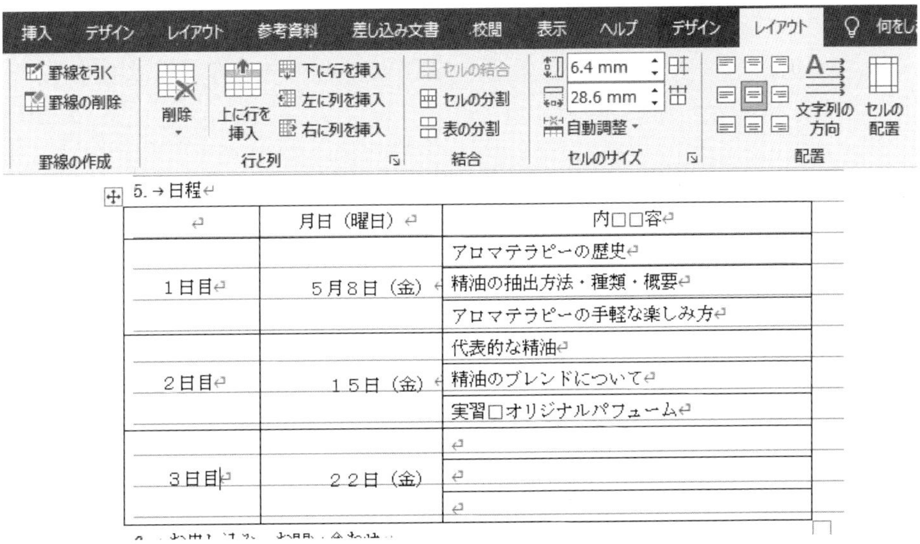

2日目の内容を3日目に移行します（切り取り・貼り付け）。

↵	月日（曜日）↵	内□□容↵
1日目↵	5月8日（金）↵	アロマテラピーの歴史↵
		精油の抽出方法・種類・概要↵
		アロマテラピーの手軽な楽しみ方↵
2日目↵	15日（金）↵	↵
		↵
		↵
3日目↵	22日（金）↵	代表的な精油↵
		精油のブレンドについて↵
		実習□オリジナルパフューム↵

2日目には、新たに内容を入力します。

↵	月日（曜日）↵	内□□容↵
1日目↵	5月8日（金）↵	アロマテラピーの歴史↵
		精油の抽出方法・種類・概要↵
		アロマテラピーの手軽な楽しみ方↵
2日目↵	15日（金）↵	アロマテラピーの効果↵
		アロマテラピーによるストレス管理↵
		マッサージの効果↵
3日目↵	22日（金）↵	代表的な精油↵
		精油のブレンドについて↵
		実習□オリジナルパフューム↵

初日の内容の順番を入れ替えます。

↵	月日（曜日）↵	内□□容↵
1日目↵	5月8日（金）↵	アロマテラピーの歴史↵
		アロマテラピーの手軽な楽しみ方↵
		精油の抽出方法・種類・概要↵
		アロマテラピーの効果↵

文字の配置は、元の表に合わせ、数字の全角・半角も間違えないように気をつけてください。

日程表の外枠を二重線に設定します。

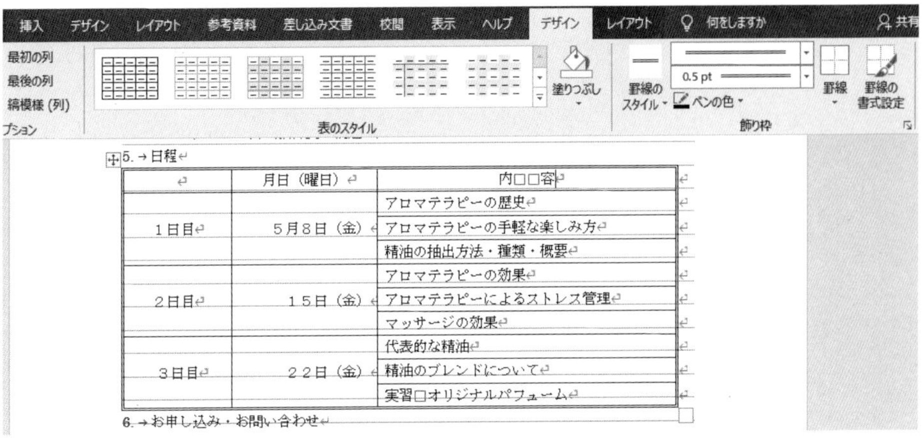

開催場所を修正します。

最後にA4用紙1枚になっていることを確認しましょう。今回は表の行を追加したので１枚に入りきっていません。ページ設定を使って、必ずA4用紙1枚に入るように設定してください。

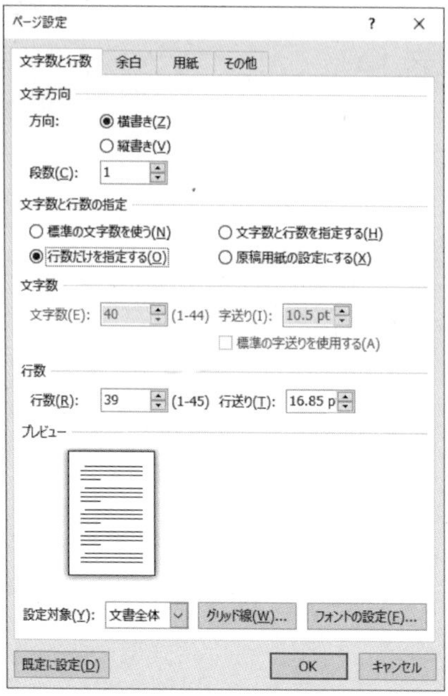

注　意

今回の例では「39行」でしたが、行数は必ずしも39行になるとは限りません。自分で調節してください。また、「以上」の次の空白行が2ページ目にある場合は、この空白行も必ず削除してください。

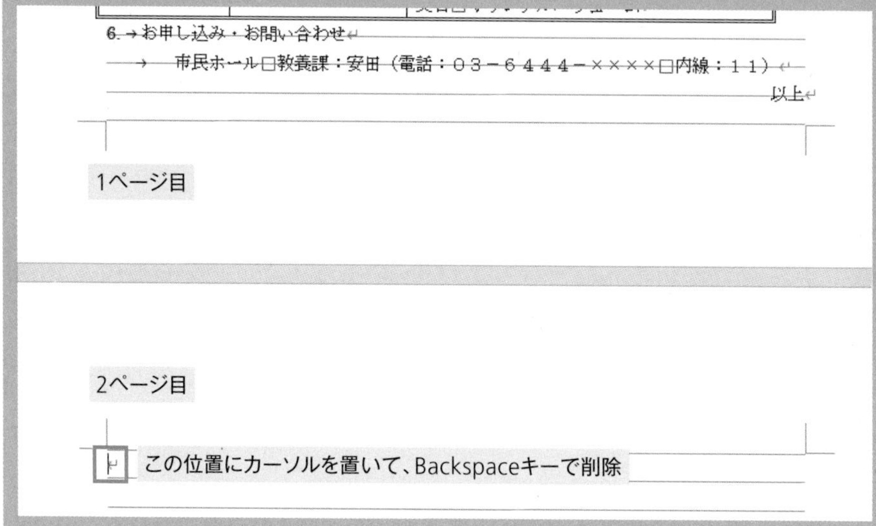

●解答見本

研修０３－０４０８

令和０３年４月８日

会員各位

教養課□安田恵利子

０３年度アロマテラピー講座について（案内）

拝啓□ますますご清祥のこととお慶び申し上げます。

来月、ご好評をいただいております「アロマテラピー講座」を開催します。今回は、まったく初めての方を対象にした、女性のためのアロマテラピー講座です。

先着順の定員制です。お早めにお申し込みください。

敬具

記

1. 日時
   令和０３年５月８日・１５日・２２日（毎週金曜日）（全３回）
   午後６時～８時
2. 場所
   市民会館□憩いの間
3. 定員
   ２０名□先着順
4. 受講料
   ８，０００円（教材費・税込み）
5. 日程

	月日（曜日）	内□□容
１日目	５月８日（金）	アロマテラピーの歴史
		アロマテラピーの手軽な楽しみ方
		精油の抽出方法・種類・概要
２日目	１５日（金）	アロマテラピーの効果
		アロマテラピーによるストレス管理
		マッサージの効果
３日目	２２日（金）	代表的な精油
		精油のブレンドについて
		実習□オリジナルパフューム

6. お申し込み・お問い合わせ
   市民ホール□教養課：安田（電話：０３－６４４４－××××□内線：１１）

以上

4-9 旅行アンケート調査結果

「9 旅行アンケート調査結果」を開いてください。

あなたは、株式会社ピース旅行の営業部社員です。このたび上司から、海外旅行と国内旅行についてのアンケート調査結果をまとめる文書を作成するよう指示がありました。
上司からの指示は、以下の通りです。指示に従って文書を作成し、保存してください。
作成にあたっては、次の内容で作成すること。

- 発信日は、令和０３年６月１０日とする。
- 今回のアンケートの調査対象は、20代男女300名とする。適切な箇所を修正すること。
- 標題は、拡大し、中央に配置すること。
- あて先は、「お得意様」とすること。
- 調査日は、「令和０３年５月３日（水）～１０日（水）」までとする。
- 調査場所の行は、削除すること。
- 調査方法は、「都内に住む２０代男女に街頭にて口頭調査」とすること。
- 記書きの「調査結果」の文字を、「調査結果表」に修正すること。
- 調査結果の表で、「希望する旅行先」の次の行の項目・回答として以下を挿入すること。その際、No.は１から順になるようにすること。
  「アンケート項目」旅行費用
  「回答」　国内旅行：４０，０００円　海外旅行：１５０，０００円
- 主文の段落の字下げをすること。
- 記書きの項目に、任意の箇条書きを設定すること。
- 「調査結果表」の字数に合わせて、記書きの項目をすべて均等割り付けすること。
- 「旅行の希望」と「希望旅行先」の回答は、以下のとおりとすること。
  「海外旅行：２２３名　国内旅行：７７名」
  「海外旅行：ハワイ　国内旅行：沖縄」
- 記書きの最後、適切な位置に、「以上」を入力すること。
- 旅行費用の、国内旅行と海外旅行の行を入れ替えること。
- 調査結果の表の外枠を、1.5ptの太線にすること。
- A4用紙1枚に出力できるようレイアウトすること。
- 作成したファイルは、「令和０３年旅行アンケート調査結果」として保存すること。

解説

[1]発信日を修正します。これに伴い標題、実地日の年も変更します。
[2]アンケートの調査対象を「２０代男女３００名」に変更します（変更箇所は標題部分、本文内、記書き内の3ヶ所）。
[3]標題を拡大し、中央に配置します。
[4]あて先を変更します（問題文に指示はないが、敬称「各位」をつけること）。

令和０３年６月１０日

お得意様各位

株式会社ピース旅行

営業部　三井誠

令和０３年２０代男女向けアンケート調査結果報告書

このたび、海外旅行と国内旅行の行き先について、２０代男女３００名にアンケート調査を行ったところ、下記のような調査結果が出ましたので、ご報告いたします。

弊社では、今回のアンケート調査結果をもとに、よりよいサービス向上に向けて、社員一丸となって努力してまいります。今後とも、ご愛顧を賜りますよう、よろしくお願い申しあげます。

記

実施日→令和０３年５月３日（火）～９日（月）（７日間）

調査対象→２０代男女３００名

実施日を変更します。日付を変更し、調査期間を「（８日間）」とします（1日増えたため）。

実施日→令和０３年５月３日（水）～１０日（水）（８日間）

調査対象→２０代男女３００名

「調査場所」の行を削除し、調査方法を変更します。また、「調査結果」の文字を「調査結果表」に変更しましょう。

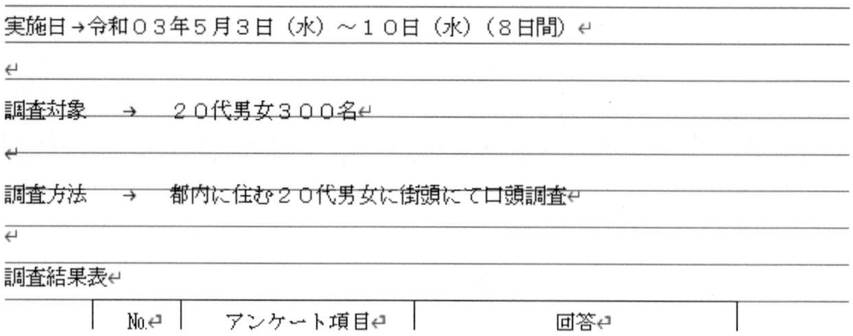
実施日→令和０３年５月３日（水）～１０日（水）（８日間）

調査対象　→　２０代男女３００名

調査方法　→　都内に住む２０代男女に街頭にて口頭調査

調査結果表

No.	アンケート項目	回答

表を以下のように修正します（番号は直接入力）。

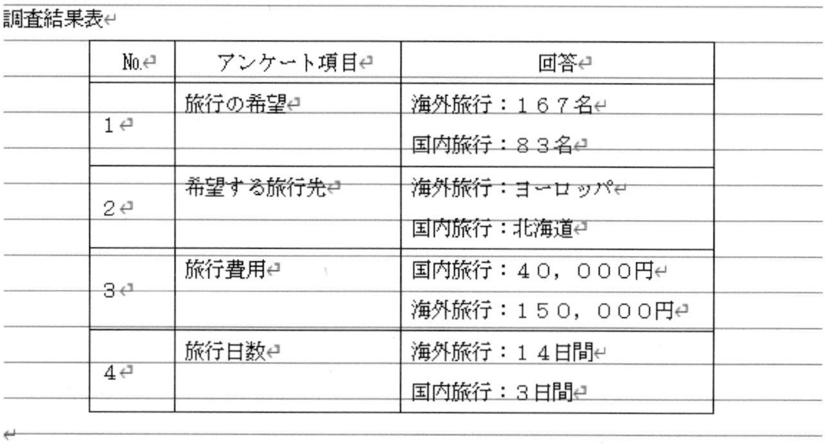
調査結果表

No.	アンケート項目	回答
１	旅行の希望	海外旅行：１６７名 国内旅行：８３名
２	希望する旅行先	海外旅行：ヨーロッパ 国内旅行：北海道
３	旅行費用	国内旅行：４０，０００円 海外旅行：１５０，０００円
４	旅行日数	海外旅行：１４日間 国内旅行：３日間

主文の段落を字下げします。「インデント」ボタンを使うと、2行目まで字下げになってしまいますので、「段落」ダイアログボックスより「最初の行」を「字下げ」にしてください。

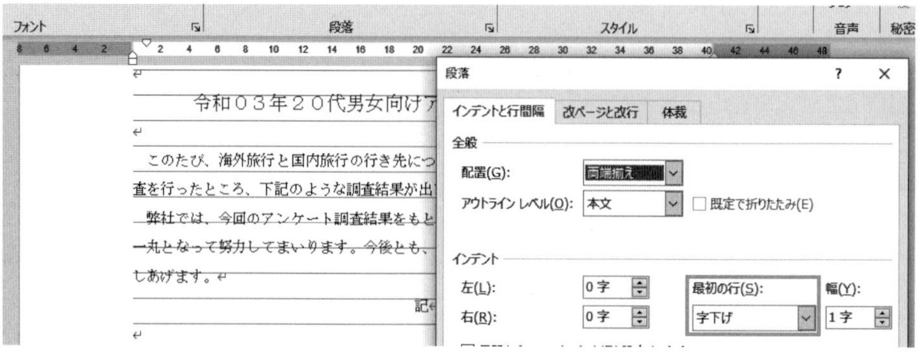

記書きの項目に箇条書きを設定します。

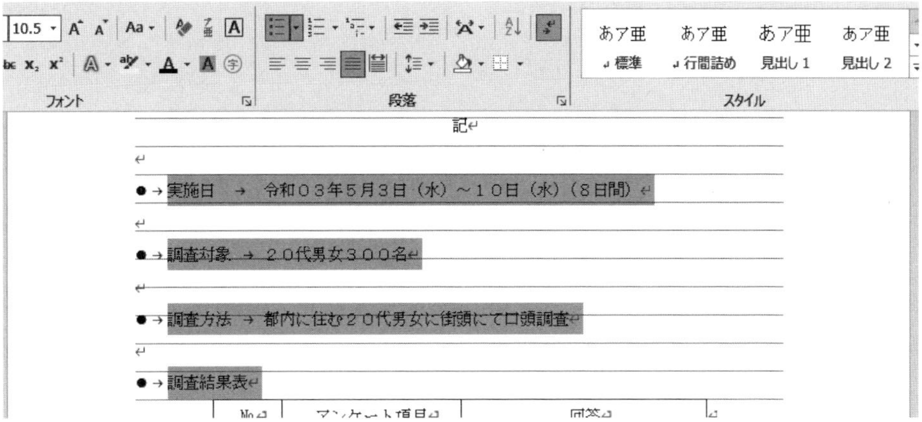

また、記書きの項目を均等割り付けに設定します（「調査結果表」の文字数に合わせる）。このとき改行マークまで選択しないよう注意しましょう。

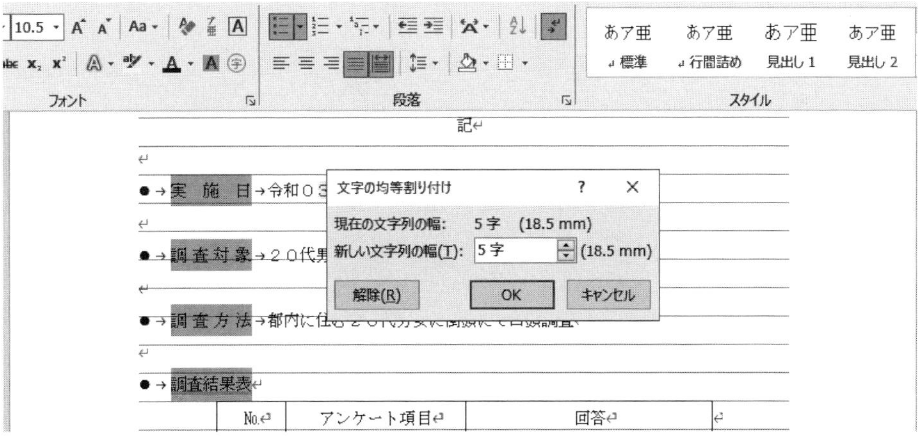

「旅行の希望」「希望する旅行先」の回答を修正します。

● → 調査結果表

No.	アンケート項目	回答
１	旅行の希望	海外旅行：２２３名 国内旅行：７７名
２	希望する旅行先	海外旅行：ハワイ 国内旅行：沖縄
３	旅行費用	国内旅行：４０，０００円 海外旅行：１５０，０００円
４	旅行日数	海外旅行：１４日間 国内旅行：３日間

記書きの最後に「以上」を入力します。表の次の行に「以上」と入力し文字を確定してください。

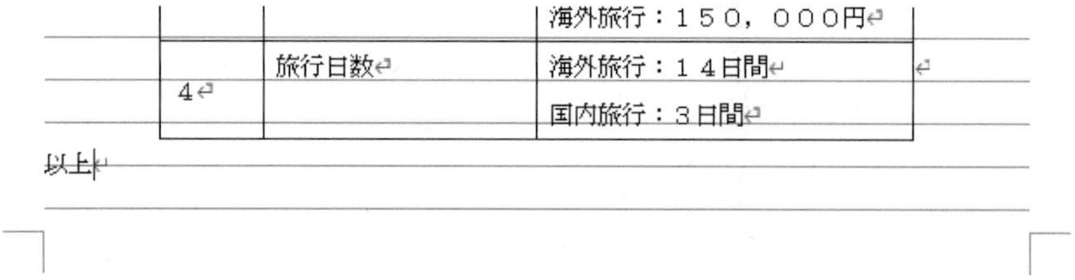

		海外旅行：１５０，０００円
4	旅行日数	海外旅行：１４日間 国内旅行：３日間

以上

再度Enterキーを押すと、「以上」の文字は「結語スタイル」が設定され、自動的に用紙の右端に移動します。

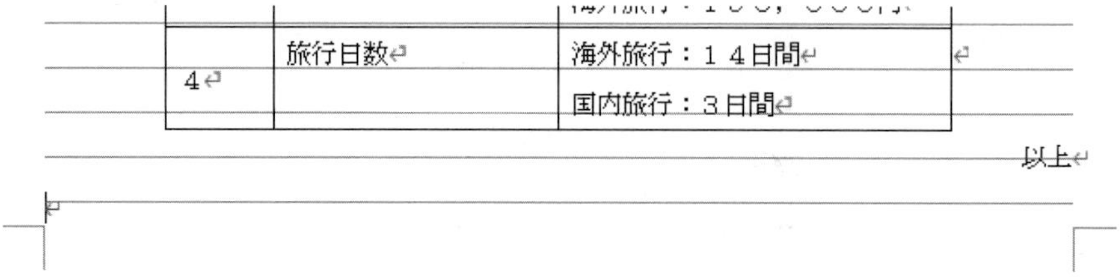

4	旅行日数	海外旅行：１４日間 国内旅行：３日間

以上

! 注意

「右揃え」と「結語スタイル」は、スタイルが異なります。ホームタブの「右揃え」ボタンを使わないようにしましょう。

旅行費用の、国内旅行と海外旅行の行を入れ替え、表の外枠を、1.5ptの太線に設定します。　.

● → 調査結果表

No.	アンケート項目	回答
1	旅行の希望	海外旅行：２２３名 国内旅行：７７名
2	希望する旅行先	海外旅行：ハワイ 国内旅行：沖縄
3	旅行費用	海外旅行：１５０，０００円 国内旅行：４０，０００円
4	旅行日数	海外旅行：１４日間 国内旅行：３日間

以上

最後にA4用紙1枚になっていることを確認し、名前を付けて保存してください。
「以上」の次の行が2ページ目にある場合は、必ず削除しておきましょう。

●解答見本

令和０３年６月１０日

お得意様各位

株式会社ピース旅行

営業部　三井誠

令和０３年２０代男女向けアンケート調査結果報告書

　このたび、海外旅行と国内旅行の行き先について、２０代男女３００名にアンケート調査を行ったところ、下記のような調査結果が出ましたので、ご報告いたします。

　弊社では、今回のアンケート調査結果をもとに、よりよいサービス向上に向けて、社員一丸となって努力してまいります。今後とも、ご愛顧を賜りますよう、よろしくお願い申しあげます。

記

●　実　施　日　令和０３年５月３日（水）～１０日（水）（８日間）

●　調 査 対 象　２０代男女３００名

●　調 査 方 法　都内に住む２０代男女に街頭にて口頭調査

●　調査結果表

No.	アンケート項目	回答
１	旅行の希望	海外旅行：２２３名 国内旅行：７７名
２	希望する旅行先	海外旅行：ハワイ 国内旅行：沖縄
３	旅行費用	海外旅行：１５０，０００円 国内旅行：４０，０００円
４	旅行日数	海外旅行：１４日間 国内旅行：３日間

以上

4-10 議事録

「10 議事録」を開いてください。

あなたは、日日株式会社の営業部社員です。 このたび、営業部定例会議の議事録を作成するよう、上司から指示がありました。 前回の議事録を、次の内容で訂正し完成させてください。
上司からの指示は以下の通りです。 指示に従って文書を作成し、保存をして下さい。
議事録は、以下の内容で完成させること。

- 標題を、「営業部　部内定例会議　議事録」とし、ゴシック体、拡大し、中央に配置すること。
- 会議日時は、「2021年10月7日（金）10時～11時30分」である。
- 今回の議題は、「営業部員の研修について」である。
- 今回の出席者は以下の通り変更になった。 変更に伴い、適切な箇所を修正すること。
  佐伯部長、後藤課長、藤本主任、川合、田所、堀田、横田、永井（記）
- 作成日は、会議のあった日の翌週の火曜日である。 正しい日付を入力すること。
- 「日時」から「作成日」までの項目名を均等割り付けし、任意の箇条書きの記号をつけること。
- 『議事一覧』は、「営業部員研修期間、研修テーマ」と「営業所見学」の2点である。 適切な箇所に入力し、任意の段落番号をつけること。
- 『議事内容』の「●2022年度営業戦略について」の項目を、「●2021年度営業部員研修期間、研修テーマ」に修正すること。
- 『議事内容』の「●2021年度営業部員研修期間、研修テーマ」の次の行に、前回の内容を削除して、以下の内容の表を作成すること。

日　付	時　間	テーマ
11月14日（月）	9時～12時	営業の基本姿勢
	13時～17時	エチケットマナー
11月15日（火）	9時～12時	クレーム処理について
11月16日（水）	9時～12時	ロールプレイング

- 今回の営業所見学の行先は、「横浜営業所」である。 適切な箇所に入力すること。
- 営業所見学の日付は、「11月17日（木）」とする。
- 『議事内容』の「2021年度営業部員研修期間、研修テーマ」の表の適切な箇所に、以下の内容を追加すること。 表の形式は、元の表の形式に従うこと。

11月15日（火）	13時～17時	営業データの分析

- 表の外枠は二重線にし、表の項目はセルの網かけ・中央揃えに設定すること。
- 「●特記事項」の項目を削除し、代わりに「●配布資料」の項目を追加すること。 配布資料の内容は、「≪目指せ！営業のプロ≫ハンドブック」とすること。
- 次回定例会議の予定は、「2021年10月21日（金）10時～11時30分」である。

- 研修日程の15日の午前と午後のテーマを入れ替えること。
- 『議事一覧』『議事内容』『次回定例会議予定』の『』を削除し、12pt・太字・囲み線を設定すること。
- A4用紙1枚に出力できるようにレイアウトすること。
- 作成したファイルは「議事録（営業部定例会議）」として保存すること。

解説

[1]標題の変更し、ゴシック体 ・ 拡大 ・ 中央揃えに設定します。
[2]会議日時を修正します（数字は半角で入力）。
[3]議題を修正します。
[4]出席者を変更します（出席者の変更に伴い、適切な箇所を修正）。氏名は原則五十音順に並べましょう。
[5]作成日を変更します（数字は半角で入力）。
[6]「日時」から「作成日」までに、均等割り付け ・ 箇条書きを設定します。

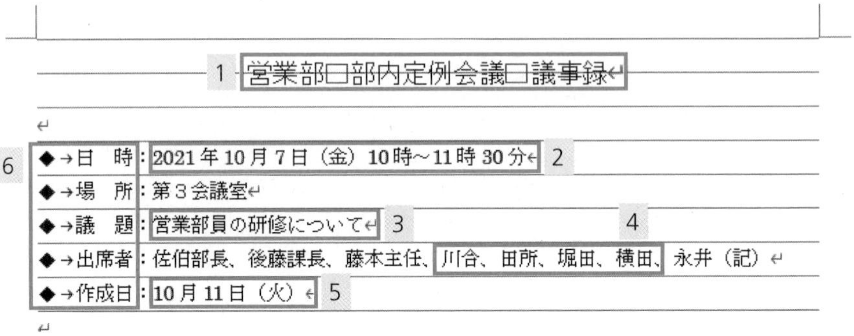
1 営業部□部内定例会議□議事録
6
◆→日　時：2021年10月7日（金）10時～11時30分 2
◆→場　所：第３会議室
◆→議　題：営業部員の研修について 3
4
◆→出席者：佐伯部長、後藤課長、藤本主任、川合、田所、堀田、横田、永井（記）
◆→作成日：10月11日（火） 5

出席者が「武村」から「横田」に変わっているので、それに伴い、「営業所見学日程」欄の担当も、「横田」に変更するのを忘れないようしましょう。

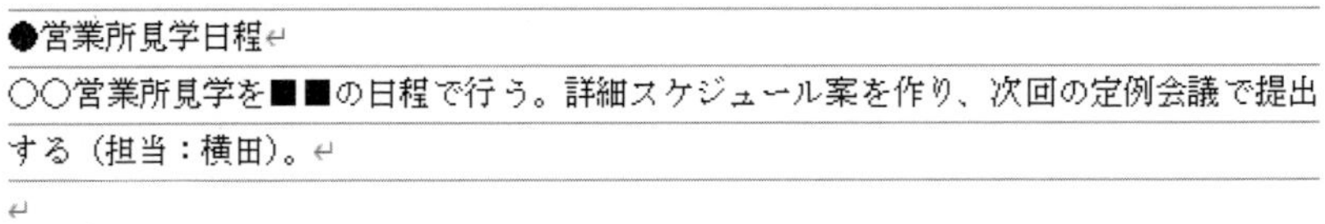
●営業所見学日程
○○営業所見学を■■の日程で行う。詳細スケジュール案を作り、次回の定例会議で提出する（担当：横田）。

議事一覧を変更し、段落番号を設定します。

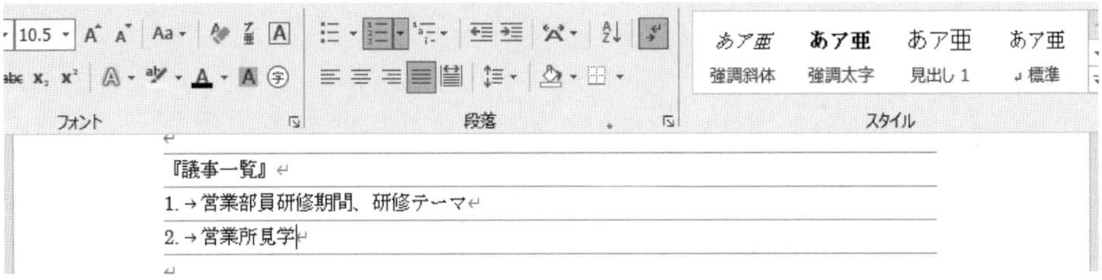
10.5
あア亜 あア亜 あア亜 あア亜
強調斜体 強調太字 見出し 1 標準
フォント 段落 スタイル
『議事一覧』
1. →営業部員研修期間、研修テーマ
2. →営業所見学

議事内容の項目名の修正を行います。 まず、議事内容の前回の内容を削除して、指定の表を作成してください（3列 ・ 5行）。

『議事内容』

●2021 年度営業部員研修期間、研修テーマ

日付	時間	テーマ
11 月 14 日（月）	9 時〜12 時	営業の基本姿勢
	13 時〜17 時	エチケットマナー
11 月 15 日（火）	9 時〜12 時	クレーム処理について
11 月 16 日（水）	9 時〜12 時	ロールプレイング

営業所見学の行先を「横浜営業所」に修正し、営業所見学の日付を入力します。

●営業所見学日程

横浜営業所見学を 11 月 17 日（木）の日程で行う。詳細スケジュール案を作り、次回の定例会議で提出する（担当：横田）。

表内に項目を追加し、表の外枠を二重線、項目を中央揃え ・ 網かけに設定します。

『議事内容』

●2021 年度営業部員研修期間、研修テーマ

日付	時間	テーマ
11 月 14 日（月）	9 時〜12 時	営業の基本姿勢
	13 時〜17 時	エチケットマナー
11 月 15 日（火）	9 時〜12 時	クレーム処理について
	13 時〜17 時	営業データの分析
11 月 16 日（水）	9 時〜12 時	ロールプレイング

「●特記事項」の項目を削除し、代わりに「●配布資料」の項目を追加します。 配布資料の内容を入力し、次回定例会議の予定を記入してください。

●配布資料

≪目指せ！営業のプロ≫ハンドブック

『次回定例会議予定』

2021 年 10 月 21 日（金）10 時〜11 時 30 分

以上

研修日程の15日の午前と午後のテーマを入れ替えます。 まず、「クレーム処理について」の文字列をドラッグして「切り取り」ます。

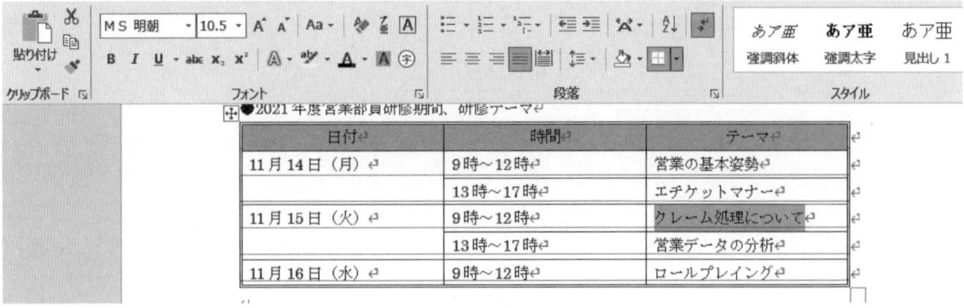

次に「営業データの分析」の文字の後ろをクリックして「貼り付け」ます。

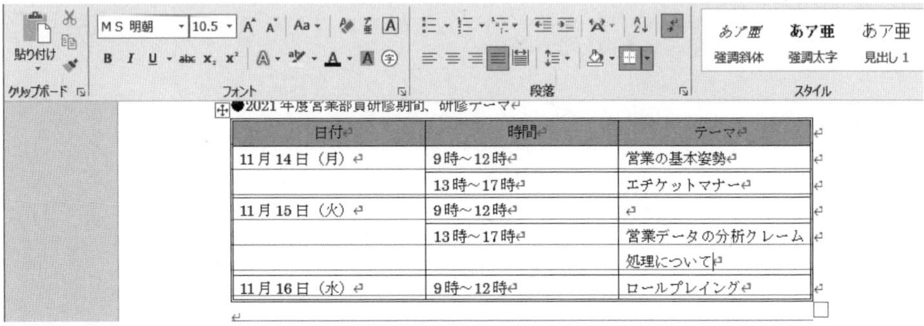

「営業データの分析」の文字列をドラッグして「切り取り」ます。

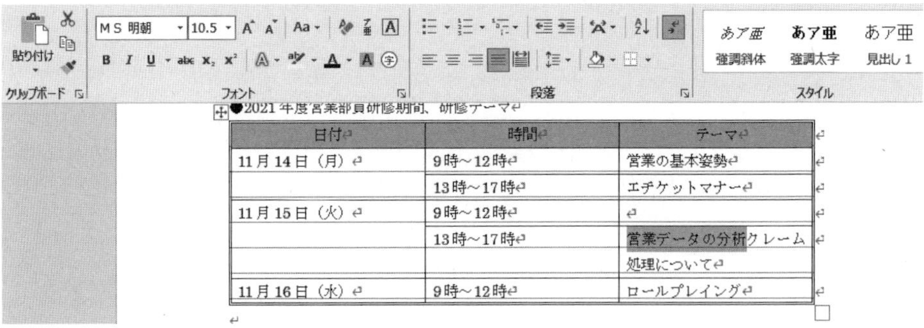

文字列をドラッグするときは、改行の矢印マーク ↵ をドラッグしないように気をつけましょう。

切り取ったものを午前のテーマの欄に「貼り付け」ます。

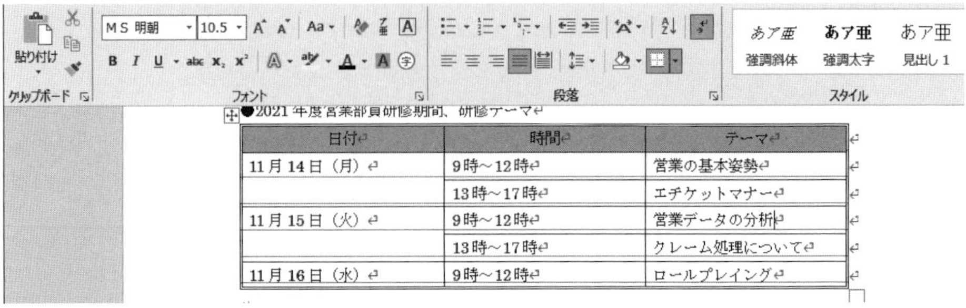

続いて『議事一覧』『議事内容』『次回定例会議予定』の『』を削除します。12pt、太字、囲み線に設定してください。

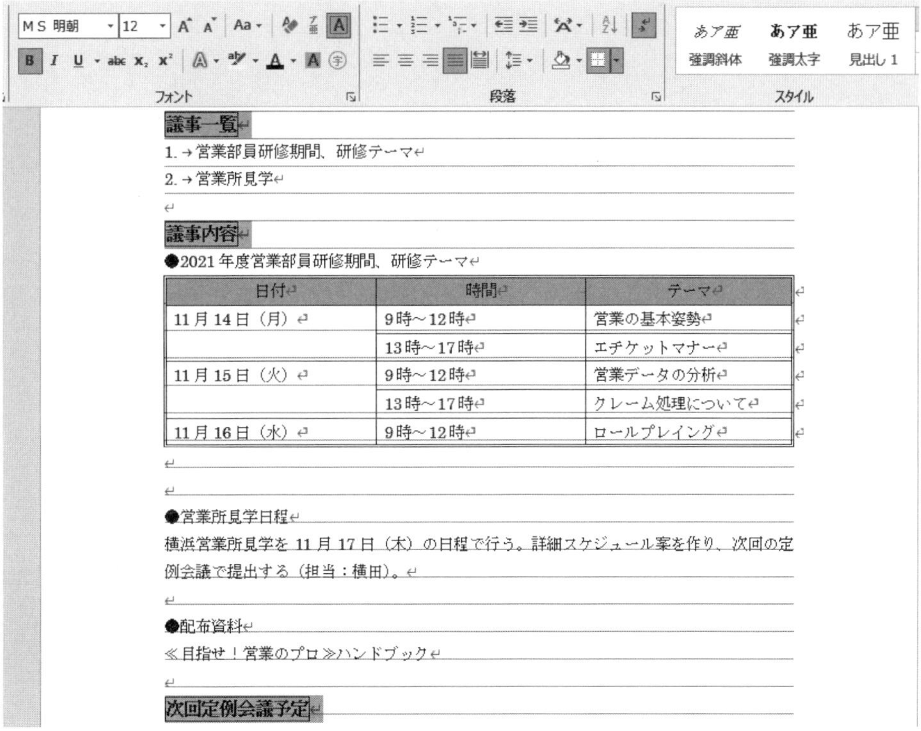

議事一覧

1. → 営業部員研修期間、研修テーマ

2. → 営業所見学

議事内容

●2021年度営業部員研修期間、研修テーマ

日付	時間	テーマ
11月14日（月）	9時～12時	営業の基本姿勢
	13時～17時	エチケットマナー
11月15日（火）	9時～12時	営業データの分析
	13時～17時	クレーム処理について
11月16日（水）	9時～12時	ロールプレイング

●営業所見学日程

横浜営業所見学を11月17日（木）の日程で行う。詳細スケジュール案を作り、次回の定例会議で提出する（担当：横田）。

●配布資料

≪目指せ！営業のプロ≫ハンドブック

次回定例会議予定

最後にA4用紙１枚になっていることを確認し、名前を付けて保存してください。

●解答見本

営業部□部内定例会議□議事録

◆→日　時：2021年10月7日（金）10時～11時30分

◆→場　所：第３会議室

◆→議　題：営業部員の研修について

◆→出席者：佐伯部長、後藤課長、藤本主任、川合、田所、堀田、横田、永井（記）

◆→作成日：10月11日（火）

議事一覧

1.→営業部員研修期間、研修テーマ

2.→営業所見学

議事内容

●2021年度営業部員研修期間、研修テーマ

日付	時間	テーマ
11月14日（月）	9時～12時	営業の基本姿勢
	13時～17時	エチケットマナー
11月15日（火）	9時～12時	営業データの分析
	13時～17時	クレーム処理について
11月16日（水）	9時～12時	ロールプレイング

●営業所見学日程

横浜営業所見学を11月17日（木）の日程で行う。詳細スケジュール案を作り、次回の定例会議で提出する（担当：横田）。

●配布資料

≪目指せ！営業のプロ≫ハンドブック

次回定例会議予定

2021年10月21日（金）10時～11時30分

以上

第5章 知識科目の練習

この章では、過去に出題された試験問題を参考に実践的なトレーニングができるように実際の試験と同様に3択の方法で学習していきます。また、インターネットで採点付きで学習できるシステム「DEKIDAS-WEB」を利用することで、追加問題にも挑戦することができます。なお、「DEKIDAS-WEB」は有効期限以降ご利用いただけなくなります。あしからずご了承ください。

DEKIDAS-WEBの使い方

本書をご購入いただいた方への特典として、「DEKIDAS-WEB」がご利用いただけます。「DEKIDAS-WEB」はスマホやPCからアクセスできる問題演習用WEBアプリです。知識科目の対策にお役立てください。

対応ブラウザは、Edge、Chrome、Safariです（IEは対応していません）。スマートフォン、タブレットで利用する場合は以下のQRコードを読み取り、エントリーページにアクセスしてください。なお、ログインの際にメールアドレスが必要になります。QRコードを読み取れない場合は、下記URLからアクセスして登録してください。

・URL：https://entry.dekidas.com/
・認証コード：nb21M723Hs66ZQ02

※本アプリの有効期限は2024年04月05日です。

知識科目の概要

共通分野

共通分野の知識科目は、とても幅広い範囲から出題されます。技術の細かい部分まで詳しく知っている必要はありませんが、一般常識のような知識やよく耳にする用語の意味は理解して覚えておくようにしましょう。なかなかすぐには身に着けられない知識なので、日ごろの積み重ねが大切になります。

試験範囲が広いため、ポイントを絞って学習することが大切です。日本商工会議所では、3級の共通分野の出題範囲として、以下を挙げています。こうした項目に注意して知識を習得しましょう。

- ハードウェア、ソフトウェア、ネットワークに関する基本的な知識を身につけている。
- ネット社会における企業実務、ビジネススタイルについて理解している。
- 電子データ、電子コミュニケーションの特徴と留意点を理解している。
- デジタル情報、電子化資料の整理・管理について理解している。
- 電子メール、ホームページの特徴と仕組みについて理解している。
- 情報セキュリティ、コンプライアンスに関する基本的な知識を身につけている。

専門分野

「文書作成」3級の知識科目では、独自の範囲として次のような項目について理解しているかどうか問われます。学生の方には身近でない用語ばかりかもしれませんが、社会に出れば必要になる知識なので、しっかり身につけましょう。

- 基本的なビジネス文書（社内・社外文書）の種類と雛形について理解している。
- 文書管理（ファイリング、共有化、再利用）について理解している。
- ビジネス文書を作成するうえで基本となる日本語力（文法、表現法、用字・用語、敬語、漢字、慣用句等）を身につけている。
- ライティング技術に関する基本的な知識（文章表現、文書構成の基本）を身につけている。
- ビジネス文書に関連する基本的な知識（ビジネスマナー、文書の送受等）を身につけている。

練習問題

[問題1] USBメモリに関する説明で誤っている記述を、次の中から選びなさい。

❶ パソコンから直接読み書きできる。
❷ 100MBを超す大容量のファイルは保存できない。
❸ リーダーライターなどを必要とせず、単体で動作する。

[問題2] 一元管理で既存文書を更新する際には、どの方法を使いますか。次の中から選びなさい。

❶ 別名で保存する。
❷ 上書き保存する。
❸ 文書のコピーを保存する。

[問題3] インターネットにおける情報の「住所」にあたるものはどれですか。次の中から選びなさい。

❶ URL
❷ WWW
❸ HTTP

[問題4] パソコンの入れ替えにあたり、できる限り処理速度の速い機種を選定しようと考えている。考慮すべき優先順位が最も低いものを、次の中から選びなさい。

❶ CPU
❷ ディスプレイの解像度
❸ メモリ

[問題5] ホームページにいつどれだけの来訪者があり、どういう経路で来訪したかなど、来訪者の動向を知ることができる機能を、次の中から選びなさい。

❶ アクセスログ
❷ 検索エンジン
❸ グループウェア

[問題6] パソコンの頭脳にあたるCPUの処理速度を示す動作周波数の単位を、次の中から選びなさい。

❶ Hz（ヘルツ）
❷ W（ワット）
❸ B（バイト）

[問題7] 社内でファイルを保管する際のファイル名の付け方として不適切なものを、次の中から選びなさい。

❶ ファイル名は自由に付けてよい。
❷ ファイル名は社内ルールに基づいて付ける。
❸ ファイル名はわかりやすいように付ける。

[問題8] 検索エンジンには「ロボット型」と「ディレクトリ型」があります。「ロボット型」検索エンジンの特長を次の中から選びなさい。

❶ 検索サービス会社が審査をして適切なカテゴリーに分類、登録する。
❷ プログラムを使ってインターネット上のサイトを巡回して索引を作る。
❸ 登録依頼を受付け、人手によって階層的にジャンル分けする。

[問題9] データベースにデータを入力する際に注意すべきことを、次の中から選びなさい。

❶ 項目ごとにデータの形式や桁数を決めて入力する。
❷ データの入力前に、郵便番号順やあいうえお順に整理してから入力する。
❸ データの発生した時間順に入力する。

[問題10] サーバーにあるファイルを特定のユーザーだけに読み書きできるようにするために与えるものを、次の中から選びなさい。

❶ アクセス権限
❷ アドレス
❸ ライセンス

[問題11] ネット社会の特徴として適切なものを、次の中から選びなさい。

❶「ネット社会」は、実体のない空想の社会である。

❷「ネット社会」は、直接目には見えない社会である。

❸「ネット社会」は、情報通信機器が主役の社会である。

[問題12] 一般に、商取引において作成する書類の順序として適切なものを、次の中から選びなさい。

❶ 納品書→請求書→見積書

❷ 見積書→納品書→請求書

❸ 請求書→納品書→見積書

[問題13] グループウェアの機能に該当しないものを、次の中から選びなさい。

❶ プレゼンテーション機能

❷ 電子掲示板機能

❸ スケジュール管理機能

[問題14] デジタルデータの容量として、左から小さい順に並んでいるものを、次の中から選びなさい。

❶ 1MB→1KB→1GB

❷ 1KB→1MB→1GB

❸ 1KB→1GB→1MB

[問題15] ファイルを保管する際に、すでに同名のファイルがあった場合の注意事項として適切なものを、次の中から選びなさい。

❶ 自動的に別名ファイルになるので、特に注意することはない。

❷ 上書きされてしまう可能性があるので、別名で保管するようにする。

❸ 元のファイルとの差分が保管されるので、特に注意することはない。

[問題16] 障害者や高齢者を含め、誰でも簡単な操作でホームページを利用しやすくすることを表した用語を、次の中から選びなさい。

❶ アクセシビリティー

❷ アカウンタビリティー

❸ トレーサビリティー

[問題17] あなたは、上司からあるグラフィックスソフトの購入を指示された。購入する際に必ず確認しなければならないことを、次の中から選びなさい。

❶ 使用するパソコンの色

❷ 使用するパソコンのメーカー

❸ 使用するパソコンのOS

[問題18] 文書作成中に打ち合わせの時間になりました。次のうち作成中の文書の扱いとして最も適切なものを選びなさい。

❶ 作成中の文書を上書き保存し、ファイルを開いたままにしておく。

❷ 作成中の文書を保存せず、ファイルを開いたままにしておく。

❸ 作成中の文書を上書き保存し、ファイルを閉じておく。

[問題19] ネットを使って仕事をするうえで重要となる考え方として適切なものを次の中から選びなさい。

❶ それぞれの部門・組織で最適な方法を考えること。

❷ 企業・組織全体として最適な方法を考えること。

❸ 個々人が自分にとって最適な方法を考えること。

[問題20] LANとインターネット機器を接続する際に使うのは、次のうちどれですか?

❶ USB

❷ ルーター

❸ ハブ（HUB）

[問題21] ビジネス文書は、社内文書と社外文書に分かれます。社外文書にあたるものを、次の中から選びなさい。

❶ 指示書・手順書

❷ 見積書・請求書

❸ 議事録・稟議書

[問題22] **文書のライフサイクルから見て「保管・保存」のプロセスに必要な知識・技術を、次の中から選びなさい。**

❶ 電子メディア
❷ ウィルス対策ソフト
❸ データ消去ソフト

[問題23] **範囲を示す言葉で意味が同じになるものを、次の中から選びなさい。**

❶「30人を超えたとき」と「31人以上のとき」
❷「100人以下」と「0～99人」
❸「20歳未満」と「20歳以下」

[問題24] **敬語として正しい表現を、次の中から選びなさい。**

❶ ご指摘いただきたく思います。
❷ ご指摘いただきたく存じます。
❸ ご指摘いただきたくお願いします。

[問題25] **常用漢字の説明として適切なものを、次の中から選びなさい。**

❶ 現在、その数は4,195字ある。
❷ ビジネス文書では、これ以外の漢字を使用することは禁止されている。
❸ 一般の社会生活において、漢字使用の目安となるものである。

[問題26] **社外文書を作成するうえで求められることを、次の中から選びなさい。**

❶ 儀礼的な要素はできる限り排除する。
❷ 文書は簡潔な表現にし、敬語も最小限にとどめる。
❸ 整った形式で相手に敬意を表したものにする。

[問題27] **敬語として適切なものを次の中から選びなさい。**

❶ 会場でご覧になったことをおっしゃってください。
❷ 前回と同じ操作をいたしてください。
❸ お客様は、資料を拝見されました。

[問題28] **漢字を使わない方がよい表現を、次の中から選びなさい。**

❶ タクシーが過ぎていく
❷ 用意して置く
❸ テレビを見る

[問題29] **いくつかの手順を経て完成する仕事の図解はどれでしょうか?**

❶ マトリックス
❷ フローチャート
❸ ロジックツリー

[問題30] **会議の議事録に必ず必要でないものは、どれでしょうか?**

❶ 議題
❷ 次回の予定
❸ 日付、時間

解説

［問題1］❷ **100MBを超す大容量のファイルは保存できない。**
USBメモリはリーダーライターなどを利用せずに単体でパソコンに接続して使用できる。また、保存容量もG（ギガ）単位の大容量の保存もできる。

［問題2］❷ **上書き保存する。**
既存文書の更新とは、元の文書の内容を書き換えることなので、上書き保存する。

［問題3］❶ **URL**
URLは、https://www.pcukaru.jp/など、httpもwwwも含むすべてを示し、世界に1つしかないインターネットのアドレスを表す。

［問題4］❷ **ディスプレイの解像度**
優先度　CPU＞メモリ＞ハードディスク＞モニター（ディスプレイ）

［問題5］❶ **アクセスログ**
アクセスログは、来訪者のIPアドレス（来訪元）、来訪時間、使用デバイス、サイト内行動（ページの移動）使用ブラウザー、検索来訪方法、など数々の情報が得られる記録。
検索エンジンは、探したい情報に関するキーワードで検索すると、その情報が載っているWebページを探すことができるサービス。
グループウェアとは、電子掲示板やスケジュール管理など、社内のネットワークを活用した情報共有のための仕組み。

［問題6］❶ **Hz（ヘルツ）**
CPUの動作数は、ヘルツで表す。ワットは、消費電力単位、バイトはファイルの容量。

［問題7］❶ **ファイル名は自由に付けてよい。**
個人使用のPCならファイル名は自由に付けられるが、社内でファイル名やフォルダー名を付ける場合は、付け方のルールなどを社内で統一しておくと、再利用したり検索したりするときでもネットワーク上から探しやすくなる。

［問題8］❷ **プログラムを使ってインターネット上のサイトを巡回して索引を作る。**
「検索ロボット」というプログラムを使用して索引を作り、その索引をキーワードから探し出していくシステムを「ロボット型」検索という。

［問題9］❶ **項目ごとにデータの形式や桁数を決めて入力する。**
入力後のデータの活用を考えて、データ形式や桁数など入力項目ごとにデータ入力規則を決めてから入力することが大切である。

［問題10］❶ **アクセス権限**
閲覧のみの権限や読み書きできる権限など、ファイルやシステムを利用する権限を「アクセス権限」と呼ぶ。フォルダーやファイル単位でユーザーに対して管理者がアクセス権限を付与することができる。アクセス制限と勘違いしないこと。

［問題11］❷ **「ネット社会」は、直接目には見えない社会である。**
「ネット社会」は、そのままでは目に見えない社会であるため、参加していないと理解しづらい。パソコンや携帯端末を通じて「ネット社会」に参加し体験し、その便利さやスピードを理解してもらうことが重要である。

［問題12］❷ **見積書→納品書→請求書**
商品やサービスが幾らになるか提示（見積）が応諾されれば、商品やサービスを先方に引き渡す（納品）、先方が受領すれば当初の取り決めの条件で代金を支払ってもらう（請求）。

[問題13] ❶ プレゼンテーション機能
グループウェアが有する主な機能「電子メール機能」「電子掲示板機能」「スケジュール管理機能」「電子会議機能」など。

[問題14] ❷ 1KB→1MB→1GB
キロバイト（KB）→メガバイト（MB）→ギガバイト（GB）→テラバイト（TB）

[問題15] ❷ 上書きされてしまう可能性があるので、別名で保管するようにする。
社内でファイル名やフォルダー名を付ける場合は、付け方のルールなどを社内で統一しておく。

[問題16] ❶ アクセシビリティー
アカウンタビリティーは、説明責任、トレーサビリティーは、商品、荷物などの追跡

[問題17] ❸ 使用するパソコンのOS
ソフトを購入する時は、動作環境の確認が必要である。動作環境とは、ソフトを正常に動作させるために最低限必要となるパソコンの条件のことであり、OSの種類、メモリ容量、ハードディスク容量などがある。

[問題18] ❸ 作成中の文書を上書き保存し、ファイルを閉じておく。
セキュリティやPC不具合を考え上書き保存しファイルを閉じておく。

[問題19] ❷ 企業・組織全体として最適な方法を考えること。
「デジタル仕事術」では、企業・組織全体としてのポリシーやルールづくりなど、組織全体での最適な方法を考えると同時に、業界や社会全体との整合性なども加味して運用していくことが求められている。

[問題20] ❷ ルーター
USBはLANには、使用しない。ハブ（HUB）は、分岐する機器。

[問題21] ❷ 見積書・請求書
見積書も請求書も、社外の取引先に対して作成する文書である。
指示書・手順書は、作業を指示したり、その手順を指示したりするための文書で、社内で使われる。議事録は会議の内容を記録する際に使われ、稟議書は、行いたい施策・購入したいものなどに対して、会社が決裁を行うための書類であり、両方とも社内文書である。

[問題22] ❶ 電子メディア
文書のライフサイクルの「保管・保存」で必要な知識・技術には、次の4つがある。アクセス制限（ファイルへのアクセスを制限する知識やそれを利用できる技術）、電子メディア（ファイルを保管・保存する媒体に関する知識・技術）、検索（保管・保存してある文書から必要なものを検索する知識や技術）、バックアップの方法（データやプログラムを別の記憶媒体に保存する知識技術）。

[問題23] ❶ 「30人を超えたとき」と「31人以上のとき」
「以上」「以下」には、その数字も含むので、「31人以上」は31人を含み、それより多い人数を表す。従って「30人を超えたとき」と同じ意味になる。「20歳未満」は20歳を含まないが「20歳以下」は20歳を含む。「100人以下」は100人も含めているので、「0～99人」とは意味が異なる。

[問題24] ❷ ご指摘いただきたく存じます。
「いただきたく存じます」と表現することで「～いただきたく思います」をより丁寧に表現した敬語表現となる。

[問題25] ❸ 一般の社会生活において、漢字使用の目安となるものである。
平成22年に2,136文字からなる改訂常用漢字表が制定された。常用漢字は、目安であって、使わなくてはいけないとか、常用漢字以外を使ってはいけないというものではない。

[問題26] ❸ **整った形式で相手に敬意を表したものにする。**

社外文書は、会社を代表して書いている文書なので、会社の評価にも影響を及ぼすことを意識しなければならない。 正しい言葉づかい、敬語の使い方などに注意し、整った形式で相手に帝位を表すように書くことが必要である。

[問題27] ❶ **会場でご覧になったことをおっしゃってください。**

それぞれ正しい表現は、「前回と同じ操作をなさってください。」「お客様は、資料をご覧になりました。」

[問題28] ❷ **用意して置く**

「用意しておく」が正しい。「おく」を補助動詞として使う場合は、ひらがなで書く。「物を置く」と主動詞として使う場合は漢字で書く。

[問題29] ❷ **フローチャート**

プロセス図も別名進行図と呼ばれるが、今回は入っていない。 マトリックスは、現状分析と今後の対策検討の思案に用いられる。 ロジックツリーは、組織図。

[問題30] ❷ **次回の予定**

「議題」と「日時」の記録、「出席者」、「議事内容」は、必ず必要である。 議事内容に次回の予定が入っている場合は、議事録に掲載するが、決まっていない場合は、掲載しない。 よって必ずしも必要ではない。

第6章 模擬試験

この章では、過去に出題された実際の試験の問題に即した実践問題で実力を安定させていきます。この模擬問題を繰り返し練習し、自信をもって解答できるようになれば、高得点合格の実力が付きます。

●ファイルを開く

「第6章　模擬試験」のフォルダーには、以下のWordファイルが入っています。問題ごとに、それぞれのWordファイルをダブルクリックで開いて解答していきます。

- 1新入社員研修２０１９年度
- 2ミニバン展示会
- 3女性の旅行動向調査
- 4就職フェア開催のご案内
- 5キャンペーンツアー案内

第1回　模擬試験

知識科目

【試験時間】7分30秒

[問題1] ファイルの種類を大きく2つに分けると、次のうちどれになりますか？

❶ CSVファイルとXMLファイル
❷ プログラムファイルとデータファイル
❸ LZHファイルとZIPファイル

[問題2] ネットワーク上でコンピューターを1台1台識別する設定情報を、次の中から選びなさい。

❶ HUB
❷ DHCP
❸ IPアドレス

[問題3] ファイルを階層別に整理すると便利ですが、階層が深くなるとファイルにアクセスしにくくなります。 こうした場合に利用するショートカット機能の説明として正しいものを次の中から選びなさい。

❶ ファイルへの参照として機能する実態のないアイコン
❷ マウスの右ボタンをクリックして表示させるメニュー
❸ [Ctrl] キーと組み合わせて使うキー操作

[問題4] 組織内では、それぞれの端末でスケジュールなどの情報管理をしていると、食い違いが出てきます。 この食い違いを修正するためには、定期的に（　　　）を行い、調整する必要があります。（　　　）に該当するものはどれでしょうか？

❶ 一元管理の実施
❷ 復元作業
❸ 同期をとる作業

[問題5] コンピューターのシステムを管理し、ユーザーが利用するための操作環境を提供するソフトは、どれでしょうか？

❶ BIOS
❷ OS
❸ ドライバー

[問題6] 情報伝達力の説明として間違っているものは、どれでしょうか？

❶ 発信者がどんな情報を流したかではなく、受け手に正しく伝わったかが重要である。
❷ 伝えるためには、受け手の理解しやすい、わかりやすい表現とタイミングで伝えることが重要である。
❸ 伝わり方が、受け手のITに対する知識や経験の差により左右されることは当然であり、発信者が考える立場ではない。

[問題7] 自分の予定と仕事の管理はビジネスの基本です。 自分だけでなく他の人の予定も参照でき、仕事の予定を管理するのに有効なソフトウェアを次の中から選びなさい。

❶ グループウェア
❷ vCard
❸ タイムスタンプ

[問題8] ブロードバンドの普及によりネット社会は急速な進歩を遂げています。 次のうち、ブロードバンドによる効果が最も大きいといえるものを選びなさい。

❶ 社内LANが高速になった。
❷ 音楽や映像など大量のデータの送受信が可能になった。
❸ メールの送受信が速くなった。

[問題9] コンピューターウィルスの感染は企業活動に大きな影響を与えることから、社員全員が日ごろから十分に注意しておくことが必要です。次の中からウィルス感染に直接関係ないものを選びなさい。

❶ ウィルス対策ソフトの最新情報を更新しておく。
❷ メールで大容量のファイルは送信しない。
❸ 出所の分からないソフトはインストールしない。

[問題10] 紙に書かれた情報とデジタルデータでは、さまざまな違いがあります。 デジタルデータの特徴として正しくないものを次の中から選びなさい。

❶ 大量の複写、配布、交換が容易になる。
❷ データの再利用、再加工、再編集が可能になる。
❸ データの入力はキーボードからのみ可能になる。

[問題11] 文章を構成する単位で、小さい順に左から並んでいるものはどれでしょうか？

❶ 文節→文→単語
❷ 単語→文節→文
❸ 文→文節→単語

[問題12] 文を意味のある単位ごとに出来るだけ小さく区切ったものを何と呼ぶでしょうか？

❶ 文節
❷ 段落
❸ 単語

[問題13] 次の文章を3つの段落に分けます。 適切な段落の分け方はどれでしょうか？

「このたび、当社6階の「丸診療所」内に社員のための健康相談室「健康ライフコーナー」を新設します。 健康は、栄養 ・ 運動 ・ 休養のバランスのとれた生活の積み重ねですが、それ以外にも健康に影響を与える要因が色々あります。 当コーナーでは健康相談のほかに体力 ・ 食生活のチェック、運動方法などから健康を考えます。 健康つくりに関心のある方はどうぞご利用ください。」

❶ ①このたび、当社6階の「丸診療所」内に社員のための健康相談室「健康ライフコーナー」を新設します。 健康は、栄養 ・ 運動 ・ 休養のバランスのとれた生活の積み重ねですが、それ以外にも健康に影響を与える要因が色々あります。 ②当コーナーでは健康相談のほかに体力 ・ 食生活のチェック、運動方法などから健康を考えます。 ③健康つくりに関心のある方はどうぞご利用ください。

❷ ①このたび、当社6階の「丸診療所」内に社員のための健康相談室「健康ライフコーナー」を新設します。 ②健康は、栄養 ・ 運動 ・ 休養のバランスのとれた生活の積み重ねですが、それ以外にも健康に影響を与える要因が色々あります。 ③当コーナーでは健康相談のほかに体力 ・ 食生活のチェック、運動方法などから健康を考えます。 健康つくりに関心のある方はどうぞご利用ください。

❸ ①このたび、当社6階の「丸診療所」内に社員のための健康相談室「健康ライフコーナー」を新設します。 ②健康は、栄養 ・ 運動 ・ 休養のバランスのとれた生活の積み重ねですが、それ以外にも健康に影響を与える要因が色々あります。 当コーナーでは健康相談のほかに体力 ・ 食生活のチェック、運動方法などから健康を考えます。 ③健康つくりに関心のある方はどうぞご利用ください。

[問題14] 算用数字と漢数字の使い分けが最も適切なものはどれでしょうか？

❶ 今月、500万円を売り上げた彼は営業部一の成績です。
❷ 今月、五百万円を売り上げた彼は営業部1の成績です。
❸ 今月、5000000円を売り上げた彼は営業部1の成績です。

[問題15] ビジネス文書には、社外文書と社内文書があります。 次の文書で社内文書といわれるものはどの組み合わせでしょうか？

❶ 挨拶状 ・ 請求書 ・ 納品書
❷ 稟議書 ・ 議事録 ・ 提案書
❸ 見積書 ・ 通知状 ・ 案内状

実技科目

【試験時間】30分

ファイル「1 新入社員研修2019年度」を開いてください。

あなたは、日営○○株式会社の人事課の社員です。このたび上司である係長から今年度の新入社員研修の開催通知を作成するように指示がありました。係長からの指示は、以下の通りです。指示に従って文書を作成し、保存してください。試験時間内に作業が終わらない場合は、終了時点の文書ファイルを指定されたファイル名で保存してから終了してください。保存された結果のみが採点対象となります。

このたび開催される新入社員研修の通知状を新入社員に送る準備をしてください。次の内容で作成すること。

- 発信日は、2020年4月13日とする。
- 標題には、下記の語群から適切なものを選んでつけ加えること。
  【語群】（質問）（通知）（参考）（推選）
- 本文内の「人事課まで」の前に「各課ごとにまとめて」を挿入する。
- 開催場所は、本社別館4階の第3会議室。
- 文書番号は、研修20－2468とする。
- 研修の日程は、今年度から1日増えて4日間となり、5月18日（月）から行うことになった。
- 発信者は、人事課長の佐藤健二とする。
- 主文内の適切な箇所に「別途の」を挿入すること。
- 今年度の日程にあわせて、次によりスケジュール表を修正する。
- 昨年度の2日目の内容は3日目に、3日目の内容は4日目にそれぞれ移行する。
- 2日目には、新たに「新製品開発工場見学」「ビジネスマナーの基礎」「接客販売ロールプレイング」の3つの項目を追加する。
- 昨年度初日に行った「業界における将来の展望」と「社会人としての一般常識」は、今年度は、順番を入れ替えて実施する。
- スケジュール表を見やすくするため、外枠のみ太線にすること。
- 参加申請用紙の提出期限は、開催初日の1週間前とする。
- A4用紙1枚に出力できるようレイアウトすること。
- 作成したファイルは、「新入社員研修2020年度」として保存すること。

第2回　模擬試験

知識科目

【試験時間】7分30秒

[問題1] 文書のライフサイクルにおける「文書データの保存」についての説明として、次の中から最も適切なものを選びなさい。

❶ 文書データを個人のパソコンまたは部門のサーバーに格納し、活用している状態をいう。
❷ あまり使われなくなったが未だ廃棄できない文書データを、ハードディスクやDVDなど他のメディアに移し記録しておくことをいう。
❸ 紙の状態で管理し、電子データは、破棄した状態をいう。

[問題2] 電子データを主体としたビジネスプロセスは、担当者以外の人からは見えなくなります。そうなると仕事を遂行する上で何が重要なポイントになりますか。次の中から選びなさい。

❶ 組織のチームワーク
❷ 個人の人の知識とスキル
❸ パソコンの処理能力

[問題3] ネット社会の特徴に該当するものとして、次の中から最も適切なものを選びなさい。

❶ ネット社会は、直接目に見えない社会である。
❷ ネット社会は、情報通信機器が主役の社会である。
❸ ネット社会は、実態のない空想の社会である。

[問題4] 情報を共有したり配信したりするための方法として「Push型」と「Pull型」があります。「Push型」の説明に該当するものを、次の中から選びなさい。

❶ 新しい情報は原則として管理者以外見ることができない。
❷ 新しい情報はサーバーなどに蓄積され、必要な時に見に行く。
❸ 新しい情報は電子メールなどで知らせてくれる。

[問題5] パソコンで文書を作成していたところ、急に画面が動かなくなりました。キーボードを押してもマウス操作にも反応しません。このような場合にどのような操作を試みればよいでしょうか？適切なものを選択してください。

❶ ｛Esc｝キーと｛Alt｝キーを同時に押す。
❷ ｛Ctrl｝キーと｛Alt｝キーと｛Delete｝キーを同時に押す。
❸ パソコンの電源スイッチを押す。

[問題6] 訪問する会社を事前に（　　　　）で調べて情報を収集しておくことは、「デジタル仕事術」の第一歩です。次の中から（　　　　）にあてはまるものを選んでください。

❶ 電話によるヒアリング
❷ 検索エンジン
❸ 新聞・テレビ

[問題7] 電子データには紙に書かれた情報にはない多くの特徴があります。次の中からこの特徴に該当しないものを選びなさい。

❶ 再利用、再加工、再編集が容易である。
❷ 見た目と同じ情報が相手に伝わる。
❸ 文字、音声、動画を同時に使用できる。

[問題8] 電子メールで段落を示す方法として最も見やすく一般的なものはどれですか。次の中から選びなさい。

❶ 段落の最初の1文字分をあける。
❷ 1行空けや1字下げは行わないで改行だけで示す。
❸ 段落間を1行空ける。

［問題9］以下のような図が表すものは、どれでしょうか？

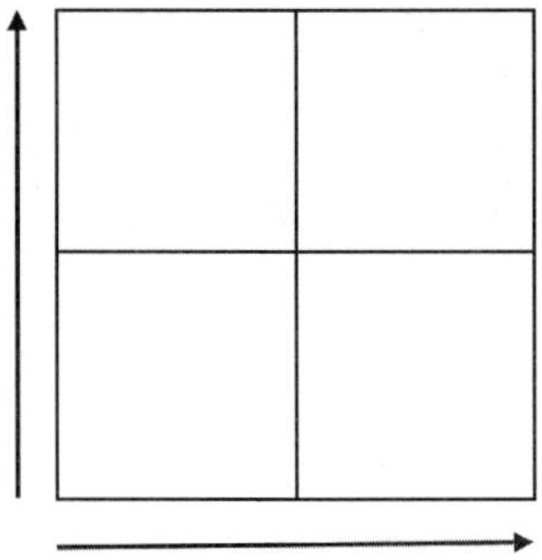

❶ マトリックス図
❷ ダイス図
❸ 正方形

［問題10］ユニバーサルデザインとユビキタス社会について誤った記述は、どれでしょうか？

❶ ユニバーサルデザインとは、男女の違い、年齢、高齢者や身体障害者の人、または、外国人の人でも、それぞれの人に能力の差があっても誰でも利用しやすいデザインのことである。
❷ ユビキタス社会とは、いつでも、どこでも、誰でもがネットワークにつながることにより、様々なサービスが提供される社会である。
❸ ユビキタス社会は、今後計画されている、コンピューターによる自動化されたインターネットの未来の姿である。

［問題11］2つの意味にとれてしまうので、誤解を生みやすい表現の文章はどれでしょうか？

❶ 私も妹も料理が得意ではない。
❷ 来週、私と部下2人が東京へ出張する予定です。
❸ 会議室の使用は、90分以内となっています。 90分を超える場合は、超過料金を頂くことになります。

［問題12］上司より依頼された文書を作成して発信する際に「秋冷の候」と書いたところ、訂正するように指摘を受けました。 正しい時候の挨拶を次の中から選んでください。 なお、発信月は、11月です。

❶ 寒露の候
❷ 新涼の候
❸ 向寒の候

［問題13］次のうち、数字の表現方法として好ましくない表現はどれでしょうか？

❶ 一足飛び
❷ 最後の1滴
❸ 一人っ子

［問題14］次のうち、頭語と結語の組み合わせとして間違っているものはどれでしょうか？

❶ 前略—草々
❷ 謹啓—謹白
❸ 拝復—候

［問題15］ビジネス文書の記書きの部分で結語として使われる終を表す言葉は、次のうちどれでしょうか？

❶ 敬具
❷ 以上
❸ 終了

実技科目

【試験時間】30分

「2 ミニバン展示会」ファイルを開いてください。

あなたは、北西自動車販売株式会社の営業課の社員です。このたび上司である課長から今年度の展示会の案内状を作成するように指示がありました。課長からの指示は、以下の通りです。指示に従って文書を作成し、所定の場所に保存してください。試験時間内に作業が終わらない場合は、終了時点の文書ファイルを指定されたファイル名で保存してから終了してください。保存された結果のみが採点対象となります。

次の内容で作成すること。

- 発信日は、「2019年6月10日」とする。
- 発信者名は「代表取締役　川西雄二」とする。
- 標題は「新型ステーションワゴン展示会のご案内」に修正する。標題の変更に伴い、必要な箇所を変更すること。
- 主文内のあいさつ文を、「時下ますますご清祥の段、お慶び申し上げます。毎度格別のお引き立てを賜り、厚くお礼申し上げます。」に変更すること。
- 主文内の適切な箇所に、「日頃ご愛顧いただいております」を挿入する。
- 前文の時候の挨拶は、発信日を元に下記の語群から適切なものを選んで修正する。
  【語群】新緑の候　初夏の候　盛夏の候
- 主文内の「ご多用のなか恐縮でございますが」の前に、下記の語群から適切なものを選んで挿入する。
  【語群】しかしながら、　つまりは、　つきましては、　これにより、
- 今年の展示会の開催日は「6月22日（土）・23日（日）」とする。
- スケジュール表に次の2つの内容を追加する。
  9:30〜9:50　　参加者受付
  15:00〜17:00　　お客様個別商談会
- なお、それにともない、ご来場感謝大抽選会は14：30〜15：00に変更する。
- スケジュール表は、目立つように外枠のみ太線にする。
- また、時間の欄と予定の欄の間の縦線のみ二重線にする。
- 参加申し込みの締め切りは開催初日の4日前とする。
- 当社の営業担当者は、高田から小林に変わったので申込受付者を修正すること。
- 文書番号は、営業19－0610で発信する。
- 参加申込書の表の住所欄の下に電話番号の記入欄を新たな枠として追加すること。
- 参加申込書の表の項目欄（氏名·住所・電話番号…など）はすべて枠内で均等に割り付けること。
- A4用紙1枚に出力できるようレイアウトすること。
- 作成したファイルは、「ステーションワゴン展示会」として保存すること。

第3回　模擬試験

知識科目

【試験時間】7分30秒

[問題1] 業務データを共有する場合、数か所でデータを持つ複数管理と1箇所でデータを持つ一元管理があります。次の中で一元管理のメリットに該当しないものを選びなさい。

❶ 最新のデータを把握しておくことができる。
❷ データを簡単にコピーして配布することができる。
❸ データが変更になった場合1箇所を修正するだけでよい。

[問題2] ピクチャフォルダー内に、デジタルカメラで撮影した画像が多数あるので整理したい。不連続の画像ファイルを一度に選択するには、マウスとキーボードのどのキーを押せばよいでしょうか？

❶ Shift
❷ Alt
❸ Ctrl

[問題3] 以下のような図が表すものは、どれでしょうか？

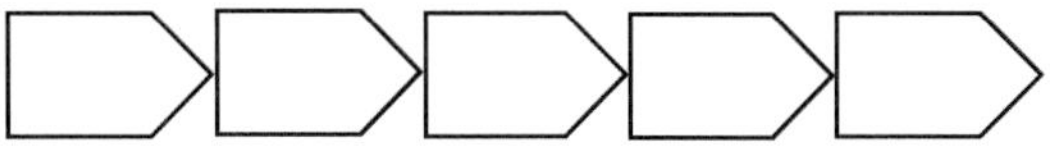

❶ 右進行図
❷ プロセス図
❸ マトリックス図

[問題4] 以下のような図が表すものは、どれでしょうか？

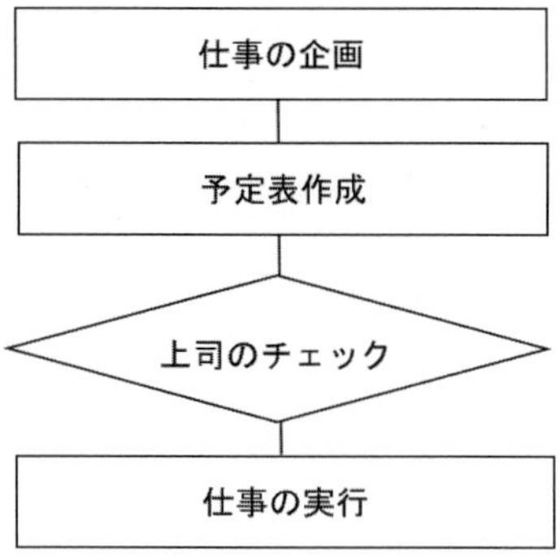

❶ 進行図
❷ フローチャート図
❸ マトリックス図

[問題5] キーボードでCtrlキーを押しながらPキーを押すと、どのようなショートカットキー操作になりますか？

❶ ファイルを上書き保存
❷ ファイルを印刷
❸ ファイルを開く

[問題6] XMLの説明として適切でないものはどれでしょうか？

❶ OSに依存しないテキスト形式
❷ 論理構造とレイアウト構造に分かれている
❸ レイアウト、装飾などを見栄えよくできる

[問題7] HTMLとXMLの説明として正しいのはどれでしょうか？

❶ XMLは論理構造とレイアウト構造に分けることはできるが、OSに依存するテキスト形式なので電子データの交換が容易ではない
❷ HTMLは見栄えなどを記述するために使用され、テキスト文書として読み書きすることはできない
❸ HTMLはウェブページを記述するためのマークアップ言語であり、XMLは文書やデータの意味や構造を記述するためのマークアップ言語のひとつである

[問題8] **ウィルスに感染している可能性の低いものはどれですか？次の中から選びなさい。**

❶ 電子メールで受信した添付ファイルを開いた。
❷ インターネットから音楽をダウンロードした。
❸ 仮想メモリ容量が少ないと表示された。

[問題9] **著作権などモラルの侵害にあたる可能性のある内容はどれでしょうか？**

❶ デジタルカメラで撮った自分の写真を友人にメールで送信
❷ 芸能人のブログから気に入った写真を友人にメールで送信
❸ 自分で作詞作曲した音楽を友人にメールで送信

[問題10] **Webメールの説明として正しくないものはどれでしょうか？**

❶ 出先から電子メールのチェックができる。
❷ メールソフトが必要である。
❸ 自分のパソコンがなくてもインターネットが使える場所があればどこでも利用できる。

[問題11] **図解の作成手順では、図解として取り上げたい（　　　）と図解の（　　　）を明確にします。（　　　）に入れる語句として適当な組み合わせは、どれでしょうか？**

❶ （テーマ）と図解の（目的）
❷ （キーワード）と図解の（パターン）
❸ （パターン）と図解の（テーマ）

[問題12] **ビジネス文書では日付を記載するのが基本ですが、文書のどの部分に記載すればよいでしょうか？**

❶ 左上
❷ 右上
❸ 右下

[問題13] **「タウン情報誌―ピースフルライフ掲載のメリットとしては、地域の発展と明るく健全な町づくりに参加できること、顧客誘致販売促進に役立ちお客さまへのサービス向上につながる、低料金でお店の効果的なPRができることです」という文書を箇条書きにする場合、項目数はいくつになるでしょうか？**

❶ 2
❷ 5
❸ 3

[問題14] **あなたは、上司から仕事の手順を図解で説明するように指示されました。次の図解の中で適切なものはどれでしょうか？**

❶ 座標軸
❷ ABC分析図
❸ プロセス図

[問題15] **社外文書を作成するときに留意することはどれでしょうか？**

❶ 常連のお得意先には、気さくな文章で表現する方が、親しみがあってよい
❷ 挨拶状には定着した形式や言い回しがあるので、それらを守るようにする
❸ 丁寧な文書で作成する際、内容が多少わかりづらくても良い

実技科目

【試験時間】30分

「3 女性の旅行動向調査」ファイルを開いてください。

あなたは、若葉ツーリスト株式会社の営業部企画課の社員です。このたび上司である課長から旅行に関する調査報告書を作成するように指示がありました。課長からの指示は、以下の通りです。指示に従って文書を作成し、所定の場所に保存してください。試験時間内に作業が終わらない場合は、終了時点の文書ファイルを指定されたファイル名で保存してから終了してください。保存された結果のみが採点対象となります。

次の内容で作成すること。

- 文書内に、誤字・脱字が、それぞれ1ヶ所ずつあるので、正しく修正すること。
- 標題を、「調査報告（大学生の旅行動向）」に変更し、拡大・センタリングすること。また、標題の変更に伴い、文書内の必要な箇所を修正すること。
- 記書き内の、調査目的の必要な箇所を変更すること。
- 発信日付を、「2020年5月24日」とすること。
- あて名を「新商品検討会議メンバー」とし、適切な箇所に入力すること。
- 実施期間は、年のみ変更すること。
- 「第2回」の行の適切な箇所に「各10日間」の文字を挿入すること。
- 課長名で発信すること。なお、営業部は昨年まで販売部だった。
- 調査方法の「東京都内オフィスビル街」を「東京都内6大学」とすること。
- 記書き内の項目「1～5」に、ゴシック体もしくは太字の設定をすること。
- 調査対象を「都内の大学生　男女600名」とすること。
- 記書きの最後に適切な語句を挿入し、右寄せにすること。
- 表内の「エステやスパでリフレッシュしたい」を「卒業記念、入学記念」に変更すること。
- 表内の「店頭パンフレットや」の後に、「Webサイト」を追加し、改行すること。
- 表内の「行ってみたい所」で、「ヨーロッパ、オーストラリア、グアム」を「ハワイ、アメリカ西海岸、台湾」に変更すること。
- 表内の「旅行の目的」で、「や習い事」を削除すること。
- 表内の項目「旅行に関する情報収集の手段」の下に、「予定する旅行日数」の行を追加し、「男性：3～7日」「女性：5～10日」と入力すること。
- 表内の項目「費用」の欄の、「国内旅行」と「海外旅行」の行を入れ替え、金額を以下のように修正すること。

  「国内旅行：3～5万円」

  「海外旅行：10～15万円」
- わかりやすいように、表の外枠のみ太線にすること。
- A4用紙1枚に出力できるようレイアウトすること。
- 作成したファイルは、「学生の旅行動向調査」として保存すること。

第4回　模擬試験

知識科目

【試験時間】7分30秒

[問題1] 社会人になってグループで仕事をするようになると、グループの他の人の予定も把握しておく必要がある。このようなときにグループウェアと呼ばれる機能を使うと便利である。下記の内容で正しくないものはどれでしょうか？

❶ 自分一人で行く予定は、他のメンバーに知らせる必要がない
❷ 会議など急な変更がないか、スケジュールを確認できる
❸ 同行をしてもらいたい時、メンバーの予定を確認できる

[問題2] ファイルの圧縮には、圧縮率は低いが元に戻せる可逆圧縮と、完全には元に戻せないが、圧縮率の高い非可逆圧縮があります。可逆圧縮のものはどれでしょうか？

❶ MP3
❷ ZIP
❸ JPEG

[問題3] 紙の文書ではできない電子データ独特の特徴はどれでしょうか？

❶ ハイパーリンクの設定ができる。
❷ FAXで送れる。
❸ 郵送できる。

[問題4] お客様に案内等を送るとき、何通も同じ案内が届かないようにするにはどのような処理をするとよいでしょうか？

❶ 名寄せ
❷ 禁則処理
❸ ソート

[問題5] コンピューターウィルスに感染すると大変なことになります。ウィルス感染の可能性が一番低いのはどれでしょうか？

❶ メールの添付ファイルを確認しないで開く
❷ 何か不明のソフトをインストールした
❸ ウィルス対策ソフトの最新版をダウンロードした

[問題6] 写真をメールで添付して友だちに送ったら、大きくて見づらいと言われた。どのように写真の処理を変更すればよいでしょうか？

❶ 圧縮
❷ 縮小
❸ トリミング

[問題7] メールの機能で正しくないものはどれでしょうか？

❶ アドレスをバックアップする
❷ 送信トレイにあるメールに返信する
❸ 受信したメールを整理する

[問題8] 取引先からパワーポイントの資料をメールで送って欲しいと依頼されました。データ容量が大きくてこのままでは送れないので圧縮して送りたいのですが、どの方法が最適な圧縮形式でしょうか。

❶ MPEG
❷ HTML
❸ ZIP

[問題9] 電子メールの特徴でないものはどれでしょうか？

❶ 電子メールには個人情報保護法などの法律は特にない
❷ 電話のように1対1ではなく、第3者に転送することができる
❸ 自動的に記録が取られるのでトラブルが起きたときの証拠になる

[問題10] あなたは、画像データが無断でコピーされないようにと上司から指示を受けました。どのような処理をすればよいでしょうか？

❶ 暗号化
❷ 電子透かし
❸ 電子証明

[問題11] 誤解を招く可能性があるため、使用すべきでない文章はどれでしょうか？

❶ 山田さんは田中さんとは違って鉄棒が得意ではない

❷ 山田さんも田中さんも鉄棒が得意ではない

❸ 山田さんは田中さんのように鉄棒が得意でない

[問題12] 議事録を作成するときに、一般的に必ず記載する項目はどれでしょうか？

❶ 出席者

❷ 次回の予定

❸ 自分の意見

[問題13] 数字の使い方が最も適切なものはどれでしょうか？

❶ 海外旅行に1度は行ってみたい

❷ 当社の商品も他社の商品も一長一短ある

❸ お客様第1に考えている企業です

[問題14] 先日行われた「地域情報セキュリティー問題対策協議会」の議事録をメールで出席者に送ることにしました。次の中から最も適切な件名はどれでしょうか？

❶ 地域情報セキュリティー問題対策協議会（2009年11月20日）議事録

❷ 地域情報セキュリティー問題対策協議会が支部監査に関して行った会議事録

❸ 対策協議会議事録

[問題15] 文中で「2,806,580,000円」と書いたところ、読みやすい数字に書き換えるように指示されました。最も読みやすいのはどれでしょうか？

❶ 弐拾八億六百五拾八萬円

❷ 28億658万円

❸ 2,806,58万円

実技科目

【試験時間】30分

「4　就職フェア開催のご案内」ファイルを開いてください。

あなたは、情報コミュニケーション能力開発株式会社の営業課の社員です。 このたび上司である課長から今年度の就職フェアの案内状を作成するように指示がありました。 課長からの指示は、以下の通りです。 指示に従って文書を作成し、所定の場所に保存してください。 試験時間内に作業が終わらない場合は、終了時点の文書ファイルを指定されたファイル名で保存してから終了してください。 保存された結果のみが採点対象となります。

次の内容で作成すること。

- あて名と発信日を適切な位置に移動すること。
- 文書番号を適切な位置に配置すること。
- 標題の文字幅を150%に拡大すること。
- 適切な頭語に修正すること。
- 発信者の会社名を、正式名称に修正すること。
- 相手の発展に対する祝儀のあいさつ内の「貴店」を以下から適切なものに変更すること。
  【語群】貴社　ご一同様　御社　貴校
- 主文内の適切な位置に、「就職フェアの」を挿入すること。
- 主文内「～開催いたします。」の後ろの文章を改行すること。
- 記書きの箇条書きに、2文字分のインデントを設定すること。
- 開催日は、「2018年7月16日」からとすること。 最終日は変更なし。
- 「会場見取り図」の、「カウンセリングコーナー」の三角形を45度回転（時計回り）にすること。
- 「3.レッスンのポイント」の表内、1行目を、記述符号を含め、「面接シミュレーション」の行と同じ体裁にすること。
- 「1分間の自己PR」の説明文の適切な箇所に、「少し言い方を変えるだけで」を挿入すること。
- 「1分間自己PR」と「面接シミュレーション」の説明文にそれぞれ1箇所ずつある尊敬表現の誤りを修正すること。
- 表の「面接シミュレーション」の行の上の罫線を、太罫線にすること。
- 適切な場所に「本件担当　守岡（03－5566－7766）」を挿入すること。
- A4用紙1枚に出力できるようレイアウトすること。
- 作成したファイルは、「就職フェア開催のご案内（提案用）」として保存すること。

第5回　模擬試験

知識科目

【試験時間】7分30秒

[問題1] 社内で使用している、社員共有のサーバー上の情報を、自ら取得して活用いく方法を何といいますか？

❶ Pull型
❷ Push型
❸ Up型

[問題2] 電子文書を保護するために、まずすることは文書にパスワードをかけることです。 パスワードには読み取りパスワードと書き込みパスワードがあります。 読み取りパスワードについて正しいのはどれでしょうか？

❶ パスワードを入力しないと、ファイルを開けないようにする。
❷ ファイルを開いて読み取ることはできるが、パスワードを入力しないと、内容を修正したりすることはできない。
❸ ファイルを開いて読み取ることができて、修正したり削除したりすることができる。

[問題3] 企業と個人顧客との間での電子商取引を何と呼ぶでしょうか？

❶ B to C
❷ B to A
❸ B to B

[問題4] 可逆圧縮と非可逆圧縮の説明として正しいものはどれですか？

❶ 可逆圧縮は圧縮できるが非可逆圧縮は圧縮できない。
❷ 可逆圧縮のほうが非可逆圧縮より圧縮率は高い。
❸ 可逆圧縮は、限界を超えない範囲でデータ量を減らすが、非可逆圧縮は、限界を超えて圧縮する。

[問題5] フォルダーやファイルを作成保存していくうち階層構造が深くなってわかりにくくなりました。 それを解決するためによく使われるWindowsの機能はどれでしょうか？

❶ ショートカットキー
❷ 仮想フォルダー
❸ ショートカット

[問題6] 上司から得意先に向けてイベントの案内をメールで通知するように言われました。 この際、一斉送信するのに最も適した方法はどれでしょうか？

❶ 得意先のメールアドレスを全てTOに入力する。
❷ 得意先のメールアドレスを全てBCCに入力する。
❸ 得意先のメールアドレスを全てCCに入力する。

[問題7] デジタルビデオカメラで撮った映像データをメールで送るために圧縮して送ります。 このデータファイルのファイル形式は次のうちどれが適切でしょうか？

❶ MP3
❷ MPEG
❸ JPEG

[問題8] 取引の事実を証明する書類でないものはどれでしょうか？

❶ 領収書
❷ 保険証券
❸ 納品書

[問題9] ネットショップに来訪する顧客の動向に関する情報を収集するための仕組みは何というでしょうか？

❶ アクセスサーチ
❷ アクセスログ
❸ アクセスタイムレコーダー

[問題10] コミュニケーションコストは、ブロードバンドになるとどうなりますか？

❶ 段階課金制
❷ 定額固定料金制
❸ 従量課金制

[問題11]「大和販売株式会社」への、社外文書のあて名の記入方法が間違っていたので、上司より訂正するように言われました。どのように訂正すればよいのでしょうか?

❶「大和販売株式会社様」のように敬称「様」を付ける

❷「大和販売株式会社御中」のように敬称「御中」を付ける

❸「大和販売株式会社各位」のように敬称「各位」を付ける

[問題12]ビジネス文書の作成の際、漢字使用の目安になるものはどれでしょうか?

❶ JIS第1水準漢字

❷ 表外字

❸ 常用漢字

[問題13]社内向け電子メールの説明で、適切でない考え方のものはどれでしょうか?

❶ 簡単な前文・末文を入れるのが普通である。

❷ 一般的な社外文書と同様にきちんと前文、末文を入れなければならない。

❸ あて名については紙の文書に準じた表現をする

[問題14]次の文を書いたところ、読みにくいという指摘を受け、読点を打つように言われました。適切な読点の打ち方をしている文はどれでしょうか?

「充実した高校生活を送るために一人でも多くの会員の方に学校と子供たちの関心をもって欲しい。そのために各会員の皆様のご協力を得て効果的で有意義な父母会を開催する。そしてその中での交流を大切にしながら子供たちに目を向け学校内の活動に力を注ぐ。」

❶「充実した高校生活を送るために一人でも多くの会員の方に学校と、子供たちの関心をもって欲しい。そのために各会員の皆様のご協力を得て効果的で有意義な父母会を開催する。そして、その中での交流を大切にしながら子供たちに目を向け学校内の活動に力を注ぐ。」

❷「充実した高校生活を送るために、一人でも多くの会員の方に学校と子供たちの関心をもって欲しい。そのために、各会員の皆様のご協力を得て、効果的で有意義な父母会を開催する。そして、その中での交流を大切にしながら子供たちに目を向け、学校内の活動に力を注ぐ。」

❸「充実した、高校生活を送るために、一人でも多くの会員の方に、学校と子供たちの関心をもって欲しい。そのために、各会員の皆様のご協力を得て、効果的で、有意義な父母会を開催する。そして、その中での、交流を大切にしながら、子供たちに目を向け、学校内の活動に力を注ぐ。」

[問題15]社外文書に使用する前文として適切なものはどれでしょうか?

❶ 貴社ますますご活躍のこととお慶び申し上げます。

❷ ますますご隆盛のこととお慶び申し上げます。

❸ 山田様には、ますますご健勝のこととお慶び申し上げます。

実技科目

【試験時間】30分

「5 キャンペーンツアー案内」ファイルを開いてください。

あなたは、株式会社MTツーリストの営業部企画課の社員です。 このたび上司である課長からキャンペーンツアーの案内状を作成するように指示がありました。 課長からの指示は、以下の通りです。 指示に従って文書を作成し、所定の場所に保存してください。 試験時間内に作業が終わらない場合は、終了時点の文書ファイルを指定されたファイル名で保存してから終了してください。 保存された結果のみが採点対象となります。

次の内容で作成すること。

- 発信日付を「2020年7月15日」とすること。
- 標題を、「25周年キャンペーン ・ グアムツアーのご案内」に変更すること。
- あて名を「お得意様」とし、適切な敬称を付けるとともに、本文内のあいさつ文の一部を企業向けのものから個人向けの言葉に修正すること。
- 本文内、時候の挨拶を、発信日をもとに下記の語群から適切な言葉を選択して変更すること。
  【語群】猛暑の候、　初夏の候、　残暑の候、
- 本文内の「このたび」の前に入る適切な語句を、次の語群の中から選択して記入すること。
  【語群】しかし、　そこで、　さて、
- 本文内の「日ごろからのご愛顧への感謝の意を込めまして、」の文章を、「当社設立25周年を記念いたしまして、」に変更すること。
- 本文内の適切な位置に「日ごろは当社をご利用いただきまして、誠にありがとうございます。」の文章を新しい段落として追加入力すること。
- 担当者が営業部長の杉田雄介から内山和彦に変更になった。
- 本文内「研修 ・ 慰安旅行など社員の皆様のご親睦を深める機会に」の部分を、「ご家族 ・ ご友人の方々とのひとときのバカンスに」に変更すること。
- 旅行の日程を、「2020年9月13日（日）～15日（火）」に変更すること。
- 日程の変更に伴い、行程表の3日目を削除すること。
- 行程表の2日目の夕食を、「19:00 野外テラスにてバーベキュー・ ディナー」に変更すること。
- 帰国便は、18:10グアム国際空港発JG-643便で、23:35関西国際空港着である。
- わかりやすいように、表の外枠のみ太線にすること。
- ツアーの申込締切日は、8月10日（月）とする。
- 募集人員は、40名である。
- ツアー特別価格は、45,700円（税込み）である。
- 文書番号は、「営発20－1015」で発信する。
- A4用紙1枚に出力できるようレイアウトすること。
- 作成したファイルは、「25周年ツアー」として保存すること。

解説　第1回　模擬試験

知識科目

[問題1] **❷ プログラムファイルとデータファイル**
CSVファイルは、カンマ区切りのファイル形式、XMLファイルは、文書やデータの意味や構造を記述するためのマークアップ言語のひとつである。LZHファイルとZIPファイルは、どちらも圧縮ファイルの種類である。

[問題2] **❸ IPアドレス**
ルーターにはグローバルIPアドレスが1つ割り当てられ、そこに繋がっているパソコンには、ルーターからプライベートIPアドレスが割り振られる。ルーターがプライベートIPアドレスを振り分ける機能を「DHCPサーバー機能」と呼ぶ。HUBは、ネットワークの集線（分岐）装置のこと。

[問題3] **❶ ファイルへの参照として機能する実態のないアイコン**
実体がないとは、中身が元ファイルと違い、何もないということ。元ファイルを素早く起動するためのスイッチのような機能だけである。ウェブサイトのリンクと似た機能である。

[問題4] **❸ 同期をとる作業**
Aサーバーに午後5時の時点の最新情報があっても、Bパソコンには、前日のデータしかない場合、Bパソコンでは、Aサーバーとの同期作業を行い、リアルタイム情報を同期する必要がある。全ての情報をAサーバーに集中し常に最新であるように管理することが、一元管理。復元は、元に戻す作業（異常を正常に戻す）。

[問題5] **❷ OS**
OS（Windowsなど）は、コンピューターを動作させるための基本ソフトのことをいう。ドライバーは「デバイスドライバー」のことで周辺機器をパソコン等で動作させるためのソフトのことである。BIOSは、コンピューターに内蔵、接続されたハードウェアを制御するプログラムのことをいう。

[問題6] **❸ 伝わり方が、受け手のITに対する知識や経験の差により左右されることは当然であり、発信者が考える立場ではない。**

[問題7] **❶ グループウェア**
vCardは、電子名刺。タイムスタンプは、その時間にファイルが存在することの電子的証明書。

[問題8] **❷ 音楽や映像など大量のデータの送受信が可能になった。**
音楽や映像など大量のデータの送受信が可能になったことで、1件当たり、1単位当たりのコストが大幅にさがり、時間も大幅に縮小される。

[問題9] **❷ メールで大容量のファイルは送信しない。**
送信という作業では、通常、コンピューターウィルスに感染することはない。

[問題10] **❸ データの入力はキーボードからのみ可能になる。**
スキャナー、カメラ、各種メディア、インターネット、メールさまざまな方法で入力できる。

[問題11] **❷ 単語→文節→文**
単語＜文節＜段落＜文章の順に大きくなる。

[問題12] **❶ 文節**

[問題13] **❷ ①このたび、当社6階の「丸診療所」内に社員のための健康相談室「健康ライフコーナー」を新設します。②健康は、栄養・運動・休養のバランスのとれた生活の積み重ねですが、それ以外にも健康に影響を与える要因が色々あります。③当コーナーでは健康相談のほかに体力・食生活のチェック、運動方法などから健康を考えます。健康つくりに関心のある方はどうぞご利用ください。**

[問題14] ❶ 今月、500万円を売り上げた彼は営業部一の成績です。

日本一というが日本1とはいわない。 日本二という言葉は使用されない。 日本1位は、2,3,4と順位がある。 変化する数字である500万円は算用数字を使用。 変化しない数字は、漢数字を使用する。 通常、営業部一は、一以外使用しない。

[問題15] ❷ 稟議書 ・ 議事録 ・ 提案書

提案書は、社外でも使用しそうであるが、本来は、企画書。 見積書と請求書は、社外に使用し、社内では、経費や予算の稟議や決済として処理される。 なので、解答は2しかない。

実技科目

解答の手順は以下の通りです。 まず最初の文章の部分を変更します。

[1]発信日の修正
[2]標題に適切な語句を追加
[3]本文内の「人事課まで」の前に文章の追加
[4]開催場所の修正
[5]文書番号の修正
[6]研修日程の変更（「4日間」に）
[7]発信者名の入力
[8]主文内の適切な箇所に「別途の」を挿入

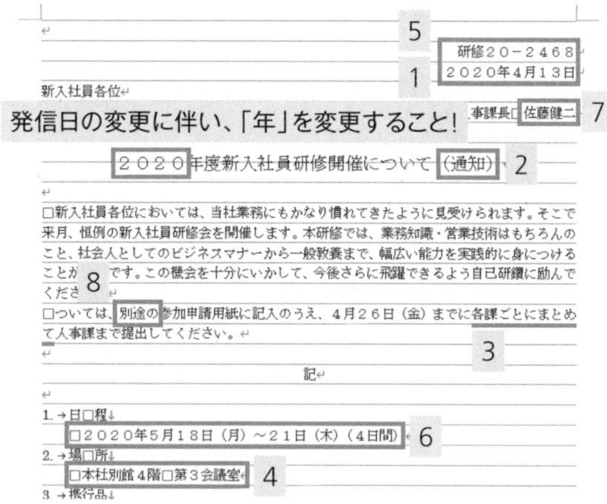

5
研修２０－２４６８
1
２０２０年４月１３日
新入社員各位
発信日の変更に伴い、「年」を変更すること!
事課長□佐藤健二
7
２０２０年度新入社員研修開催について（通知）
2
□新入社員各位においては、当社業務にもかなり慣れてきたように見受けられます。そこで来月、恒例の新入社員研修会を開催します。本研修では、業務知識・営業技術はもちろんのこと、社会人としてのビジネスマナーから一般教養まで、幅広い能力を実践的に身につけることが　です。この機会を十分にいかして、今後さらに飛躍できるよう自己研鑽に励んでくださ
8
□ついては、別途の参加申請用紙に記入のうえ、４月２６日（金）までに各課ごとにまとめて人事課まで提出してください。
3
記
1. →日□程
□２０２０年５月１８日（月）～２１日（木）（４日間）
6
2. →場□所
□本社別館４階□第３会議室
4
3. →携行品

次に、スケジュール表を変更します。「1日目」の下に1行挿入します。

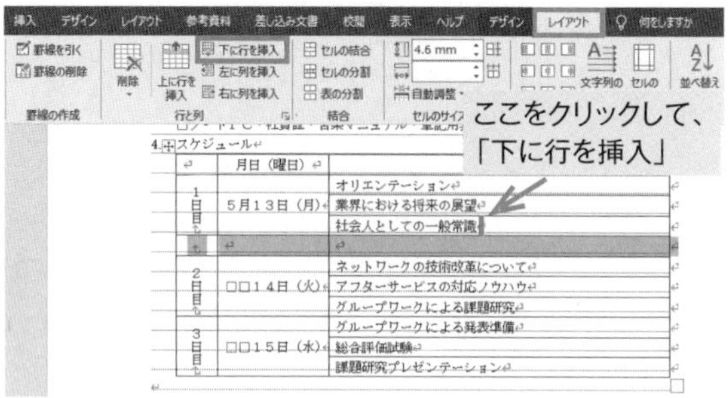

下に行を挿入
ここをクリックして、「下に行を挿入」
4.スケジュール
月日（曜日）
1日目
5月13日（月）
オリエンテーション
業界における将来の展望
社会人としての一般常識
2日目
□□14日（火）
ネットワークの技術改革について
アフターサービスの対応ノウハウ
グループワークによる課題研究
3日目
□□15日（水）
グループワークによる発表準備
総合評価試験
課題研究プレゼンテーション

右端のセルを「3行」に分割します。

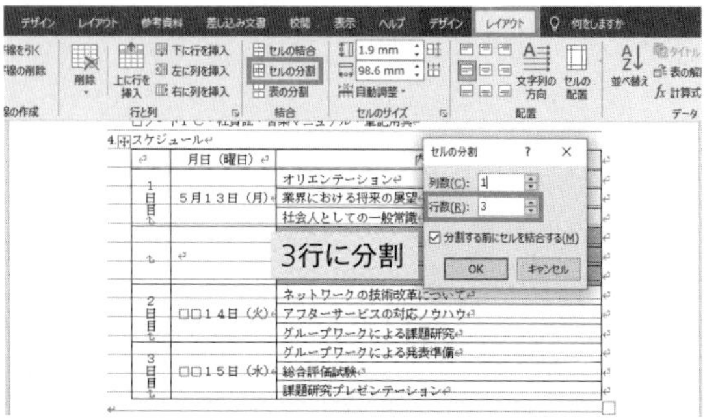

セルの分割
セルの分割
列数(C): 1
行数(R): 3
分割する前にセルを結合する(M)
OK
キャンセル
3行に分割
4.スケジュール
月日（曜日）
1日目
5月13日（月）
オリエンテーション
業界における将来の展望
社会人としての一般常識
2日目
□□14日（火）
ネットワークの技術改革について
アフターサービスの対応ノウハウ
グループワークによる課題研究
3日目
□□15日（水）
グループワークによる発表準備
総合評価試験
課題研究プレゼンテーション

「2日目」「3日目」の文字を「3日目」「4日目」に変更し、「月日」の日付と曜日を修正します。

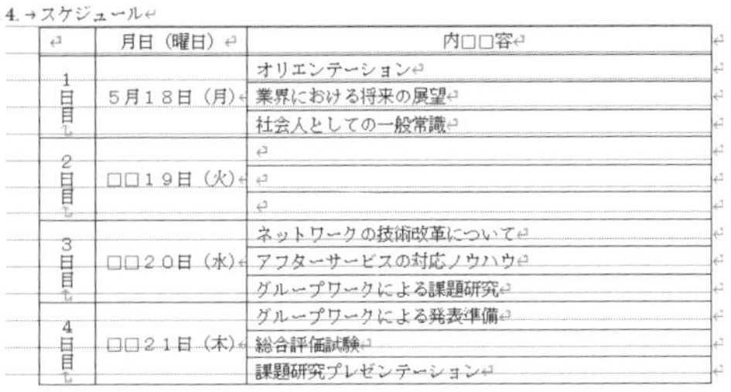

4. →スケジュール

	月日（曜日）	内□□容
1日目	5月18日（月）	オリエンテーション
		業界における将来の展望
		社会人としての一般常識
2日目	□□19日（火）	
3日目	□□20日（水）	ネットワークの技術改革について
		アフターサービスの対応ノウハウ
		グループワークによる課題研究
4日目	□□21日（木）	グループワークによる発表準備
		総合評価試験
		課題研究プレゼンテーション

注意

日付の数字の前にある「空白（スペース）」に気をつけてください。元ファイルと同じように、数字の前に「空白」を「2文字分」入れてから数字を入力してください。

「2日目」の内容を入力します。

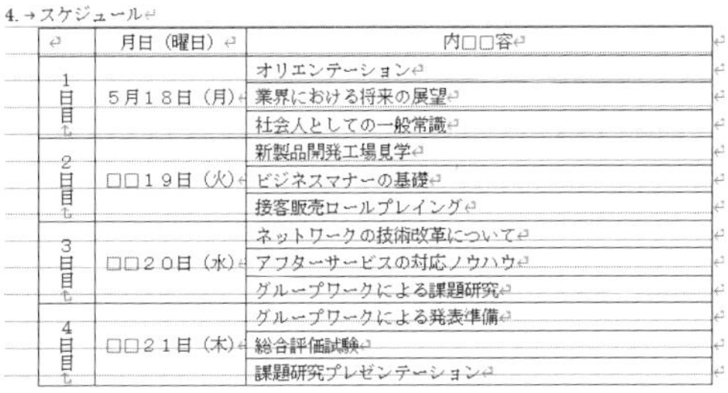

4. →スケジュール

	月日（曜日）	内□□容
1日目	5月18日（月）	オリエンテーション
		業界における将来の展望
		社会人としての一般常識
2日目	□□19日（火）	新製品開発工場見学
		ビジネスマナーの基礎
		接客販売ロールプレイング
3日目	□□20日（水）	ネットワークの技術改革について
		アフターサービスの対応ノウハウ
		グループワークによる課題研究
4日目	□□21日（木）	グループワークによる発表準備
		総合評価試験
		課題研究プレゼンテーション

昨年度初日の内容の順番を入れ替えます。

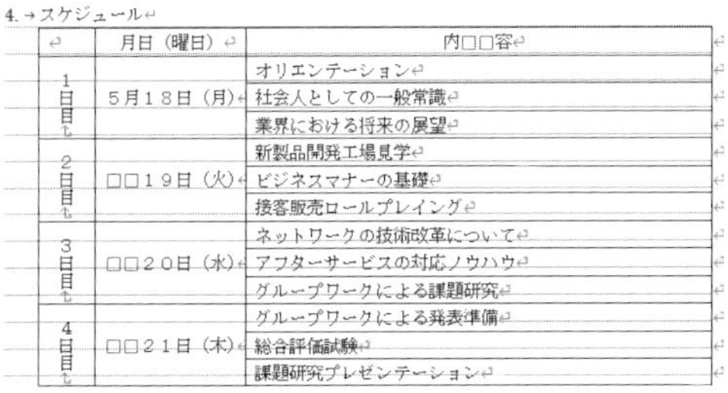

4. →スケジュール

	月日（曜日）	内□□容
1日目	5月18日（月）	オリエンテーション
		社会人としての一般常識
		業界における将来の展望
2日目	□□19日（火）	新製品開発工場見学
		ビジネスマナーの基礎
		接客販売ロールプレイング
3日目	□□20日（水）	ネットワークの技術改革について
		アフターサービスの対応ノウハウ
		グループワークによる課題研究
4日目	□□21日（木）	グループワークによる発表準備
		総合評価試験
		課題研究プレゼンテーション

表の外枠を太線に設定します。

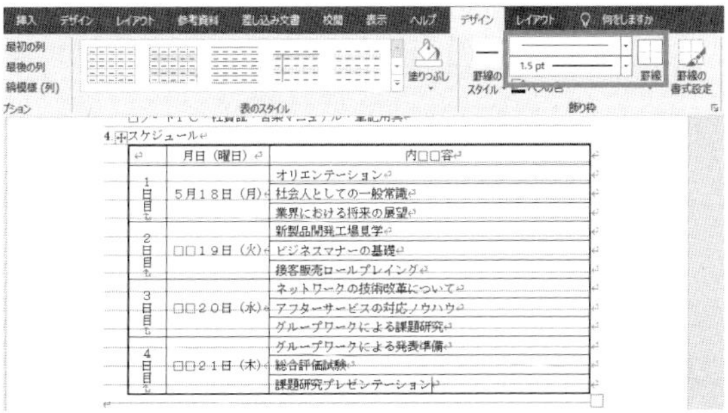

4. スケジュール

	月日（曜日）	内□□容
1日目	5月18日（月）	オリエンテーション
		社会人としての一般常識
		業界における将来の展望
2日目	□□19日（火）	新製品開発工場見学
		ビジネスマナーの基礎
		接客販売ロールプレイング
3日目	□□20日（水）	ネットワークの技術改革について
		アフターサービスの対応ノウハウ
		グループワークによる課題研究
4日目	□□21日（木）	グループワークによる発表準備
		総合評価試験
		課題研究プレゼンテーション

続いて、参加申請用紙の提出期限の修正します。文章中の日付が18日（月）の1週間前になるようにしてください。「7」を引き、曜日は変えません。

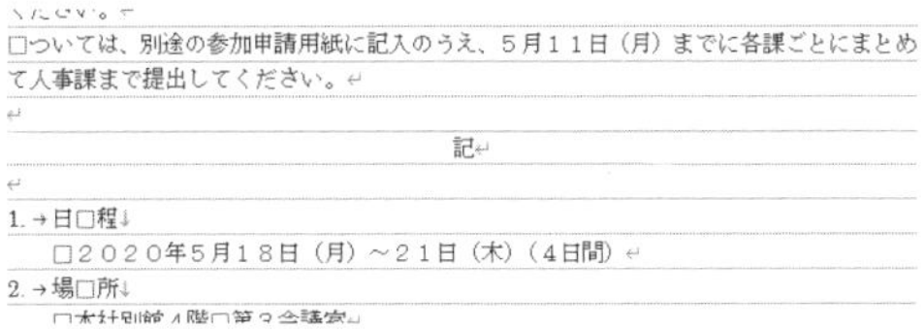

□ついては、別途の参加申請用紙に記入のうえ、5月11日（月）までに各課ごとにまとめて人事課まで提出してください。

記

1. →日□程

□2020年5月18日（月）～21日（木）（4日間）

2. →場□所

最後に、「ページ設定」ダイアログボックスからA4用紙1枚になっていることを確認し、名前を付けて保存してください。解答見本では、「ページ設定」で「行数」を増やしています。

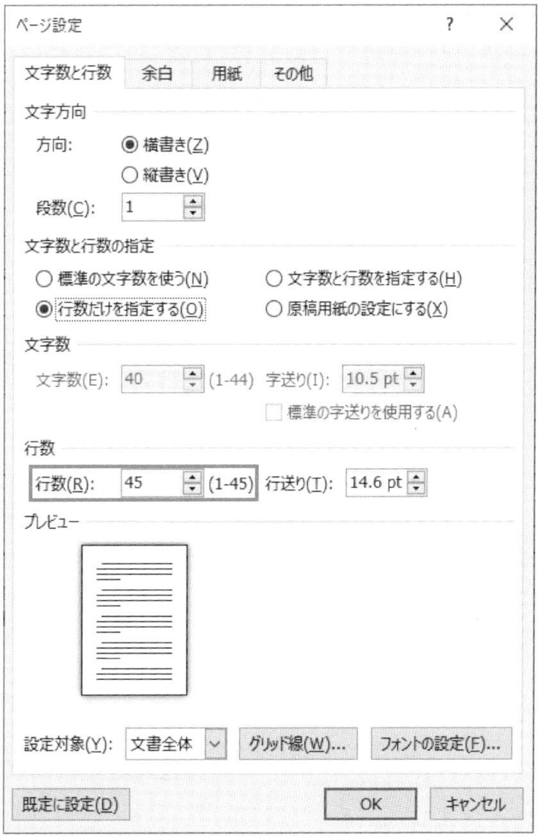

[解答見本]

研修２０－２４６８

２０２０年４月１３日

新入社員各位

人事課長□佐藤健二

２０２０年度新入社員研修開催について（通知）

□新入社員各位においては、当社業務にもかなり慣れてきたように見受けられます。そこで来月、恒例の新入社員研修会を開催します。本研修では、業務知識・営業技術はもちろんのこと、社会人としてのビジネスマナーから一般教養まで、幅広い能力を実践的に身につけることが目的です。この機会を十分にいかして、今後さらに飛躍できるよう自己研鑽に励んでください。

□ついては、別途の参加申請用紙に記入のうえ、５月１１日（月）までに各課ごとにまとめて人事課まで提出してください。

記

1. 日□程
□２０２０年５月１８日（月）～２１日（木）（４日間）
2. 場□所
□本社別館４階□第３会議室
3. 携行品
□ノートＰＣ・社員証・営業マニュアル・筆記用具
4. スケジュール

	月日（曜日）	内□□容
1日目	５月１８日（月）	オリエンテーション
		社会人としての一般常識
		業界における将来の展望
2日目	□□１９日（火）	新製品開発工場見学
		ビジネスマナーの基礎
		接客販売ロールプレイング
3日目	□□２０日（水）	ネットワークの技術改革について
		アフターサービスの対応ノウハウ
		グループワークによる課題研究
4日目	□□２１日（木）	グループワークによる発表準備
		総合評価試験
		課題研究プレゼンテーション

※なお、研修終了後一週間以内に、３０００字以内にて自己評価レポートを作成し、人事課まで提出のこと。

以□上

解説　第2回　模擬試験

知識科目

[問題1] **❷ あまり使われなくなったが未だ廃棄できない文書データを、ハードディスクやDVDなど他のメディアに移し記録しておくことをいう。**
ここでいう文書のライフスタイルにおける……は、最終保存状態を示す。e-文書法などの法律により、企業などに義務づけられている文書の保管には、紙に加えて、電子データの形式も認められるようになっている。

[問題2] **❷ 個人の人の知識とスキル**
チームワークは、重要であるが、目の前にある情報は、個人の端末上にしかなく、いちいち他の人に確認を取っていたのでは、前に進まない。

[問題3] **❶ ネット社会は、直接目に見えない社会である。**
人間社会が主役であり、実物、現実の世界である。仮想空間と呼ばれるが、空想の世界ではない。バーチャルモール（仮想商店街）などでは、実際の店舗ではないが、買い物も普通にできる（ネットショッピング）。買ったものは、宅急便で自宅に届く。決して空想の世界ではない。

[問題4] **❸ 新しい情報は電子メールなどで知らせてくれる。**
「Pull型」は、新しい情報はサーバーなどに蓄積され、必要な時に見に行く。「Push型」は、新しい情報は電子メールなどで知らせてくれる。

[問題5] **❷ ｛Ctrl｝キーと｛Alt｝キーと｛Delete｝キーを同時に押す。**
｛Ctrl｝キーと｛Alt｝キーと｛Delete｝キーを同時に押し、タスクマネージャーを起動させる。終了したいアプリケーション、または、シャットダウンを選択し、強制的に終了させる。このタスクマネージャーでも反応しない場合は、電源ボタンを長押しすれば、強制終了できるが、のちに不具合が起こる可能性もある。

[問題6] **❷ 検索エンジン**
「デジタル仕事術」という設問だから。その他は、従来から存在するアナログ仕事術。

[問題7] **❷ 見た目と同じ情報が相手に伝わる。**
コンピューター機器には、多数の種類があり、モニターの大きさや形も様々である。最近では、スマートフォンやインターネットテレビの登場でますます変化している。自分の見ている画面とは、全く違った画面で相手は、見ている可能性がある。また、受け手の好みで、自動的に画面デザインが変えられるので、色なども変わってしまう。

[問題8] **❸ 段落間を1行空ける。**
小さなスペースの電子メールでは、文字が込み合うので、内容の違う段落は、1行分の空白行を設けて区別する。

[問題9] **❶ マトリックス図**
2つの評価軸を縦軸と横軸に持たせて、検討対象を交点上に配置する図法。俯瞰的に分析や分類を行うことができる。これ以外にも、表形式で行と列に検討項目を並べて、交点に関連度合いを示す形式もある。

[問題10] **❸ ユビキタス社会は、今後計画されている、コンピューターによる自動化されたインターネットの未来の姿である。**
ユニバーサルデザインとユビキタス社会の説明は、問題文の選択肢❶❷を参照。

[問題11] **❷ 来週、私と部下2人が東京へ出張する予定です。**
私と部下の合計2名、または、私と部下2名の合計3名、の2通りにとれてしまう。

[問題12] **❸ 向寒の候**
Wordの挨拶文ウィザードを参照して学習するようにしよう。

[問題13] **❷ 最後の1滴**
最後の一滴が正しい。液体は、1滴2滴と数えるが、この場合は「最後」と限定されているので慣用的に漢数字を使用する。

［問題14］❸ 拝復―候

拝復は、敬具で終わる。候は、明治初期まで使用された候文にて使用。段落末に候と入れる。文末ではない。

［問題15］❷ 以上

記書きは、「記」→「箇条書きや表など簡潔な表現」→「以上」で終わる。Wordでは、「記」を入力すると自動で「以上」が文末右揃えで入力される機能がある。

実技科目

解答の手順は以下の通りです。まず最初の文章の部分を変更します。

[1]発信日の変更

[2]発信者名の変更

[3]標題の変更（標題の変更に伴い、文中の「ミニバン」を「ステーションワゴン」に変更）

[4]主文内のあいさつ文の変更（元々入力されている「ますますご健勝のこととお喜び申し上げます。」は削除）

[5]「日頃ご愛顧いただいております」を挿入（「お客様のみをご招待し、」の前）

[6]時候の挨拶の変更（6月の文書なので「初夏の候、」を選択）

[7]主文内に適切な語句を挿入（「つきましては、」を選択）

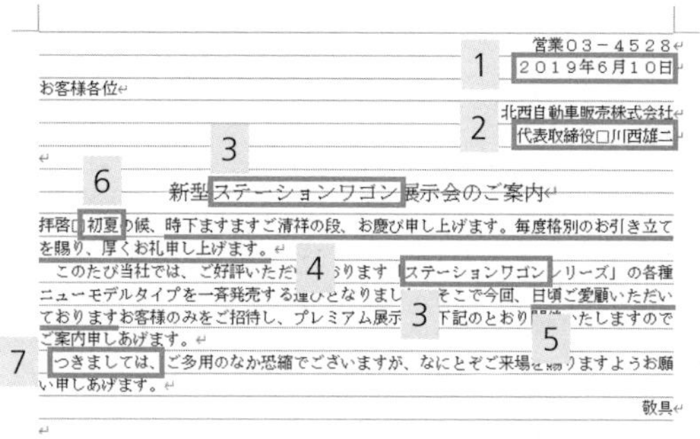

営業０３－４５２８
1
２０１９年6月１０日
お客様各位
北西自動車販売株式会社
2
代表取締役□川西雄二
3
6
新型ステーションワゴン展示会のご案内
拝啓□初夏の候、時下ますますご清祥の段、お慶び申し上げます。毎度格別のお引き立てを賜り、厚くお礼申し上げます。
このたび当社では、ご好評いただ
4
ります「ステーションワゴンシリーズ」の各種ニューモデルタイプを一斉発売する
そこで今回、日頃ご愛顧いただいておりますお客様のみをご招待し、プレミアム展示
3
下記のとおり
たしますのでご案内申しあげます。
5
7
つきましては、ご多用のなか恐縮でございますが、なにとぞご来場
りますようお願い申しあげます。
敬具

次に、展示会の開催日時の修正を行います。「2018年」を「2019年」に変更してください。

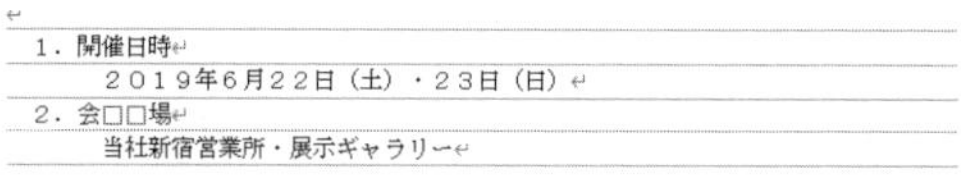
１．開催日時
２０１９年6月２２日（土）・２３日（日）
２．会□□場
当社新宿営業所・展示ギャラリー

続いて、スケジュール表を変更します。行の追加、時間の変更を行います。

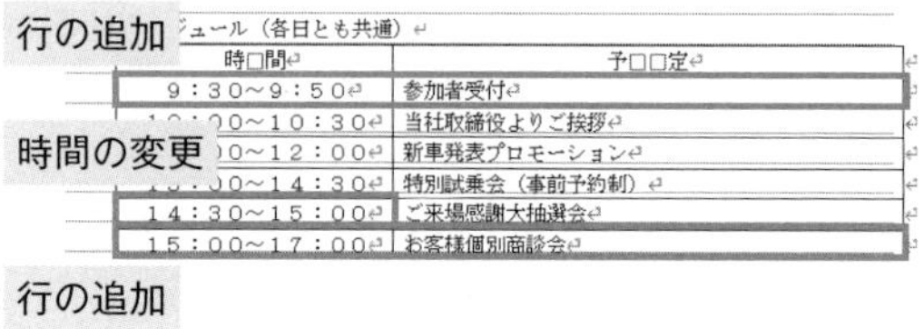

行の追加
ジュール（各日とも共通）
時□間
予□□定
９：３０～９：５０
参加者受付
当社取締役よりご挨拶
時間の変更
０～１２：００
新車発表プロモーション
０～１４：３０
特別試乗会（事前予約制）
１４：３０～１５：００
ご来場感謝大抽選会
１５：００～１７：００
お客様個別商談会
行の追加

罫線を変更します。

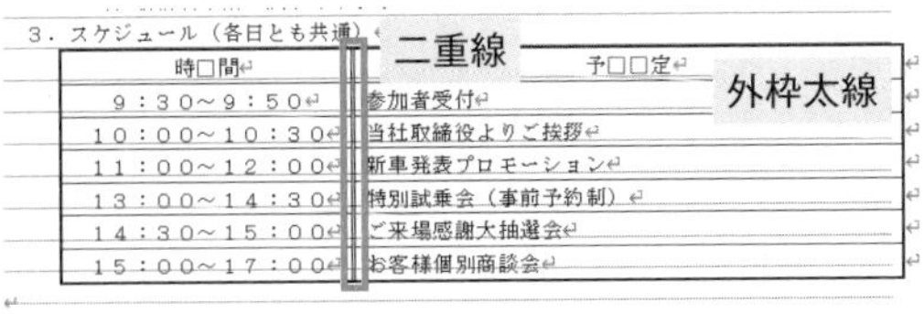

参加申し込みの締め切りを、開催初日「6月22日（土）」の4日前としてください。当社営業担当者を、高田から小林に変更します。

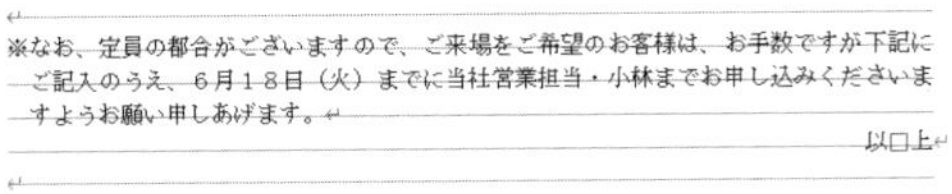

文書番号を修正します。

参加申込書に電話番号の記入欄を新たな枠として追加します。

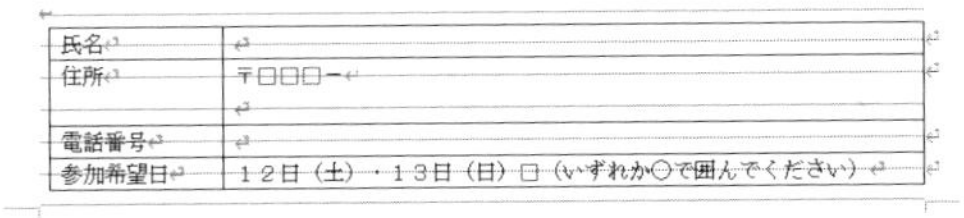

表の項目欄を、枠内で均等割り付けします。列全体を選択して均等割り付けしましょう。「氏名」から「現在の車種」までを一気にドラッグします。

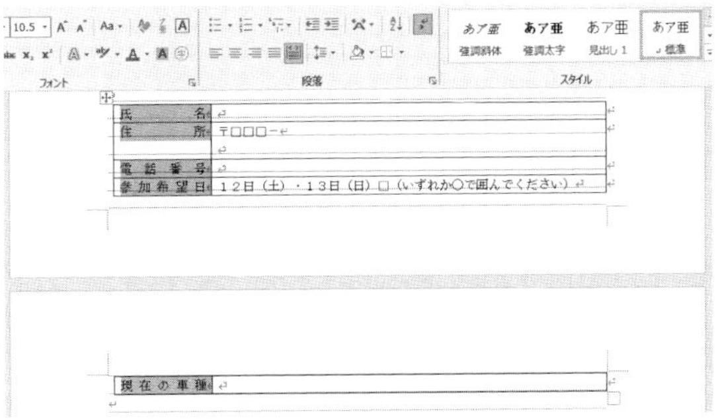

注　意

このとき、以下のように文字のみを選択して均等割り付けしないように気をつけましょう。

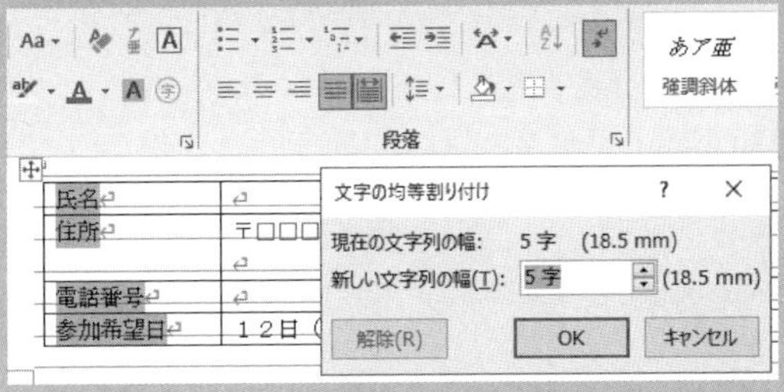

また、問題文の指示にはありませんが、開催日時が変更されているので、それに伴い、参加申込書の参加希望日も変更します。この日付の変更は見落としやすいので、注意しましょう。

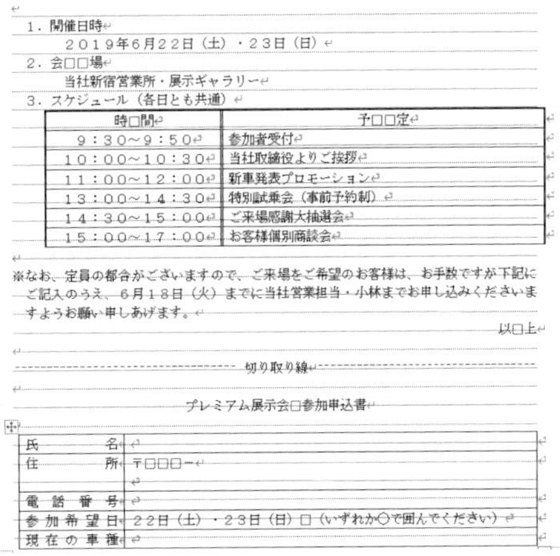

最後に、「ページ設定」ダイアログボックスからA4用紙1枚になっていることを確認し、名前を付けて保存してください。「ページ設定」で行数を増やしましょう。
行数の最大値「49行」まで増やします。行数欄の「（1-49）」の数字は、最大49行まで増やせる、という意味です。それでも入りきらない場合は、上の余白を減らして1ページに入るよう調整します。

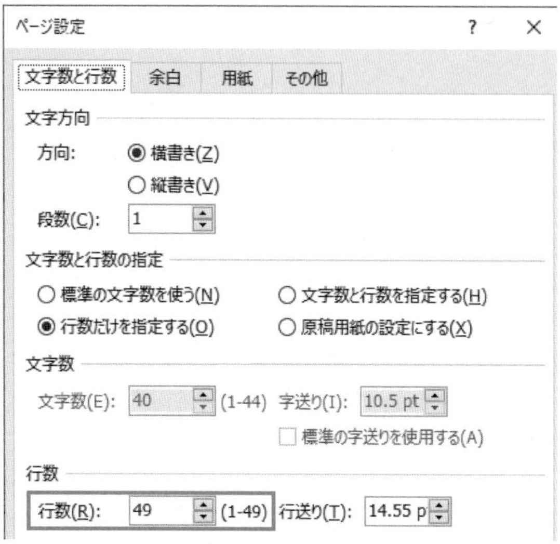

もし1ページに入らない場合は上または下の「余白」の数字を減らします。

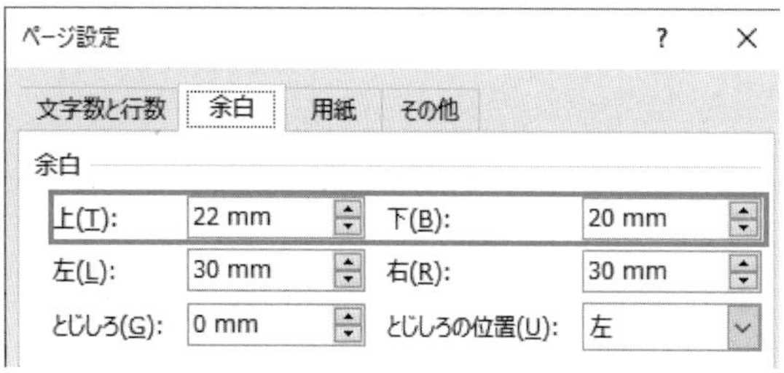

注　意

以下のように2ページ目に空白の行が残っている場合は、必ず削除してください。

[解答見本]

営業１９－０６１０
２０１９年６月１０日

お客様各位

北西自動車販売株式会社
代表取締役□川西雄二

新型ステーションワゴン展示会のご案内

拝啓□初夏の候、時下ますますご清祥の段、お慶び申し上げます。毎度格別のお引き立てを賜り、厚くお礼申し上げます。

　このたび当社では、ご好評いただいております「ステーションワゴンシリーズ」の各種ニューモデルタイプを一斉発売する運びとなりました。そこで今回、日頃ご愛顧いただいておりますお客様のみをご招待し、プレミアム展示会を下記のとおり開催いたしますのでご案内申しあげます。

　つきましては、ご多用のなか恐縮でございますが、なにとぞご来場を賜りますようお願い申しあげます。

敬具

記

１．開催日時

２０１９年６月２２日（土）・２３日（日）

２．会□□場

当社新宿営業所・展示ギャラリー

３．スケジュール（各日とも共通）

時□間	予□□定
９：３０～９：５０	参加者受付
１０：００～１０：３０	当社取締役よりご挨拶
１１：００～１２：００	新車発表プロモーション
１３：００～１４：３０	特別試乗会（事前予約制）
１４：３０～１５：００	ご来場感謝大抽選会
１５：００～１７：００	お客様個別商談会

※なお、定員の都合がございますので、ご来場をご希望のお客様は、お手数ですが下記にご記入のうえ、６月１８日（火）までに当社営業担当・小林までお申し込みくださいますようお願い申しあげます。

以□上

------------------------------ 切り取り線 ------------------------------

プレミアム展示会□参加申込書

氏名	
住所	〒□□□－
電話番号	
参加希望日	２２日（土）・２３日（日）□（いずれか○で囲んでください）
現在の車種	

解説　第3回　模擬試験

知識科目

［問題1］ **❷ データを簡単にコピーして配布することができる。**
一元管理で、データをコピーして簡単に配布できるが、特に重要なメリットではない。 また、複数管理でも可能である。

［問題2］ **❸ Ctrl**
最初の1ファイルをクリックした後、Ctrlキーを押しそのまま、次々とマウスで選択すると、不連続のファイルを一度に選択できる。 最初の1ファイルをクリックした後、Shiftキーを押したまま、最後のファイルをクリックすると、その間にある連続したファイルすべてを選択できる。

［問題3］ **❷ プロセス図**
工事の進行予定やシナリオなど左から右へ時間が経過していく。

［問題4］ **❷ フローチャート図**
コンピューターのプログラムの企画図、工場内の作業工程図など、時には、図が枝分かれし分岐した複雑なものになる。

［問題5］ **❷ ファイルを印刷**
ファイルを上書き保存は、Ctrl＋S、ファイルを開くは、Ctrl＋O

［問題6］ **❸ レイアウト、装飾などを見栄えよくできる**
レイアウト、装飾などを見栄えよくできるか、できないかは、利用者のセンスや技量による。 XMLだから綺麗になるわけではない。 レイアウト構造を独自のスタイルシートを導入して全く違うデザインに簡単に変更することができるのが特徴。 論理構造は、そのまま使える。

［問題7］ **❸ HTMLはウェブページを記述するためのマークアップ言語であり、XMLは文書やデータの意味や構造を記述するためのマークアップ言語のひとつである**
マークアップは、文書の一部を「タグ」と呼ばれる特別な文字列で囲うことで、文章の構造(見出しや箇条書き、リンク設定など)、書式情報(フォントサイズや色など)を、文章中に記述していくコンピューター言語。「タグ」とは、＜○○＞内容文＜/○○＞の形式で記載されるもの。

［問題8］ **❸ 仮想メモリ容量が少ないと表示された。**
メモリ不足と表示された場合は、異常にプログラムが多く活動中ということで、もしかしたら、ウィルスソフトが起動している可能性がないとは言えない。 しかし、仮想メモリは、ハードディスクの空き容量を利用して活用されるもので補助的なものであり可能性はより低い。 コンピューターウィルスの侵入経路の多くは、メールの添付ファイルと、ダウンロード。

［問題9］ **❷ 芸能人のブログから気に入った写真を友人にメールで送信**
カメラマンの著作権、または、タレントの肖像権などを侵害している可能性がある。

［問題10］ **❷ メールソフトが必要である。**
Webメールは、ブラウザーで指定のWebサイトを閲覧することで利用できる。個別のコンピューターのメールソフトに対応しているものではない。メールソフトではなくブラウザーが必要。

［問題11］ **❶（テーマ）と図解の（目的）**
パターンやキーワードは、テーマや目的など基本が決まってから考えるもの。

［問題12］ **❷ 右上**
ビジネス文書では、文書番号と日付は、文頭の右上に掲載する。

［問題13］ **❸ 3**
1.地域の発展と明るく健全な町づくりに参加
2.顧客誘致販売促進に役立ちお客さんへのサービス向上
3.低料金でお店の効果的なPR

[問題14] ❸ **プロセス図**

プロセス図は、仕事の進行などを左から右への時間の流れで説明する図。

[問題15] ❷ **挨拶状には定着した形式や言い回しがあるので、それらを守るようにする**

特定の一個人にあてた手紙には、親しみを込めた文面も効果的であるが、一般的に社外文章と言えば、定例の挨拶文等が必須。

実技科目

解答の手順は以下の通りです。 まず文書内の誤字脱字を、それぞれ1ヶ所ずつ修正します。

・「歓心」を「関心」に修正

1．調査目的

　働く女性をターゲットにした旅行パッケージの新企画に向け、どのような旅行に関心を持っているかを調査するために実施した。

・表内の「旅行にかけ費用」を「旅行にかける費用」に修正

項□□目	回□□答
国内旅行で行ってみたい所	北海道、九州、沖縄
海外旅行で行ってみたい所	ヨーロッパ、オーストラリア、グアム
旅行の目的	エステやスパでリフレッシュしたい 観光（自然を見る・歴史建造物などを見る） 語学や習い事などの学習を兼ねて
旅行に関する情報収集の手段	店頭パンフレットや旅行代理店窓口
旅行にかける費用	国内旅行：５～１５万円以内 海外旅行：２０～３０万円以内

続いて、 最初の文章の部分を変更します。

[1]標題の変更、拡大、センタリング

[2]標題の変更に伴い、文書内の必要な箇所を修正（「働く女性」を「大学生」に変更）

[3]発信日付の変更

[4]あて名の入力（問題文の指示はなくても敬称「各位」をつける）

3 ２０２０年５月２４日

新商品検討会議メンバー各位

販促部企画課長□馬場稔彦

4

1 調査報告（大学生の旅行動向）

□標記調査結果につきまして、下記のように報告いたします。

記

1．調査目的 2

　大学生をターゲットにした旅行パッケージの新企画に向け、どのような旅行に関心を持っているかを調査するために実施した。

実施期間の「年」のみ変更します（2017年を2020年に変更）。 また、「第2回」の行の適切な箇所に「各10日間」の文字を挿入します。

3．実施期間

　第１回□２０２０年２月１０日～

　第２回□２０２０年３月１０日～□各１０日間

発信者名の変更を行います（「販売部」を「営業部」に変更）。

２０２０年５月２４日

新商品検討会議メンバー各位

営業部企画課長□馬場稔彦

調査方法を変更します。

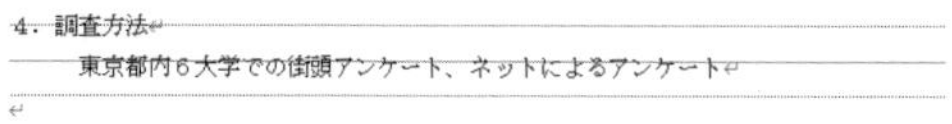

4．調査方法

東京都内６大学での街頭アンケート、ネットによるアンケート

記書きの項目「1～5」に、ゴシック体か太字を設定します。解答見本は、「MSゴシック」にしていますが、「太字」でも正解です。

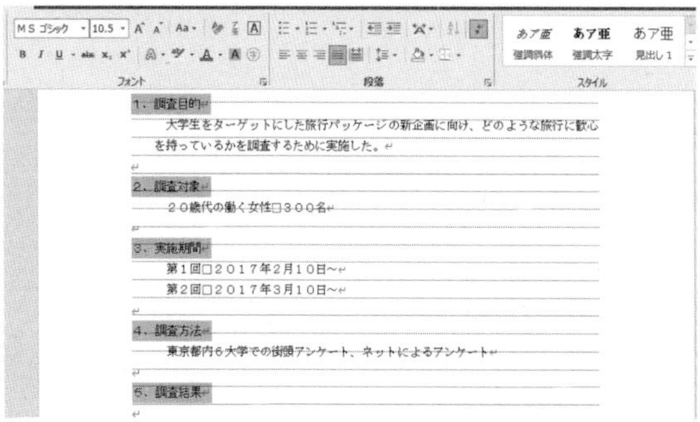

1．調査目的

大学生をターゲットにした旅行パッケージの新企画に向け、どのような旅行に関心を持っているかを調査するために実施した。

2．調査対象

２０歳代の働く女性□３００名

3．実施期間

第１回□２０１７年２月１０日～

第２回□２０１７年３月１０日～

4．調査方法

東京都内６大学での街頭アンケート、ネットによるアンケート

5．調査結果

調査対象を変更します。

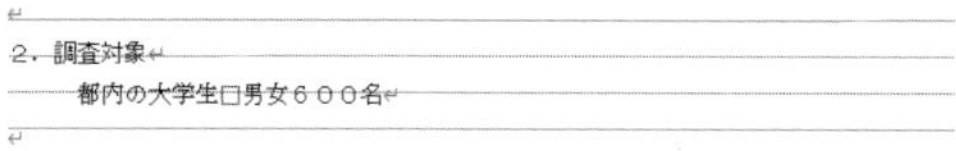

2．調査対象

都内の大学生□男女６００名

記書きの最後に、適切な語句（結語）を挿入し、右揃えにします。表の次の行（2ページ目の1行目)をクリックして、「以上」と入力

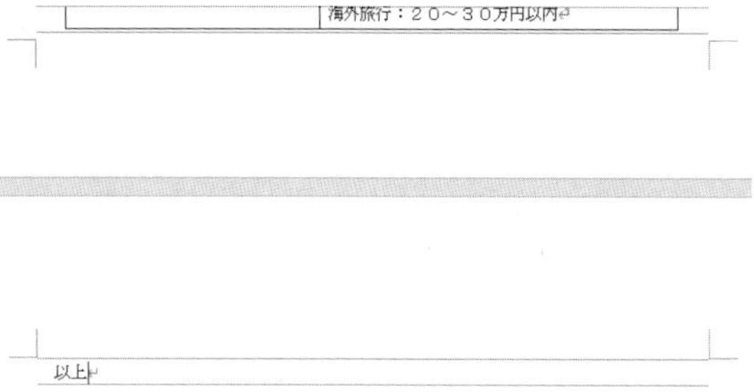

海外旅行：２０～３０万円以内

以上

「以上」と入力したら、Enterキーで改行します。「以上」の文字は、自動的に右に移動します（結語スタイル）。

以上

注　意

このとき、「右揃え」ボタンを使わないようにしてください。「右揃え」と「結語スタイル」は違います。

表内の文字の変更を行います。

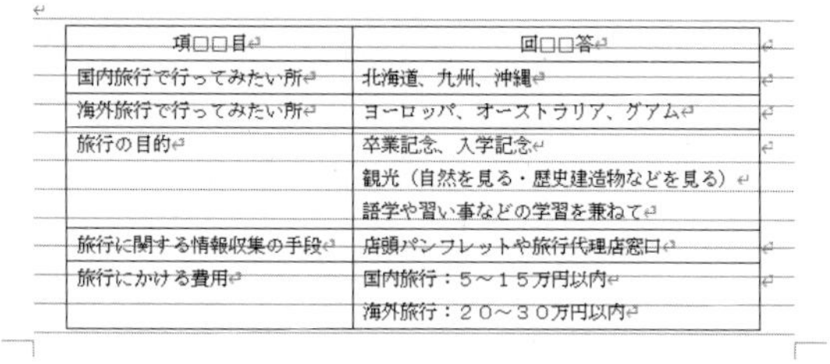

項□□目	回□□答
国内旅行で行ってみたい所	北海道、九州、沖縄
海外旅行で行ってみたい所	ヨーロッパ、オーストラリア、グアム
旅行の目的	卒業記念、入学記念 観光（自然を見る・歴史建造物などを見る） 語学や習い事などの学習を兼ねて
旅行に関する情報収集の手段	店頭パンフレットや旅行代理店窓口
旅行にかける費用	国内旅行：５～１５万円以内 海外旅行：２０～３０万円以内

表内「店頭パンフレットや」の後ろに、「Webサイト」の文字を追加、改行します。

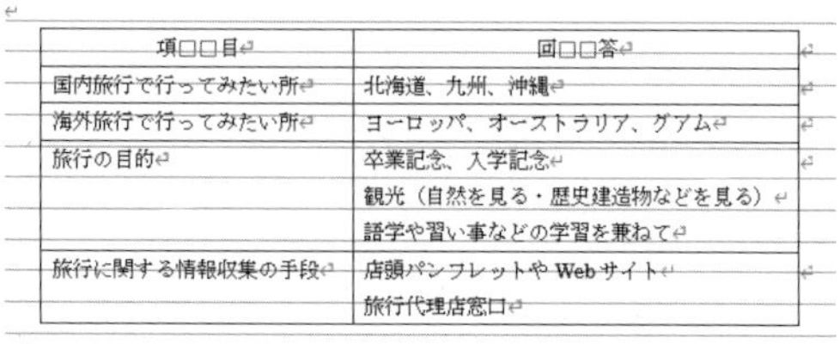

項□□目	回□□答
国内旅行で行ってみたい所	北海道、九州、沖縄
海外旅行で行ってみたい所	ヨーロッパ、オーストラリア、グアム
旅行の目的	卒業記念、入学記念 観光（自然を見る・歴史建造物などを見る） 語学や習い事などの学習を兼ねて
旅行に関する情報収集の手段	店頭パンフレットや Webサイト 旅行代理店窓口

表内の「海外旅行で行ってみたい所」を変更します。

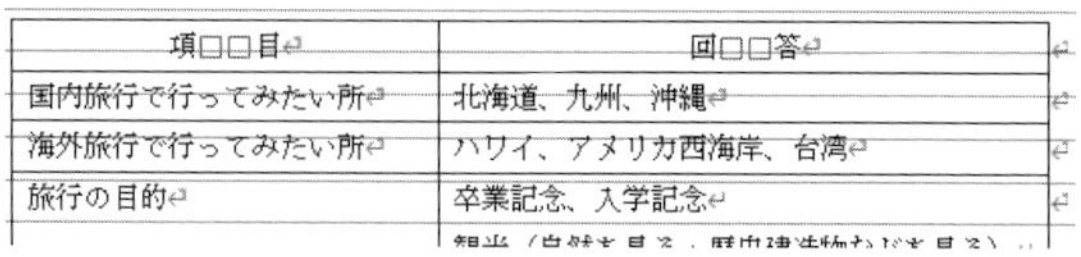

項□□目	回□□答
国内旅行で行ってみたい所	北海道、九州、沖縄
海外旅行で行ってみたい所	ハワイ、アメリカ西海岸、台湾
旅行の目的	卒業記念、入学記念

同じく表内の「旅行の目的」で、「や習い事」の文字を削除します。

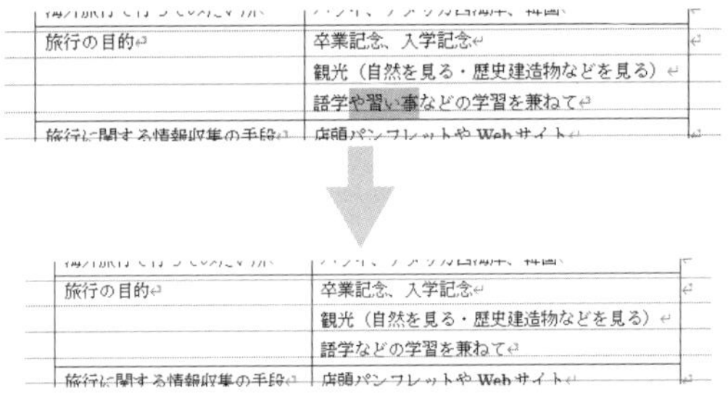

表内の項目に「予定する旅行日数」を追加します。「旅行に関する情報収集の手段」のセル内をクリックして、「下に行を挿入」をクリックすると、1ページ目の最後の行に1行挿入されます。

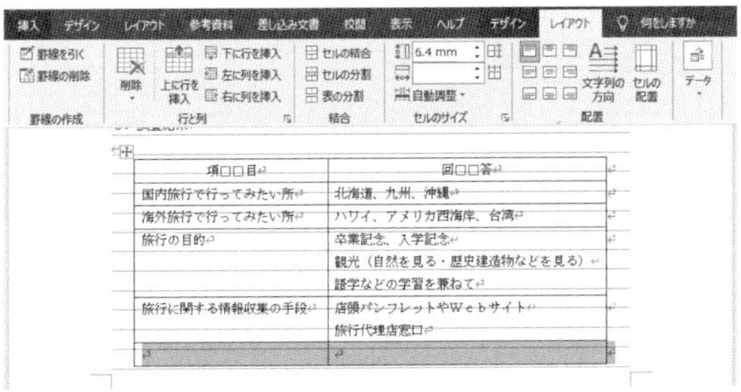

確　認

このとき、2ページ目に新しい行ができる場合もあります。1ページ目と2ページ目の境目が見本とずれる場合がありますが、そのままで大丈夫です。

文字を入力します。「男性 ： 3～7日」と入力したらEnterキーで改行してください。2ページ目にセルの2行目ができます。そこに「女性」の内容を入力します。

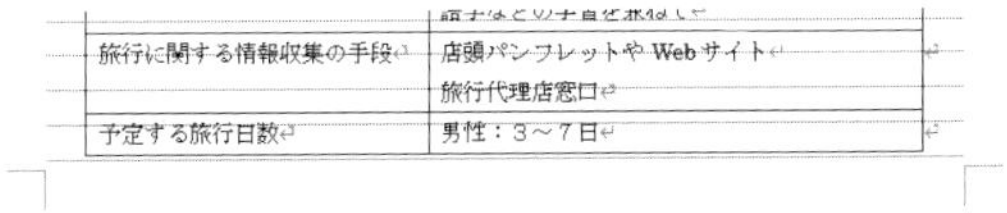

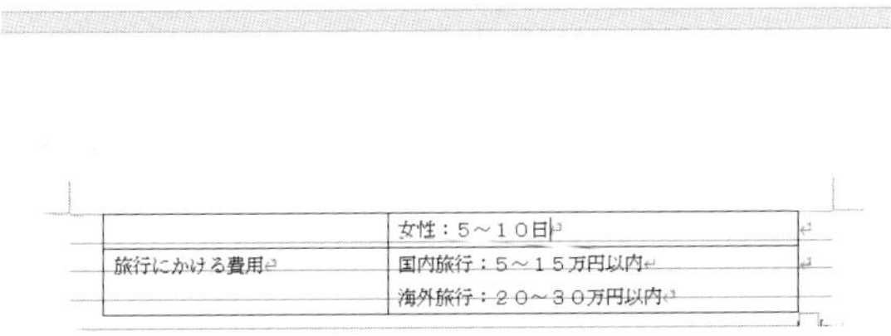

実際は、このように「男性」と「女性」の内容が2行になります。

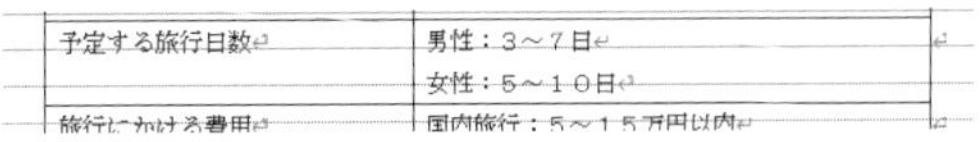

表内の「費用」の欄の行の入れ替えと金額の修正します。

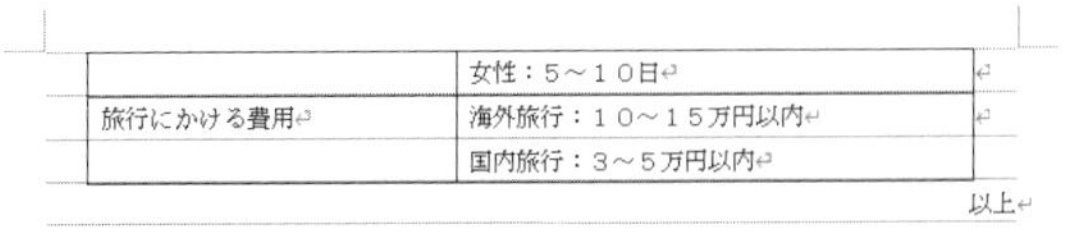

表の外枠を太線に設定します。

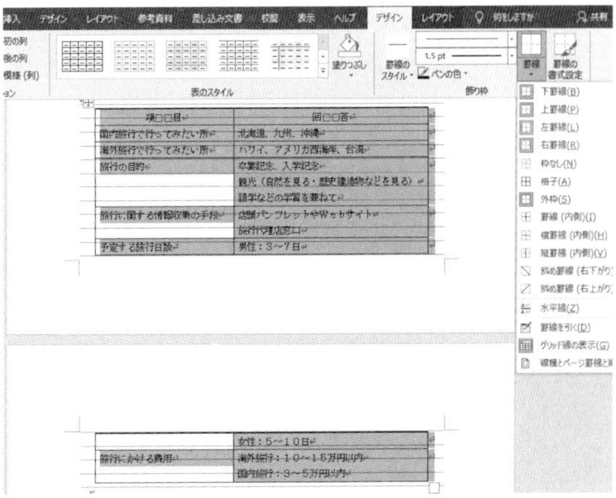

最後に、A4用紙1枚になっていることを確認し（ページ設定で「行数」を増やす）、名前を付けて保存します。

[解答見本]

２０２０年5月２４日

新商品検討会議メンバー各位

営業部企画課長□馬場稔彦

調査報告（大学生の旅行動向）

□標記調査結果につきまして、下記のように報告いたします。

記

１．調査目的

大学生をターゲットにした旅行パッケージの新企画に向け、どのような旅行に関心を持っているかを調査するために実施した。

２．調査対象

都内の大学生□男女６００名

３．実施期間

第１回□２０２０年2月１０日～

第２回□２０２０年3月１０日～□各１０日間

４．調査方法

東京都内６大学での街頭アンケート、ネットによるアンケート

５．調査結果

項□□目	回□□答
国内旅行で行ってみたい所	北海道、九州、沖縄
海外旅行で行ってみたい所	ハワイ、アメリカ西海岸、台湾
旅行の目的	卒業記念、入学記念 観光（自然を見る・歴史建造物などを見る） 語学などの学習を兼ねて
旅行に関する情報収集の手段	店頭パンフレットや Web サイト 旅行代理店窓口
予定する旅行日数	男性：３～７日 女性：５～１０日
旅行にかける費用	海外旅行：１０～１５万円以内 国内旅行：３～５万円以内

以上

解説　第4回　模擬試験

知識科目

[問題1] ❶ 自分一人で行く予定は、他のメンバーに知らせる必要がない
他の人の予定は、知りたいのに自分の予定は、秘密というのはおかしい。

[問題2] ❷ ZIP
MP3は、音楽などの圧縮、JPEGは、写真などの圧縮によく利用される。人の目や耳で判断できないない範囲を間引いて圧縮する。このため、圧縮後も違和感なく美しい音質や画像を楽しめる。しかし、どちらも元に戻せない非可逆圧縮。文書やプログラムなどは、完全に元に戻せないと困るのでZIPのような、可逆圧縮を利用する。

[問題3] ❶ ハイパーリンクの設定ができる。
インターネットのURLなどを文書内に記載して、リンクを設定したものをハイパーリンクという。参考文献としてインターネット上のページのURLを記載しておくだけで、内容をコピーして添付しておく必要がない。ただし、相手方がインターネットに接続できることが条件になる。

[問題4] ❶ 名寄せ
ソート（並べ替え）でも同様に名前を揃えられるがベストな選択ではない。禁則処理は、文章のルールを定めておくもの。例えば、日本語で「、」「。」などは文頭に来ない、「括弧の終」を文頭には使用しない、など。

[問題5] ❸ ウィルス対策ソフトの最新版をダウンロードした
コンピューターウィルスの最大の感染源は、メールの添付ファイル、次にダウンロードファイルの実行。ウィルス対策ソフトの最新版をダウンロードでの感染は、確率が少ないと推測できる。

[問題6] ❷ 縮小
圧縮は、ファイル容量を小さくすること。縮小は、画像のサイズを小さくすること。トリミングは、一部を切り取ること。

[問題7] ❷ 送信トレイにあるメールに返信する
送信トレイにあるメールは、自分が作成したメールで送信処理待ちのメール。処理をすることで送信される。自分の作った未送信のメールに自分が返信しても…????

[問題8] ❸ ZIP
MPEGは、動画の圧縮形式。HTMLは、ウェブサイトのファイル形式。ZIPは、可逆圧縮のため文書等のファイルサイズを圧縮するために最適で、元に戻すことができる。

[問題9] ❶ 電子メールには個人情報保護法などの法律は特にない
「特定電子メールの送信の適正化等に関する法律」などの法律規定がある（迷惑メール対応）。

[問題10] ❷ 電子透かし
暗号化、電子証明は、文書ファイルに使用される。電子透かしは、画像にデジタル的に登録することができる。検出ソフトにより、不正コピーやデータの改ざんを見破ることが出来るが、コピーそのものは、防げないので、電子透かし処理をしている旨の記載によりコピーを思いとどまらせる効果しかない。この意味で、この問題は不適切であるが、日商PC検定の問題では、この問題のように、最終的に実務ではどの選択をする必要があるかというポイントで出題されることが多い。問題の意味を取り違えないように。

[問題11] ❸ 山田さんは田中さんのように鉄棒が得意でない
「～ように」の文は、「～でない」などの否定文と一緒に使わない日本語のルール。例では、「両名とも鉄棒が得意でない」と「田中さんは得意だが山田さんは、そうではない」と、どちらの意味にも取れる。

[問題12] ❶ 出席者

自分の意見は、入れない。次回の予定は、議事で決まった場合のみ。

[問題13] ❷ 当社の商品も他社の商品も一長一短ある

数字が変化する可能性のあるものは、算用数字を使用。「一長一短」は、「二長二短」とは使わない。数字が変化しないものは、漢字を使用。例としては、「日本一」と「日本1位」など。

[問題14] ❶ 地域情報セキュリティー問題対策協議会（2009年11月20日）議事録

議事録では、日時の記載が重要。

[問題15] ❷ 28億658万円

実技科目

解答の手順は以下の通りです。まず最初の文章を変更します。

[1]あて名と発信日の移動

[2]文書番号を適切な位置に配置（1行目に文書番号　2行目に発信日　3行目にあて名）

[3]標題の文字を150%に拡大（フォントサイズと間違えないように）

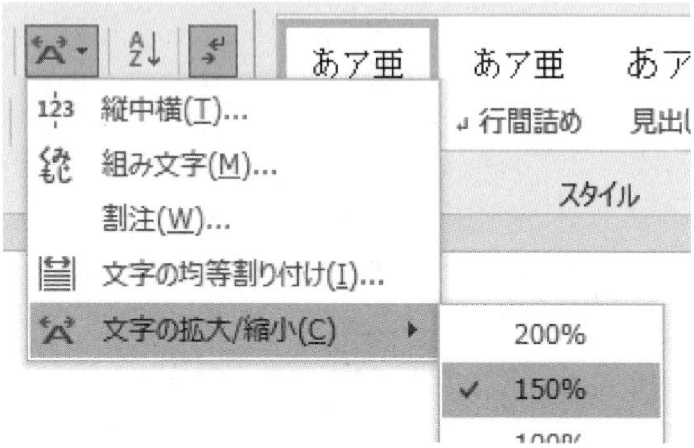

[4]適切な頭語に修正（「敬具」の文字に対応するのは「拝啓」）

[5]発信者の会社名を正式名称に修正（正式名称は問題文の最初に書かれている「情報コミュニケーション能力開発株式会社」である。（株）のみ変更するのは間違い）

[6]「貴店」を適切な言葉に変更（学生向きなので「貴校」）

[7]「就職フェアの」を適切な位置に挿入

[8]「～開催いたします。」の後ろの文章を改行

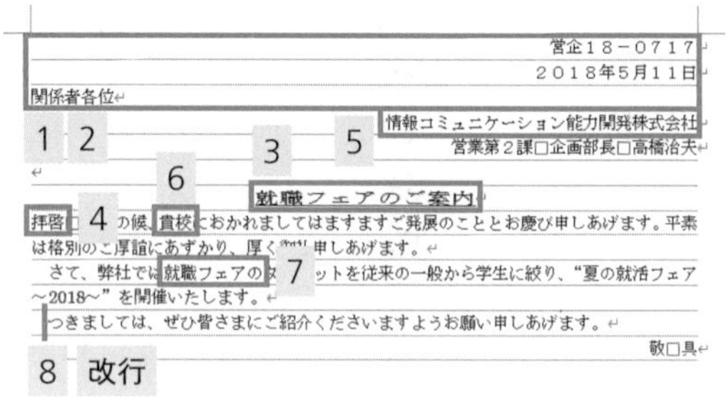

記書きの箇条書きの左に2文字のインデントを設定します。設定箇所は、3ヶ所あるので注意してください。

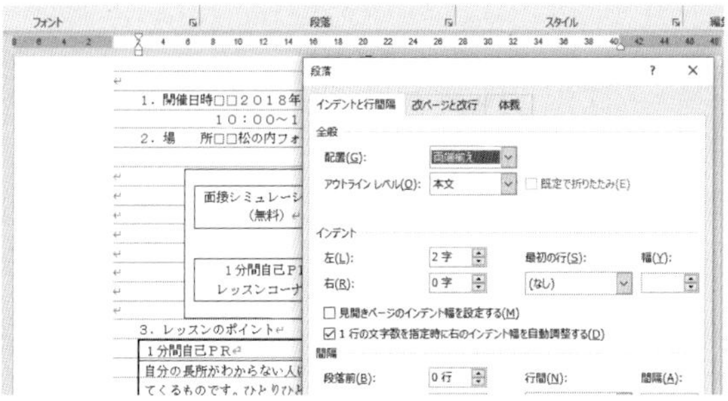

開催日を変更します（日にちと曜日も変更すること）。

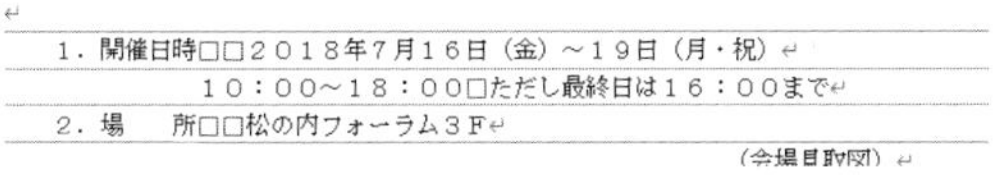

１．開催日時□□２０１８年７月１６日（金）～１９日（月・祝）
　　　　　１０：００～１８：００□ただし最終日は１６：００まで
２．場　所□□松の内フォーラム３Ｆ

会場見取り図にある三角形を（時計回りに）45度回転します。

[1]三角形を選択して「描画ツール」→「書式」をクリック

[2]「オブジェクトの回転」ボタンをクリック

[3]「その他の回転オプション」をクリック

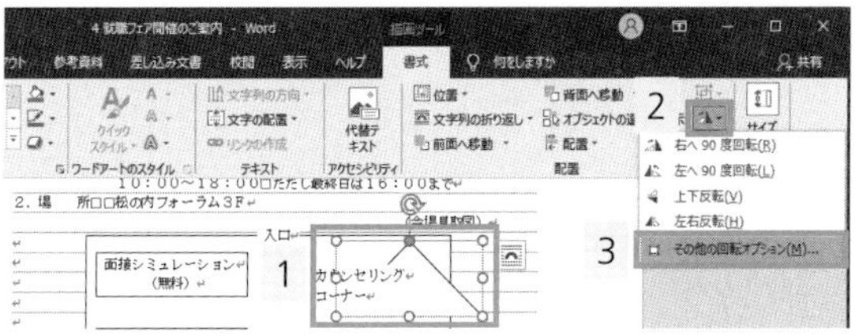

[4]「回転角度」を「45°」に設定し、「OK」をクリック

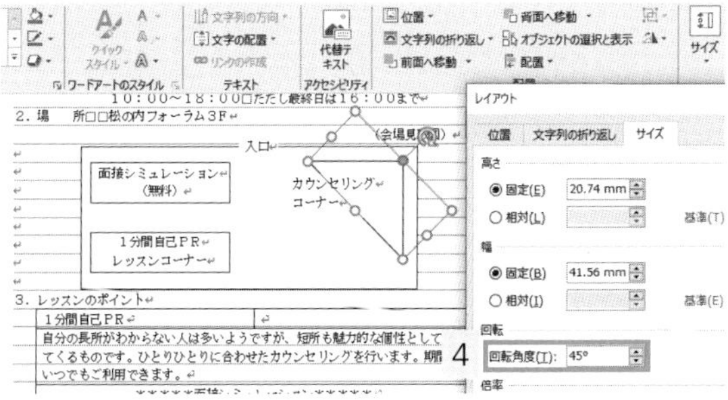

! 注　意

図形の回転ハンドルを使って自分で回転させるのは、間違いです。必ず「45°」と数字を入力して回転させてください。

表の修正をします。「面接シミュレーション」の行と同じ体裁にするため、1行目を結合し、中央揃えに設定、「＊＊＊＊＊」の記号を前後につけます。

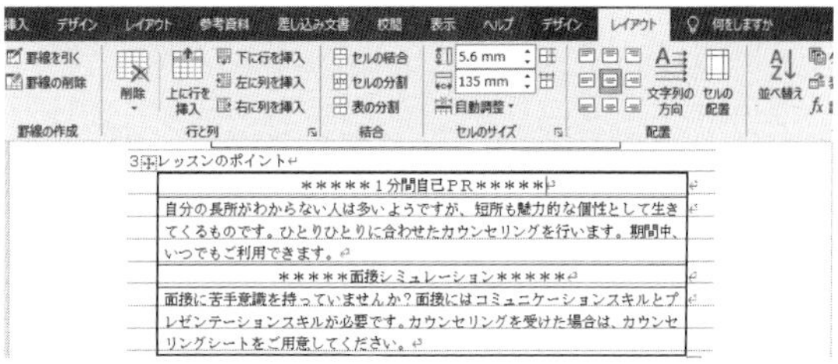

「1分間の自己PR」の説明文の適切な箇所に「少し言い方を変えるだけで」を挿入します。

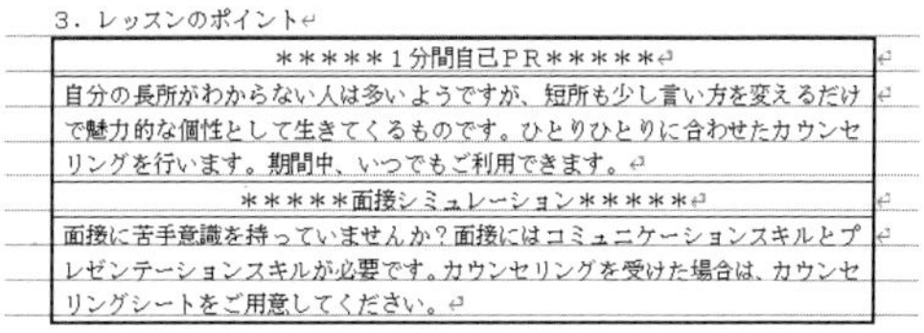

３．レッスンのポイント

＊＊＊＊＊１分間自己ＰＲ＊＊＊＊＊
自分の長所がわからない人は多いようですが、短所も少し言い方を変えるだけで魅力的な個性として生きてくるものです。ひとりひとりに合わせたカウンセリングを行います。期間中、いつでもご利用できます。
＊＊＊＊＊面接シミュレーション＊＊＊＊＊
面接に苦手意識を持っていませんか？面接にはコミュニケーションスキルとプレゼンテーションスキルが必要です。カウンセリングを受けた場合は、カウンセリングシートをご用意してください。

尊敬表現の誤りを修正します。

・×「ご利用できます」

→○「ご利用になれます」

・×「ご用意してください」

→○「用意してください」「ご用意ください」

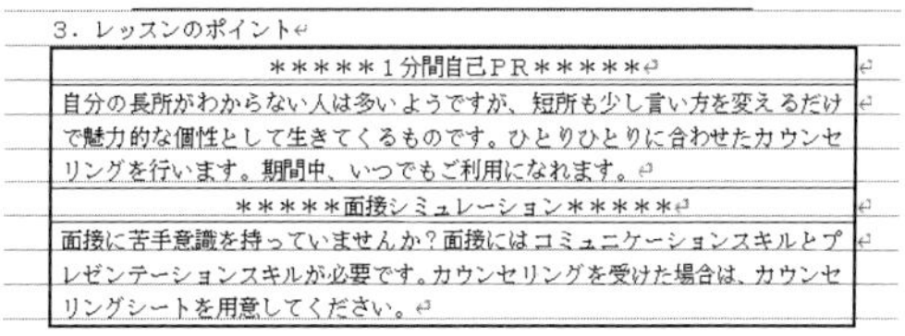

３．レッスンのポイント

＊＊＊＊＊１分間自己ＰＲ＊＊＊＊＊
自分の長所がわからない人は多いようですが、短所も少し言い方を変えるだけで魅力的な個性として生きてくるものです。ひとりひとりに合わせたカウンセリングを行います。期間中、いつでもご利用になれます。
＊＊＊＊＊面接シミュレーション＊＊＊＊＊
面接に苦手意識を持っていませんか？面接にはコミュニケーションスキルとプレゼンテーションスキルが必要です。カウンセリングを受けた場合は、カウンセリングシートを用意してください。

! 注　意

「ご利用できます」は、尊敬表現の間違いです。「ご用意してください」は、尊敬語と謙譲語が混同しています。

「表ツール」→「デザイン」タブより、ペンの太さが「1.5pt」の罫線を引きます。

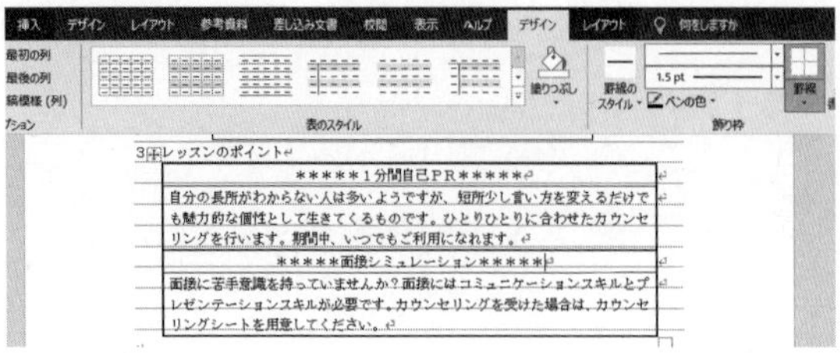
挿入
デザイン
レイアウト
参考資料
差し込み文書
校閲
表示
ヘルプ
デザイン
レイアウト
何をしますか
最初の列
最後の列
縞模様 (列)
塗りつぶし
罫線の
スタイル
1.5 pt
ペンの色
罫線
表のスタイル
飾り枠
3⊞レッスンのポイント
＊＊＊＊＊1分間自己PR＊＊＊＊＊
自分の長所がわからない人は多いようですが、短所少し言い方を変えるだけでも魅力的な個性として生きてくるものです。ひとりひとりに合わせたカウンセリングを行います。期間中、いつでもご利用になれます。
＊＊＊＊＊面接シミュレーション＊＊＊＊＊
面接に苦手意識を持っていませんか？面接にはコミュニケーションスキルとプレゼンテーションスキルが必要です。カウンセリングを受けた場合は、カウンセリングシートを用意してください。

担当者名の挿入「本件担当　守岡（03－5566－7766）」を「以上」の次の行に挿入します。「以上」の次の行にマウスを合わせてダブルクリックして、カーソルを文末に移動します。

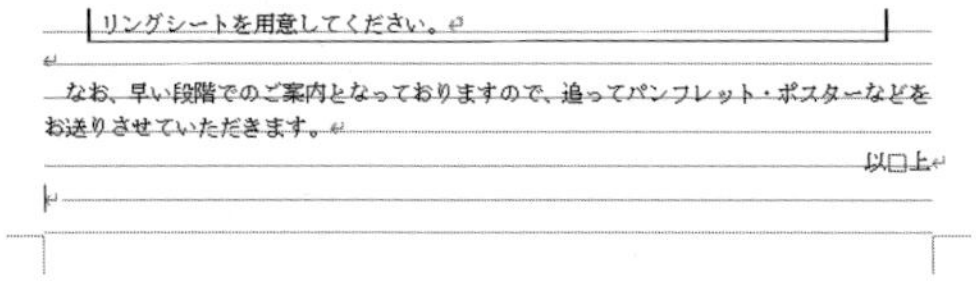
リングシートを用意してください。
なお、早い段階でのご案内となっておりますので、追ってパンフレット・ポスターなどをお送りさせていただきます。
以□上

文字を入力後、右揃えに設定します。

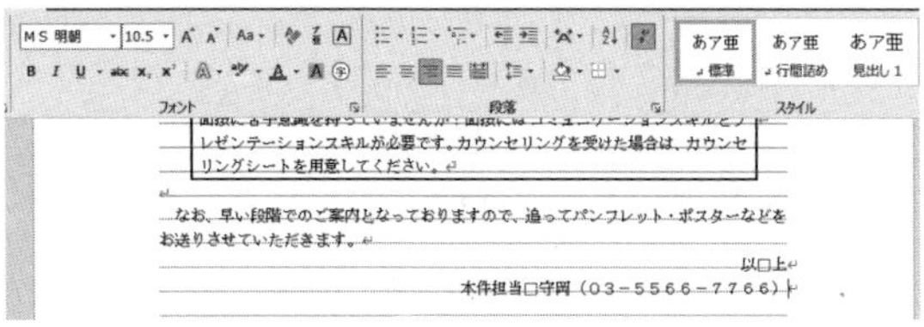
ＭＳ 明朝
10.5
あア亜
標準
あア亜
行間詰め
あア亜
見出し 1
フォント
段落
スタイル
レゼンテーションスキルが必要です。カウンセリングを受けた場合は、カウンセリングシートを用意してください。
なお、早い段階でのご案内となっておりますので、追ってパンフレット・ポスターなどをお送りさせていただきます。
以□上
本件担当□守岡（０３－５５６６－７７６６）

最後に、A4用紙1枚に出力できるようにレイアウトの調整をして、名前を付けて保存します。

［解答見本］

営企１８－０７１７

２０１８年５月１１日

関係者各位

情報コミュニケーション能力開発株式会社

営業第２課□企画部長□高橋治夫

就職フェアのご案内

拝啓□新緑の候、貴校におかれましてはますますご発展のこととお慶び申しあげます。平素は格別のご厚誼にあずかり、厚く御礼申しあげます。

　さて、弊社では就職フェアのターゲットを従来の一般から学生に絞り、“夏の就活フェア～2018～”を開催いたします。

　つきましては、ぜひ皆さまにご紹介くださいますようお願い申しあげます。

敬□具

記

　１．開催日時□□２０１８年７月１６日（金）～１９日（月・祝）

　　　　　　　　１０：００～１８：００□ただし最終日は１６：００まで

　２．場　　所□□松の内フォーラム３Ｆ

（会場見取図）

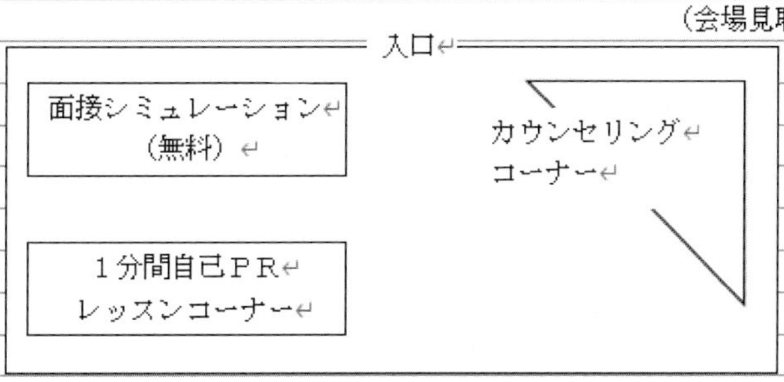

　３．レッスンのポイント

＊＊＊＊＊１分間自己ＰＲ＊＊＊＊＊
自分の長所がわからない人は多いようですが、短所も少し言い方を変えるだけで魅力的な個性として生きてくるものです。ひとりひとりに合わせたカウンセリングを行います。期間中、いつでもご利用になれます。
＊＊＊＊＊面接シミュレーション＊＊＊＊＊
面接に苦手意識を持っていませんか？面接にはコミュニケーションスキルとプレゼンテーションスキルが必要です。カウンセリングを受けた場合は、カウンセリングシートを用意してください。

　なお、早い段階でのご案内となっておりますので、追ってパンフレット・ポスターなどをお送りさせていただきます。

以□上

本件担当□守岡（０３－５５６６－７７６６）

解説　第5回　模擬試験

知識科目

［問題1］❶ Pull型

Pull型は、自ら共有情報を取りに行くこと。Push型は、メールマガジンのような形で情報を配信してもらうこと。Up型という用語はない。

［問題2］❶ パスワードを入力しないと、ファイルを開けないようにする。

Office 2019の例では、「名前を付けて保存→ツール→全般オプション」で設定。

［問題3］❶ B to C

Bはビジネス（企業）、Cはコンシューマー（消費者）の略。

［問題4］❸ 可逆圧縮は、限界を超えない範囲でデータ量を減らすが、非可逆圧縮は、限界を超えて圧縮する。

可逆圧縮は、ZIPやLHAなど書庫と呼ばれるところに数々のファイルやフォルダーを一まとめに圧縮し、解凍すると元に戻せる。このため書類やプログラムなどによく利用される。非可逆圧縮は、JPEG、GIF、MP3、MPEGなど写真や音楽、動画に利用される。正確に元に戻せないが圧縮率が高い。人間の目には判断できにくい範囲や聞き取りにくい範囲を省くことで、大きい圧縮率を得られるし、省いてしまったところを元に戻せない。

［問題5］❸ ショートカット

ショートカットは、特定のファイルを起動するための呼び出し機能のようなもの。目的のファイルを素早く起動できる。仮想フォルダーは、実際の保存場所が複数のフォルダーに分散しているものを、1つのフォルダーにまとまっているように扱えるようにする仕組み。Windows7などでは、ライブラリーという仮想フォルダーが採用されて便利になっている。ショートカットと同様によく使用するファイルを利用するには便利である。ショートカットキーは、キーボードのキーだけでソフトウェアの操作を行うもの。例えば、CtrlキーにPキーを追加で押すと印刷機能が利用できる。

［問題6］❷ 得意先のメールアドレスを全てBCCに入力する。

TO、CCとも、受信者がお互いにメールアドレスが分かり、お互いに同じものを受信していることが判明する。得意先同士は、通常互いに知り合いではないので、情報をむやみに公開することは避けるべきである。

［問題7］❷ MPEG

MPEGは、動画の圧縮ファイル、MP3は、音声、JPEGは、写真。現在では、動画はMP4形式が多く使用されている。

［問題8］❷ 保険証券

保険証券は、お金のやり取り（会計取引）があったという事実ではなく、保険の権利や義務を証明するもの。

［問題9］❷ アクセスログ

アクセスログは、ホームページのあるサーバーに設置されるシステムで、訪問者のIPアドレス、ドメイン名、アクセス日付や時刻、アクセスされたファイル名、リンク元のページのURL、訪問者のWebブラウザー名やOS名、処理にかかった時間、受信バイト数、送信バイト数、サービス状態などを記録できる。

[問題10] ❷ 定額固定料金制

大量に長時間使用してもコストが増加しないので、1件当たりのコストがとても安くなる。

[問題11] ❷ 「大和販売株式会社御中」のように敬称「御中」を付ける

法人、組織団体、向けの敬称は、「御中」、人名が記載された場合のみ、「様」。「各位」は、あて先が複数の場合。例えば、「お客様各位」など。

[問題12] ❸ 常用漢字

表外字は、常用漢字以外の特殊なもの（常用漢字の表に掲載されていない漢字）。JIS第1水準漢字の範囲は、常用漢字と似ているが、使用されていない。

[問題13] ❷ 一般的な社外文書と同様にきちんと前文、末文を入れなければならない。

あて名は丁寧に扱うが、長文を避けるために簡単な前文とする。

[問題14] ❷ 「充実した高校生活を送るために、一人でも多くの会員の方に学校と子供たちの関心をもって欲しい。そのために、各会員の皆様のご協力を得て、効果的で有意義な父母会を開催する。そして、その中での交流を大切にしながら子供たちに目を向け、学校内の活動に力を注ぐ。」

❶は、最初の区切り位置が不適切。❸は、区切りすぎ。

[問題15] ❷ ますますご隆盛のこととお慶び申し上げます。

「ご活躍」は個人向けで企業向けには使用しない。あて名欄にて山田様と記載してあるはずなので、あいさつ文中に個人名は使用しない。

実技科目

解答の手順は以下の通りです。まず最初の文章を変更します。

[1]発信日付の変更

[2]標題の変更

[3]あて先の変更（「お得意様」という複数のあて先なので「各位」をつける）

[4]あいさつ文の一部を企業向けから個人向けの言葉に変更

「ご繁栄」を「ご健勝」に変更します。

[5]時候の挨拶の変更（7月の文書なので「猛暑の候、」）

[6]接続詞の追加（「さて、」を選択）

[7]文章の追加（当社設立２５周年を記念いたしまして、）

[8]新しい段落に文章を追加

挨拶文「お喜び申しあげます」の後で改行すると、「敬具」という文字が表示されてしまうので、「さて、」の前にカーソルを置いて改行すること。

[9]担当者名の変更

[10]「研修・慰安旅行など…」の部分を「ご家族・ご友人の方々とのひとときのバカンスに」に変更

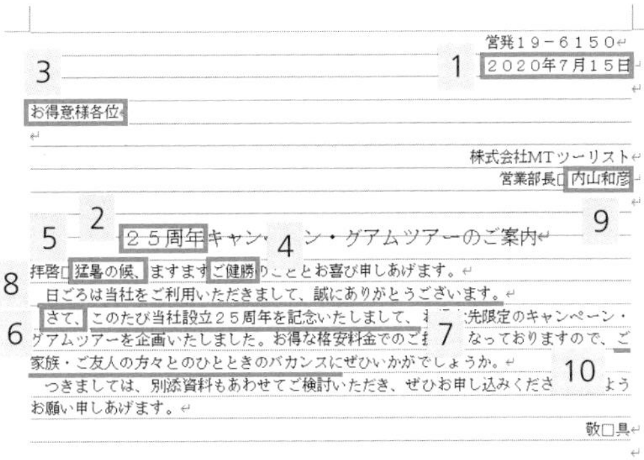
営発１９－６１５０
1
２０２０年７月１５日
3
お得意様各位
株式会社MTツーリスト
営業部長□内山和彦
2
5
２５周年キャン
4
ン・グアムツアーのご案内
9
8
拝啓□猛暑の候、ますますご健勝のこととお喜び申しあげます。
日ごろは当社をご利用いただきまして、誠にありがとうございます。
6
さて、このたび当社設立２５周年を記念いたしまして、
7
先限定のキャンペーン・
グアムツアーを企画いたしました。お得な格安料金でのご
なっておりますので、ご
家族・ご友人の方々とのひとときのバカンスにぜひいかがでしょうか。
10
つきましては、別添資料もあわせてご検討いただき、ぜひお申し込みくださ
よう
お願い申しあげます。
敬□具

旅行の日程の変更を行います。日程が3日間になったので、「３泊４日」を「２泊３日」に変更しましょう。

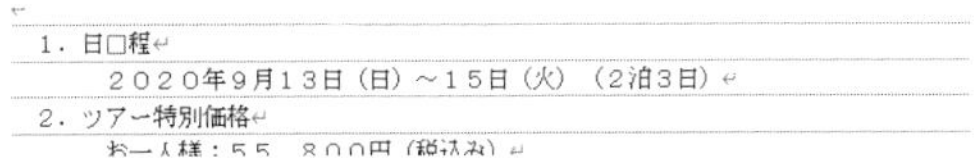
１．日□程
２０２０年９月１３日（日）～１５日（火）（2泊3日）
２．ツアー特別価格

行程表の3日目を削除します。

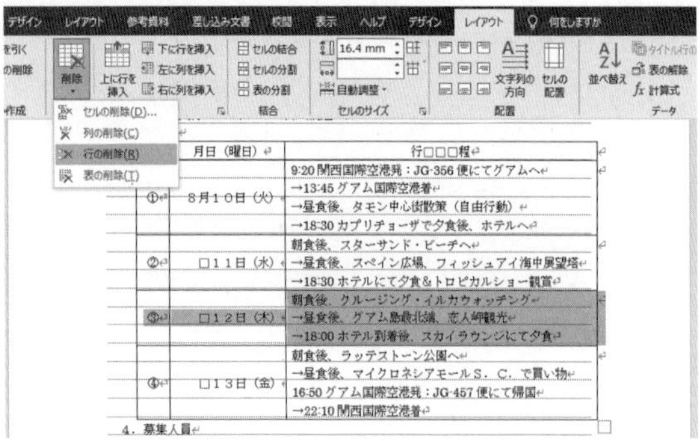

	月日（曜日）	行□□□程
①	8月10日（火）	9:20 関西国際空港発：JG-356 便にてグアムへ →13:45 グアム国際空港着 →昼食後、タモン中心街散策（自由行動） →18:30 カプリチョーザで夕食後、ホテルへ
②	□11日（水）	朝食後、スターサンド・ビーチへ →昼食後、スペイン広場、フィッシュアイ海中展望塔 →18:30 ホテルにて夕食&トロピカルショー観賞
③	□12日（木）	朝食後、クルージング・イルカウォッチング →昼食後、グアム島最北端、恋人岬観光 →18:00 ホテル到着後、スカイラウンジにて夕食
④	□13日（金）	朝食後、ラッテストーン公園へ →昼食後、マイクロネシアモールＳ．Ｃ．で買い物 16:50 グアム国際空港発：JG-457 便にて帰国 →22:10 関西国際空港着

日程の変更に伴って、行程表内にある日付と、「④」を「③」に変更することを忘れないようにしましょう。

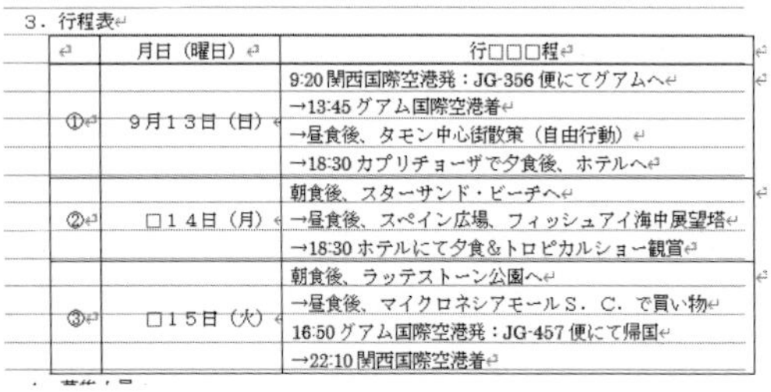

3．行程表

	月日（曜日）	行□□□程
①	9月13日（日）	9:20 関西国際空港発：JG-356 便にてグアムへ →13:45 グアム国際空港着 →昼食後、タモン中心街散策（自由行動） →18:30 カプリチョーザで夕食後、ホテルへ
②	□14日（月）	朝食後、スターサンド・ビーチへ →昼食後、スペイン広場、フィッシュアイ海中展望塔 →18:30 ホテルにて夕食&トロピカルショー観賞
③	□15日（火）	朝食後、ラッテストーン公園へ →昼食後、マイクロネシアモールＳ．Ｃ．で買い物 16:50 グアム国際空港発：JG-457 便にて帰国 →22:10 関西国際空港着

注　意

もし、「月日」欄の数字を修正した際に、隣のセルの「①」が勝手に段落番号の形になってしまったら、①の左側に段落番号を表す稲妻のようなマークが表示されるので、このマークをクリックして「段落番号を自動的に作成しない」をクリックします。

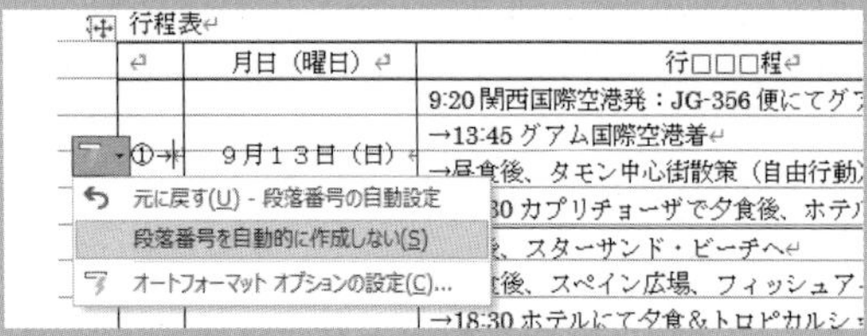

すると、以下のように①の数字が中央に入力されます。

行程表の2日目の夕食の内容を変更します（時間の数字は半角で入力）。

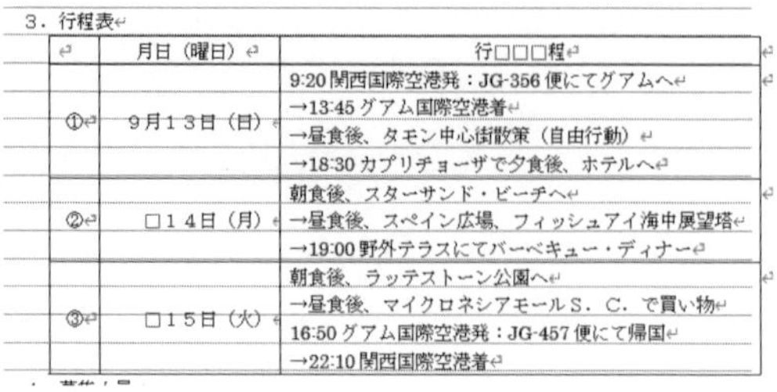

3．行程表

	月日（曜日）	行□□□程
①	9月13日（日）	9:20 関西国際空港発：JG-356 便にてグアムへ →13:45 グアム国際空港着 →昼食後、タモン中心街散策（自由行動） →18:30 カプリチョーザで夕食後、ホテルへ
②	□14日（月）	朝食後、スターサンド・ビーチへ →昼食後、スペイン広場、フィッシュアイ海中展望塔 →19:00 野外テラスにてバーベキュー・ディナー
③	□15日（火）	朝食後、ラッテストーン公園へ →昼食後、マイクロネシアモールＳ．Ｃ．で買い物 16:50 グアム国際空港発：JG-457 便にて帰国 →22:10 関西国際空港着

帰国便の変更を行います（時間 ・ 便数の英数字はすべて半角で入力）。

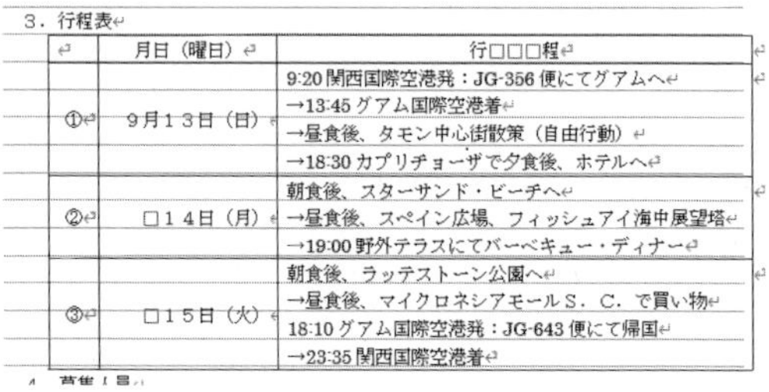

3．行程表

	月日（曜日）	行□□□程
①	9月13日（日）	9:20 関西国際空港発：JG-356 便にてグアムへ →13:45 グアム国際空港着 →昼食後、タモン中心街散策（自由行動） →18:30 カプリチョーザで夕食後、ホテルへ
②	□14日（月）	朝食後、スターサンド・ビーチへ →昼食後、スペイン広場、フィッシュアイ海中展望塔 →19:00 野外テラスにてバーベキュー・ディナー
③	□15日（火）	朝食後、ラッテストーン公園へ →昼食後、マイクロネシアモールＳ．Ｃ．で買い物 18:10 グアム国際空港発：JG-643 便にて帰国 →23:35 関西国際空港着

表の外枠を太線に変更します。

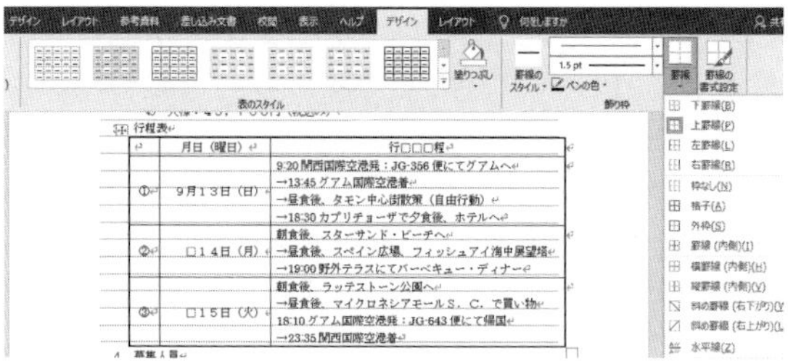

行程表

	月日（曜日）	行□□□程
①	9月13日（日）	9:20 関西国際空港発：JG-356 便にてグアムへ →13:45 グアム国際空港着 →昼食後、タモン中心街散策（自由行動） →18:30 カプリチョーザで夕食後、ホテルへ
②	□14日（月）	朝食後、スターサンド・ビーチへ →昼食後、スペイン広場、フィッシュアイ海中展望塔 →19:00 野外テラスにてバーベキュー・ディナー
③	□15日（火）	朝食後、ラッテストーン公園へ →昼食後、マイクロネシアモールＳ．Ｃ．で買い物 18:10 グアム国際空港発：JG-643 便にて帰国 →23:35 関西国際空港着

申込締切日の変更 ・ 募集人員の変更をします。

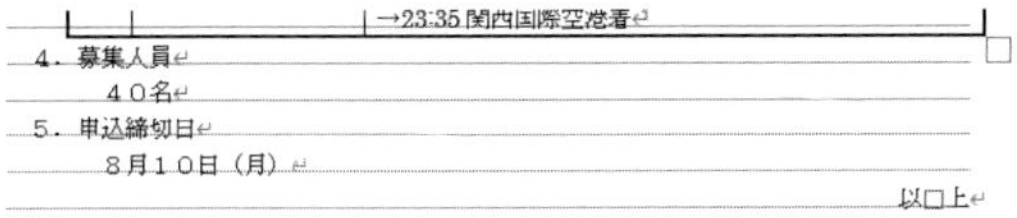
→23:35 関西国際空港着
4．募集人員
　　40名
5．申込締切日
　　8月10日（月）
以□上

ツアー特別価格の変更を行います。

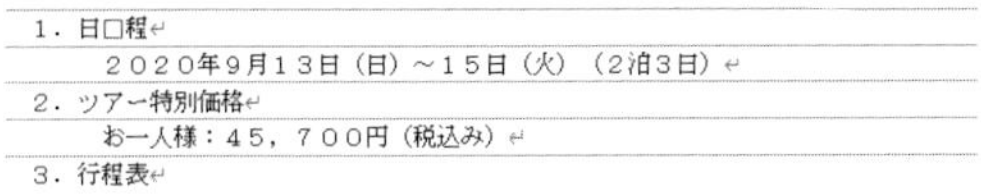
1．日□程
　　2020年9月13日（日）～15日（火）（2泊3日）
2．ツアー特別価格
　　お一人様：45，700円（税込み）
3．行程表

文書番号を変更します。

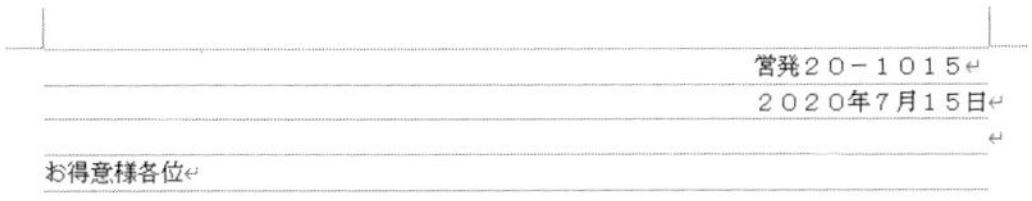
営発20－1015
2020年7月15日

お得意様各位

最後に、A4用紙1枚に出力できるようにレイアウトを確認し、名前を付けて保存します。

[解答見本]

営発２０－１０１５

２０２０年7月１５日

お得意様各位

株式会社MTツーリスト

営業部長□内山和彦

２５周年キャンペーン・グアムツアーのご案内

拝啓□猛暑の候、ますますご健勝のこととお喜び申しあげます。

日ごろは当社をご利用いただきまして、誠にありがとうございます。

さて、このたび当社設立２５周年を記念いたしまして、お得意先限定のキャンペーン・グアムツアーを企画いたしました。お得な格安料金でのご提供となっておりますので、ご家族・ご友人の方々とのひとときのバカンスにぜひいかがでしょうか。

つきましては、別添資料もあわせてご検討いただき、ぜひお申し込みくださいますようお願い申しあげます。

敬□具

記

１．日□程

２０２０年9月１３日（日）～１５日（火）（2泊3日）

２．ツアー特別価格

お一人様：４５，７００円（税込み）

３．行程表

	月日（曜日）	行□□□程
①	9月１３日（日）	9:20 関西国際空港発：JG-356 便にてグアムへ →13:45 グアム国際空港着 →昼食後、タモン中心街散策（自由行動） →18:30 カプリチョーザで夕食後、ホテルへ
②	□１４日（月）	朝食後、スターサンド・ビーチへ →昼食後、スペイン広場、フィッシュアイ海中展望塔 →19:00 野外テラスにてバーベキュー・ディナー
③	□１５日（火）	朝食後、ラッテストーン公園へ →昼食後、マイクロネシアモールＳ．Ｃ．で買い物 18:10 グアム国際空港発：JG-643 便にて帰国 →23:35 関西国際空港着

４．募集人員

４０名

５．申込締切日

８月１０日（月）

以□上

おわりに

このテキストで学習中のあなたへ、日商PC検定3級学習中のあなたをサポートします。

- 日商PC検定2級、1級にも合格したい
- 履歴書資格欄に日商PC検定2級って書きたい
- 昼間の事務職に変わりたい
- 本試験ってどんな問題なのか不安
- 本の学習だけで大丈夫かな?
- 今の自分のレベルで合格できるのかな?

いろいろ不安がいっぱい出てきます。そんなあなたをサポートする通信講座です。
ウェブサイトへお気兼ねなく。

https://pcukaru.jp/

日商PC検定合格道場
主任講師　八田　仁

索　引

と

な

に

ね

の

は

ひ

ふ

へ

ほ

ま

み

DEKIDAS-WEBの使い方

本書をご購入いただいた方への特典として、「DEKIDAS-WEB」がご利用いただけます。「DEKIDAS-WEB」はスマホやPCからアクセスできる問題演習用WEBアプリです。知識科目の対策にお役立てください。

対応ブラウザは、Edge、Chrome、Safariです（IEは対応していません）。スマートフォン、タブレットで利用する場合は以下のQRコードを読み取り、エントリーページにアクセスしてください。なお、ログインの際にメールアドレスが必要になります。QRコードを読み取れない場合は、下記URLからアクセスして登録してください。

・URL：https://cntry.dekidas.com/
・認証コード：nb21M723Hs66ZQ02

※本アプリの有効期限は2024年04月05日です。

■プロフィール

●八田 仁（はった じん）

直営パソコン教室での合格実績により、2012年より日商PC検定合格道場の通信講座をスタート。翌年には、全国初の2級の通信講座開始。多くの受講生を合格に導きながら、自らも1級試験3科合格し、全く書籍も発売されていない状況で全国初1級試験の通信講座を2020年よりスタートさせる。常々、「日商PC検定ほど仕事に役立つものはない。」と言うのが口癖。日商PC検定3級学習中のあなたをサポートします。日商PC検定合格道場ウェブサイト（https://pcukaru.jp/）へお気兼ねなく。

●細田　美奈（ほそだ　みな）

子育中に全くの初心者からPCスキルを学習、日商PC検定1級試験３科目に合格し日本商工会議所会頭表彰を受ける。現在、日商PC検定合格道場の通信講座実技の添削などサポートを担当。日商PC検定3級学習中のあなたをサポートします。

- 装丁・本文デザイン　釣巻デザイン室
- 本文DTP　トップスタジオ
- 編集　東山　萌子

いちばんやさしい日商PC検定文書作成《にっしょうぴーしーけんていぶんしょさくせい》3級《きゅう》
ズバリ合格《ごうかく》BOOK《ぶっく》 [Word《わーど》 2013/2016/2019 対応《たいおう》]

2021年 4 月28日　初　版　第 1 刷発行

著　者　八田仁《はったじん》、 細田美奈《ほそだみな》
発行者　片岡　巌
発行所　株式会社技術評論社
東京都新宿区市谷左内町21-13
電話　03-3513-6150　販売促進部
03-3513-6166　書籍編集部
印刷／製本　日経印刷株式会社

定価はカバーに表示してあります。

造本には細心の注意を払っておりますが、万一、乱丁（ページの乱れ）や落丁（ページの抜け）がございましたら、小社販売促進部までお送りください。送料小社負担にてお取り替えいたします。

ISBN978-4-297-12020-7　C3055
Printed in Japan

■お問い合わせについて

本書に関するご質問は、FAX、書面、下記のWebサイトの質問用フォームでお願いいたします。電話での直接のお問い合わせにはお答えできません。あらかじめご了承ください。

ご質問の際には以下を明記してください。

- 書籍名
- 該当ページ
- 返信先（メールアドレス）

ご質問の際に記載いただいた個人情報は質問の返答以外の目的には使用いたしません。

お送りいただいたご質問には、できる限り迅速にお答えするよう努力しておりますが、お時間をいただくこともございます。

なお、ご質問は本書に記載されている内容に関するもののみとさせていただきます。

■お問い合わせ先

〒162-0846　東京都新宿区市谷左内町21-13
株式会社技術評論社　書籍編集部
「いちばんやさしい日商PC検定文書作成3級
ズバリ合格BOOK」係
FAX：03-3513-6183
Web：https://gihyo.jp/book/2021/978-4-297-12020-7